시 대 의 새 로 운 지 평 을 향 한

Arc**GIS** Pro
기초와 공간분석 실무

시대의 새로운 지평을 향한

ArcGIS Pro
기초와 공간분석 실무

김남신 지음

Towards a new horizon of the times ArcGIS Pro Basic and Spatial Analysis Practice

한울
아카데미

QR 코드를 스캔해 연습 파일을 다운받으시기 바랍니다.

차례

들어가는 말

우리가 살고 있는 21세기는 미래에 다가올 시대를 기다리는 것이 아니라 새로운 시대의 지평을 준비하고 고민해야 할 때인 것 같습니다. 지리정보시스템은 이러한 변화의 시대에 빠른 대처를 가능하게 하는 분야로 이제는 공간과학이 되었습니다.

공간과학으로서 지리정보시스템은 공간현상을 통계나 공간분석 기법으로 설명하거나 예측해 왔습니다. 그럼에도 불구하고 공간현상은 예측하기 힘든 불가해한 Anomaly 세계에 만병통치약이 될 수 없습니다. 최근 여러 분야와 마찬가지로 공간과학에서도 정교하고 정밀한 분석 기법, 인공지능 머신러닝, 딥러닝 기법의 도입은 그동안 개척하지 못했던 혹은 기존의 공간데이터를 벗어나 우리가 일상에서 사용하는 데이터 영역까지 공간분석을 확대하는 계기를 가져왔습니다.

이 책은 지리정보시스템의 현재와 미래에 대한 열정을 갖고 시대지평을 열 준비를 하시는 분들을 위한 ArcGIS Pro 활용 기초입문서로 집필했습니다.

이 책은 15장으로 구성되어 있으며 1~3장은 프로그램 기능 사용법, 자료 불러오기 수정편집, 온라인 공간 자료, 지오코딩, 영상정보 활동에 대한 기초를 다루고 있습니다. 4~7장은 연산자와 검색 방법, 공간검색과 공간조인, 지오프로세싱, 샘플링 제작 방법을 소개하여 공간분석에서 기초가 되는 1차 분석을 위한 기본데이터를 정리하고 2차 추론이나 예측 분석을 위한 2차 공간데이터 샘플링 방법을 소개합니다. 8~10장은 3차원 및 다차원데이터의 시각화 그리고 지오코딩을 다루고 11~15장은 드론이미지, 라이다 자료, 초분광 영상 활용의 기초를 소개하고 인공지능 머신러닝과 딥러닝 학습을 다룹니다. 딥러닝 학습은 기존에 위성영상에 의존하던 정보 추출의 세계에서 항공사진, 드론 영상까지 가능하게 했고, 라이다는 초분광 영상과 함께 분석하여 개별정보 분석 결과를 주제도로 작성하는 방법을 소개하고 있습니다.

이 책은 초보자를 위한 기초서이기는 하지만, 독자들이 이 책을 기반으로 전공

영역에서 새로운 지평을 확대하는 계기를 가졌으면 합니다.

    마지막으로 출판을 결정해 주신 한울엠플러스(주) 관계자분들께 감사드립니다.

2023년 1월 19일

김남신

제1장

공간데이터 기초와 ArcGIS Pro 기능

1. 공간데이터 기초

1) 벡터(vector)와 래스터(raster) 데이터 차이

벡터	래스터
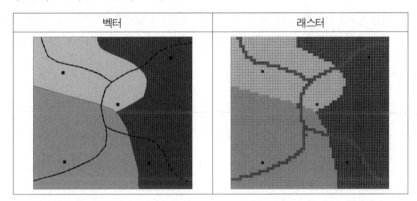	

- 벡터데이터: 점, 선, 면으로 구성되며 점은 1개의 점좌표(p(X,Y)), 선은 3개 이상의 점좌표(p1(X1,Y1), p2(p2(X2,Y2), p3(X3,Y3))로 구성되고, 면은 4개 이상의 점좌표와 시작점과 끝점(시작점: **p1(X1,Y1)**, p2(p2(X2,Y2), p3(X3,Y3), 끝점: **p4(X1,Y1)**)이 같은 조건에 따라 지표대상물 지도화.

- 래스터 데이터: 위성영상, 드론 사진, 디지털 사진, 이미지 파일과 같이 격자 픽셀로 구성되며, 픽셀의 배열에 따라 점, 선, 면의 지표 대상 지도화.

2) shapefile 구성

shapefile은 *.shp, *.dbf, *.sbn, *.shx, *.shx, *.prj가 한 세트로 구성.

shp는 공간적 위치 정보, dbf는 공간정보의 속성정보, prj는 좌표정보를 저장함.

※ dbf 파일은 엑셀로 불러올 수 있기 때문에 데이터의 추가 삭제가 가능함.

3) 벡터 속성테이블(dbf)

Id	Class	Area
1	농경지	154,445
2	산림	3,568,723
3	도시지역	25,178

※ 단일 shapefile은 2 giga 이상 저장 안 되기 때문에 gdb(Geodatabase)로 저장
해야 함. gdb는 벡터와 래스터, 테이블, 데이터베이스 등 자료를 통합관리할
수 있도록 설계한 파일시스템으로 geo(공간데이터)와 database(데이터베이스)
의 약자임.

4) Feature Class

지역 내에 같은 좌표계를 갖는 점(배수구), 선(도로), 면(토지지용)의 공간분석 시
함께 사용될 수 있는 집합체로 gdb로 관리되고 다수의 지리정보단위별로 gdb를
생성할 수 있고 gdb별 Feature Class들이 모여 관리 집합을 구성한다.

Feature class	대상	자료	gdb	개별 및 전체 Feature class
	배수구	point, Table, images	gdb	Feature Class
	도로	line, Table, images	gdb	Feature Class
	토지이용	Polygon, Table, images	gdb	Feature Class

(개별 및 전체 Feature class 열에 세로로 걸쳐: Feature Class)

2. ArcGIS Pro 실행과 메뉴

1) 윈도우 시작하기 → ArcGIS Pro

2) 실행 후 화면

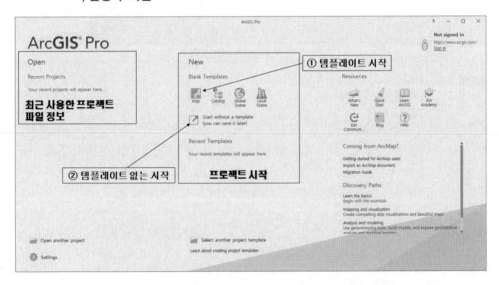

▶ 좌측: 최근 사용한 프로젝트 파일 정보(해당 파일 클릭하면 이전에 작업한 내용이 나타남)

▶ 중앙: 프로젝트 시작하기(① 템플레이트 시작은 웹을 통해 지형, 영상 정보를 불러들이기 시작, ② 템플레이트 없는 실행은 영상 기본정보 없이 프로그램 시작)

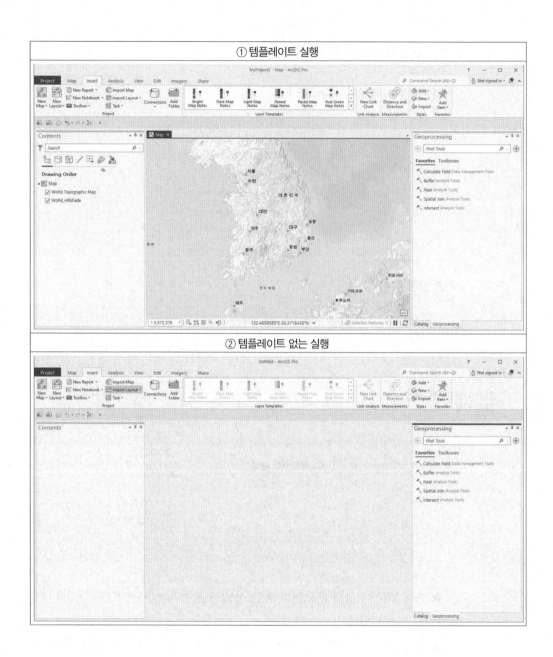

① 템플레이트 실행

② 템플레이트 없는 실행

3) 메뉴(리본메뉴)

▶ 리본 메인메뉴: 1~8

  1. 프로젝트(Project): 프로젝트 관리

  2. 맵(Map): 지도 레이어, 래스터, 영상 불러오기, 분석 기능

  3. 삽입(Insert): 웹지도 및 배경지도 템플레이트 가져오기

  4. 분석(Analysis): 벡터와 래스터 데이터 공간분석

  5. 보기(View): 지오프로세싱, 툴기능 보기 유형 선택

  6. 편집(Edit): 데이터 수정 편집

  7. 이미지(Imagery): 영상 자료 수정 및 분석

  8. 공유(Share): 결과물 웹 또는 모바일 공유 기능

▶ 리본메뉴 서브기능 아이콘 9: 메뉴 서브 실행 아이콘

▶ 패널 10: 레이어 관리

▶ 디스플레이 11: 시각화 창(지도, 웹지도, 3차원 등)

▶ 패널 12: 기능실행, 카탈로그, 지오프로세싱, 툴박스

  ▶ 리본메뉴(1~8): ArcGIS Pro는 인페이스 메인메뉴를 리본 형태로 구현. 리본
메뉴는 메뉴별 서브 기능들을 그룹화(9 서브 실행 아이콘 기능)하여 사용자 사용 편
의 제공. 리본메뉴를 클릭하면 기능별 서브 실행아이콘이 바뀐다.

(1) Project: 프로젝트 저장관리 기능

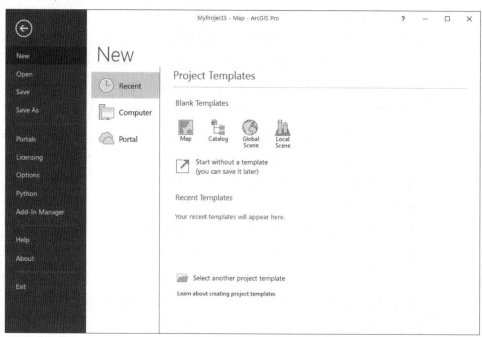

(2) Map: 주 메뉴로 공간정보, 속성정보보기 및 선택, 데이터 관리 등 기능 실행

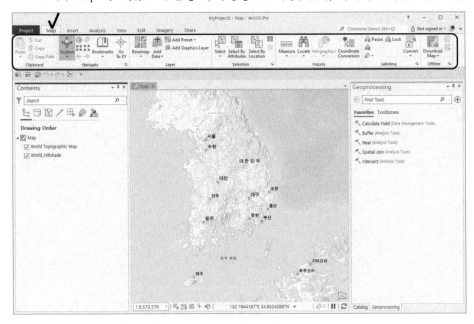

(3) Insert: 출력용 지도레이아웃, 새로운 툴박스 제작 및 기개발된 툴박스 추가
   기능

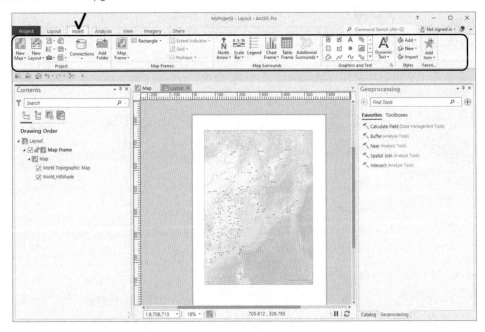

(4) Analysis: 벡터, 래스터 자료 공간 및 통계분석, 공간연산자, 지오프로세싱, 툴박스 기능

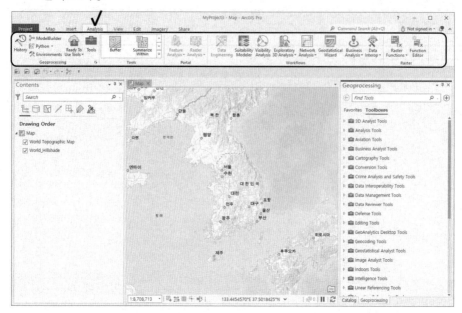

(5) View: 카탈로그 등 패널 관리

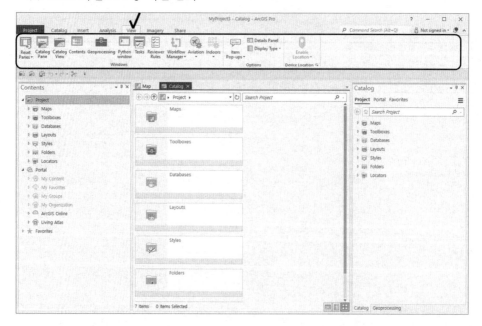

(6) Edit: 벡터지도 수정 편집 기능

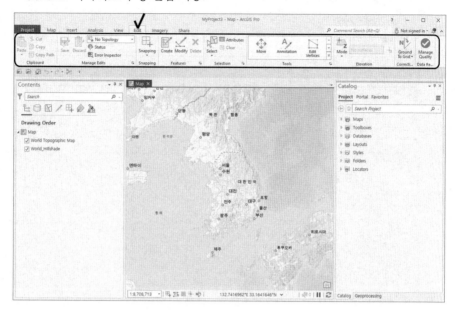

(7) Imagery: 영상분류 및 분석, 시계열 변화, 계산 기능

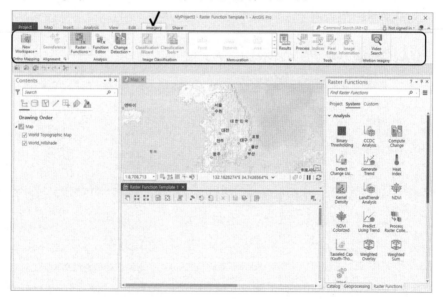

(8) Share: 모바일, 웹분석, 지도 및 공간분석 딥러닝(deep learning) 인공지능
   (AI) 공유 기능

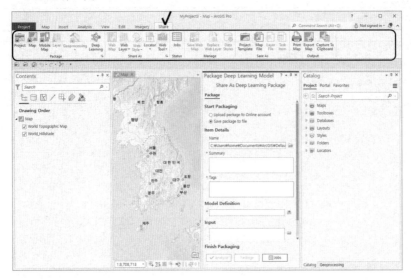

3. 프로젝트 만들기

1) ArcGIS Pro 시작: 윈도우 시작하기 → ArcGIS Pro 실행

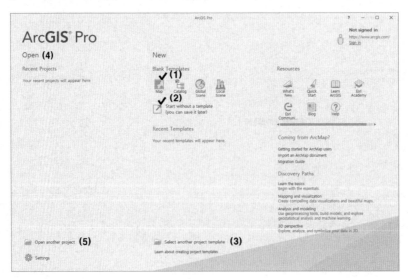

시대의 새로운 지평을 향한 ArcGIS Pro 기초와 공간분석 실무

ArcGIS Pro 실행 후 첫 화면은 프로젝트 창이 나타난다. 새 프로젝트 시작하기는 (1) Bank Templates, (2) Start without a template, (3) Select another project Template, 그리고 프로젝트 불러오기는 (4) Open, (5) Open another project

    (1) Blank templates: 온라인 지도 기반으로 사용자 정의 프로젝트명과 저장경로를 지정

    (2) Start without a template: 디폴트 위치에 온라인 지도 없이 실행

    (3) Open: 최근 사용한 프로젝트 파일 실행

    (4) Open another project: 저장된 프로젝트 파일 불러오기

    (5) Select another project template: 다른 형식의 온라인 지도 기반 프로젝트 선택

여기서는 사용자 정의 (1) Blank Templates와 (2) Start without a template 시작을 설명하겠다.

먼저 (1) Blank Templates의 Map 아이콘 클릭 → Create a New Project 창 → Name: 프로젝트명 입력(chapter 1) Location: 저장위치(C:\project) 지정 → Ok 클릭

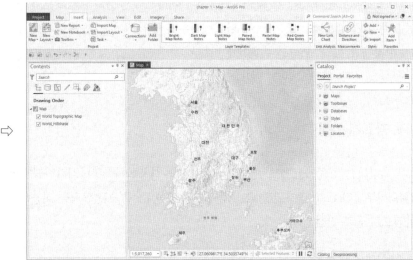

Chapter 1의 기본은 온라인 고도분포도가 기본 맵으로 설명되며 준비된다.

(2) Start without a template를 클릭하면 온라인 지도가 없으며 디폴트로 파일명과 저장위치가 결정(윈도우시스템의 임시파일 저장위치. 필자의 경우 예를 들면 C:₩temp)되어 프로그램 창만 준비된다.

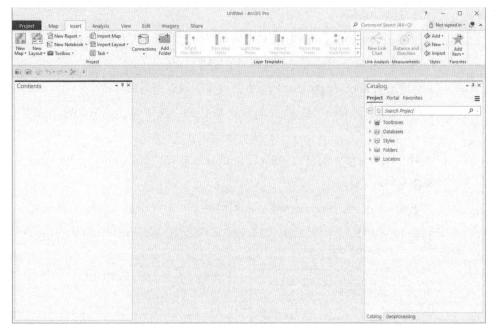

(1) Blank Templates, (2) Start without a template 단순히 프로젝트가 실행되었을 뿐이기 때문에 사용자는 이 단계에서부터 공간데이터 및 영상자료 불러오기, 수정편집, 제작, 분석을 수행하게 된다.

4. 좌표계 설정

우리나라는 표준좌표계로 평면직각좌표계를 사용한다. 평면직각좌표계의 원점은 서부원점(125), 중부원점(127), 동부원점(129), 동해(울릉)원점을 적용하나 일반적으로 중부 원점을 사용.

[국토지리정보원 표준]

- **중부원점(GRS80) : EPSG(5186)** - 가상원점(위도 38, 경도 127) 이동 x=200000, y=600000

- 서부원점(GRS80) : EPSG(5185) - 가상원점(위도 38, 경도 125) 이동 x=200000, y=600000

- 동부원점(GRS80) : EPSG(5187) - 가상원점(위도 38, 경도 129) 이동 x=200000, y=600000

- 동해(울릉)원점(GRS80) : EPSG(5188) - 가상원점(위도 38, 경도 131) 이동 x=200000, y=600000

- 네이버 : EPSG(5179) - 가상원점(위도 38, 경도 127.5) 이동 x=1000000, y=2000000

[전지구 좌표계]

- WGS84 경위도(GPS) **EPSG:4326**

- **브이월드(Vworld) 경위도 EPSG:**4326

좌표계는 특별한 목적 이외는 국내는 중부원점(GRS80) : EPSG(5186), 세계는 EPSG:4326를 사용하기 권고한다.

Shapefile 구성 세트 파일 중 *.prj에 좌표정보가 저장되어 있으며, 해당 파일이 없는 경우 지도 중첩이 안 되거나 지오프로세싱, 분석, 레이아웃 시 축척 표시 등 이 안 될 수 있다(자료 chapter1_data 폴더 참고).

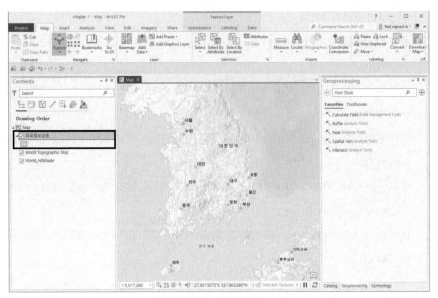

좌표정보 없는 경우: 중첩 안 됨

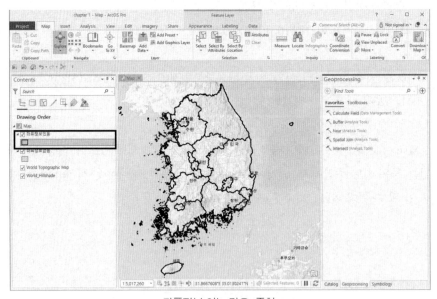

좌표정보 있는 경우: 중첩

따라서 Shapefile 구성 세트 파일 중에 *.prj 이 없는 경우 레이어를 불러들이기 전에 좌표정보 확인하고 없으면 좌표정보를 만들면 된다.

좌표계 입력 방법

지오프로세싱 → Define 검색 → Define Projection 클릭 → 레이어 선택(좌표정보 없음) → 지구본아이콘 클릭 → XY Coordinate Systems Available에서 중부원점 5186 입력 후 좌표계 선택 → Ok → Run 클릭하여 실행

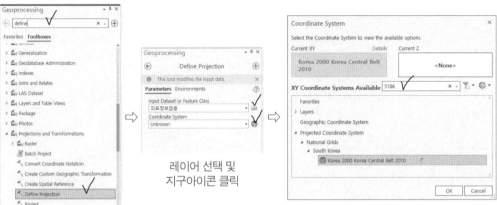

Define 검색

레이어 선택 및
지구아이콘 클릭

XY에서 5186 선택 실행

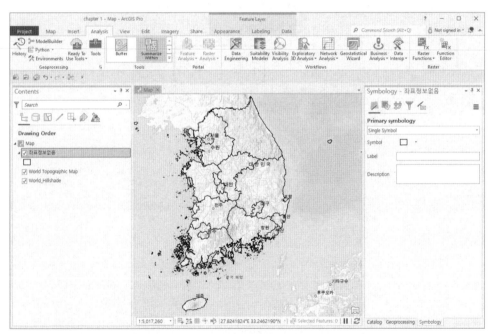

좌표정보 없는 파일에 좌표정보 생성 결과: 중첩됨

[자료 불러오기 할 때 레이어명이 보이지 않는 경우]

ArcGIS Pro를 실행하여 새로 시작할 때는 폴더의 레이어가 보이지만 간혹 분석이나 작업 저장 후 다시 불러올 때 화면에 보이지 않는 경우 해당 폴더 빈 공간에 우측 마우스를 누르고 Refresh 클릭하면 보이게 된다.

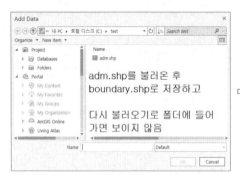

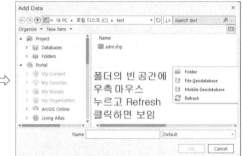

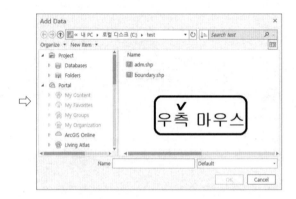

제2장

데이터 불러오기

1. 벡터데이터

1) 불러오기

벡터자료를 불러오기 위해 ArcGIS Pro를 실행하여 New Blank Template의 Map을 클릭한다. Map을 클릭하면 Create a New Project 창이 나타나고 Name 프로젝트명(2장)과 Location에 C:\map 저장위치를 입력한다.

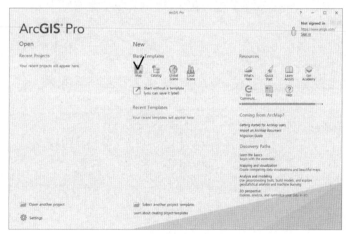

프로젝트명과 저장위치 입력

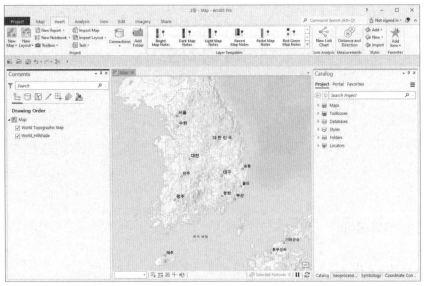

지정 프로젝트 결과(웹서버로부터 음영기복을 기본도로 불러들임)

프로젝트를 지정한 기본화면이 나오면 벡터자료를 불러올 수 있다. 그런데 기본화면의 리본은 Insert로 설정되어 있어 리본메뉴 Map을 클릭한다.

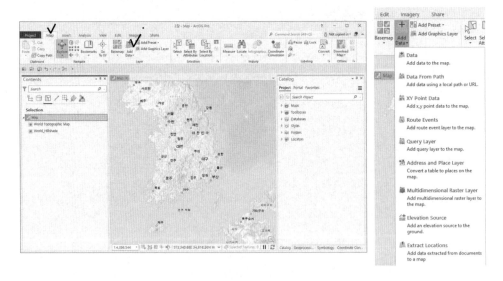

Map 메뉴를 클릭하면 하위메뉴가 바뀌고 Add data 아이콘을 클릭하면 자료를 불러올 수 있다. Add data 기능은 공간정보 레이어, 웹주소, XY 점자료 등 다양한 원천의 자료를 불러올 수 있다.

여기서는 음영기본 기본베이스 맵에 시도단위 행정구역도를 불러오기로 한다. Add data 클릭 → Chapter2_data 폴더의 "행정구역_시도" 선택하고 Ok 클릭하면 된다. 여기서 불러온 지도에 좌표계 투영정보인(*.prj)가 없는 경우는 기본베이스 맵과 일치하지 않아 보이지 않을 수 있다.

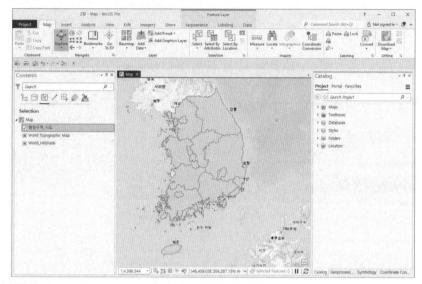

"행정구역_시도" 불러온 결과

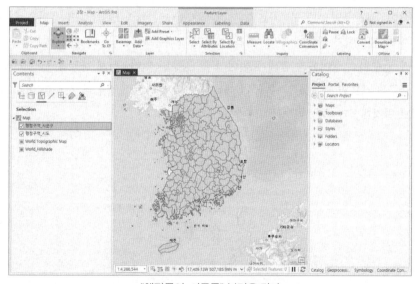

"행정구역_시군구" 불러온 결과

불러온 자료는 공간정보의 통계나 정보 내용을 담고 있는 속성정보를 불러올 수 있다. 속성정보 보기는 레이어명(행정구역_시도)에 오른쪽 마우스를 누르면 추가 기능이 나오는데 Attribute Table을 선택하면 지도보기 창의 하단에 속성정보가 나타나게 된다.

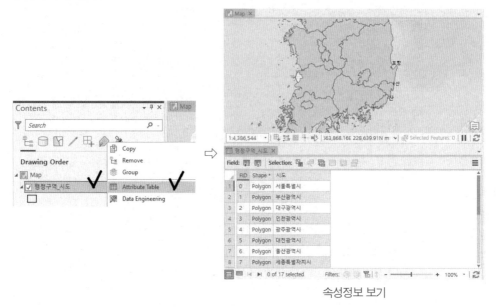

속성정보 보기

이어 "행정구역_시군구" 자료를 불러온다. Contents의 창을 보면 불러온 순위에 따라 레이어가 쌓이게 된다. 따라서 먼저 불러온 레이어는 가려지는데 필요에 따라 앞순위로 끌어올려 함께 표현해야 할 경우가 있다. 현재 불러온 행정구역_시군구는 시도별 구분을 알 수 없기 때문에 먼저 불러온 행정구역_시도를 위로 올리고 면경계선과 색을 조정하여 구분하고자 한다.

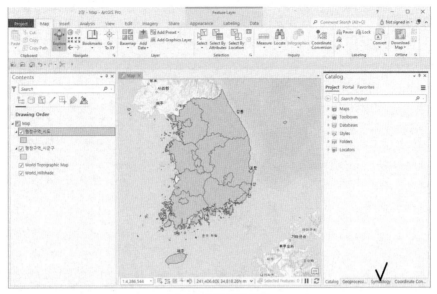
레이어 순위 변경 결과

　마우스로 레이어명(행정구역명_시도)을 클릭하여 위로 드래그하여 올리면 순위
가 바뀐다.

　다음으로 Catalog의 하단 Symbol을 클릭하면 범례 기호를 조정할 수 있는
Symbology 창으로 바뀐다. Symbol의 색 부분을 클릭한다. 폴리곤 색, 면패턴을
조정할 수 있는 Format Polygon Symbol 창에서 Black Outline을 클릭하면 시도
행정구역 경계와 하위 시군구 행정구역 경계가 구분된 것을 알 수 있다(심볼 범례
조정은 다음 절에 다루기로 한다).

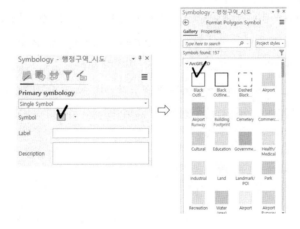

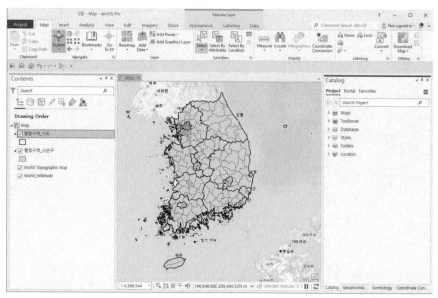

시도와 시군 경계

2) 면적 및 둘레의 길이 계산

면과 선자료는 좌표체계 투영정보를 갖고 있기 때문에 기본적으로 면적이나 길이를 계산할 수 있다. 행정구역 자료는 면적과 둘레의 길이를 속성정보에 계산하여 저장할 수 있다. 먼저, 시도단위 행정구역의 면적과 둘레의 길이를 계산하기로 한다. 행정구역_시도 레이어에 오른쪽 마우스를 눌러 Attribute Table하여 속성을 연다. → 도 필드 항목에 오른쪽 마우스 클릭 → Calculate Geometry 클릭 → Calculate Geometry 창에서 Geometry Attributes Field(새로 만들거나 기존 필드명에 계산)에 지금 같은 경우는 새로 만들기 때문에 기존 필드를 선택하지 않고 면적(필드명 Area, property: Area), 둘레의 길이(필드명 Perimeter, property: Perimeter length) 선택하고 → 길이단위(Length Unit) kilometers, 면적단위(Area unit) Square kilometers를 지정하고 → Coordinate System은 행정구역_시도를 지정하고 Ok를 클릭한다 (※ 면적과 길이 계산은 "제4장 3. 속성정보 계산(벡터)"에서 자세히 다룸).

새로 만든 필드를 지우거나 기존 필드명을 지울 때는 지우고자 하는 필드에 오른쪽 마우스를 눌러 Delete 기능을 선택하면 지워진다.

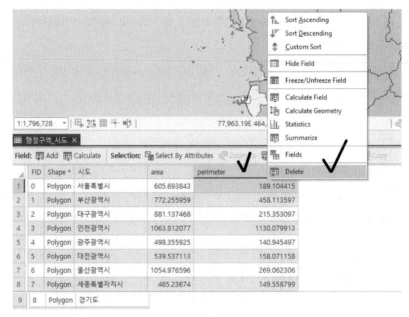

이어 같은 방법으로 시군 행정구역의 면적을 계산한다. 시군은 도단위보다는 작기 때문에 면적 단위를 Square meters로 지정하고 Coordinate System은 행정구역_시군구를 지정하고 Ok 클릭한다.

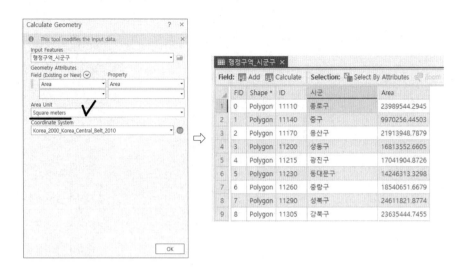

3) 범례조정

자료는 디폴트로 단일한 범례(Single Symbol)의 무작위 색과 검은 실선으로 보인다. 지도의 시각적 전달 효과를 높이기 위해 면색상, 면패턴, 면구성 선, 면별 속성값에 따른 개별색 또는 면속성을 갖고 있는 통계적 의미에 따라 그룹화(단계구분)하여 색을 표현해야 한다.

단일한 범례(Single Symbol)의 단순 색깔 조정은 Contents 레이어명의 색상 범례에 오른쪽 마우스를 올리면 색상 선택기가 나타나고, 원하는 색을 지정하면 바뀐다.

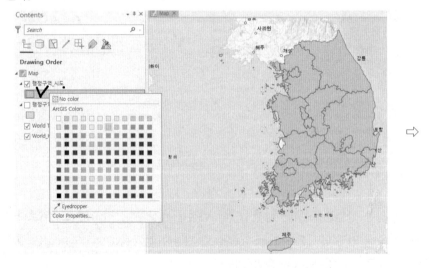

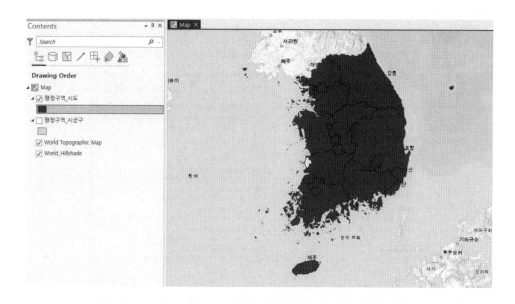

색상과 면패턴을 동시에 바꾸고자 할 때는 레이어 색상 범례를 마우스로 더블
클릭하면 Format Polygon Symbol 창이 나타나면 여기에서 선택하면 된다. 그림
은 사선으로 면패턴을 변경시킨 예이다.

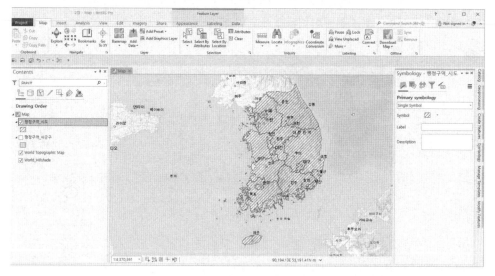

다음은 속성정보 데이터 값에 의한 범례의 표현 방법이다. 레이어명에 오른쪽
마우스를 눌러 Symbology 클릭 → Symbology 선택창이 나오는데 현재는 Single
Symbol로 되어 있지만

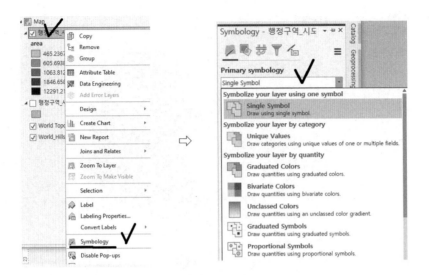

속성정보 값으로 표현하는 Unique Values, 단계구분도와 같이 수치 속성정보의 특성을 그룹단위로 표현하는 Graduated Colors 외에 속성정보 그룹의 크기 비율을 심볼의 크기로 표현하는 Graduated Symbol, Proportional Symbol 등이 있다.

먼저 도별 색상으로 구분하여 표시하면 Unique Values를 선택하고 필드를 시도를 선택하여 원으로 표시한 + 아이콘을 누르면 된다.

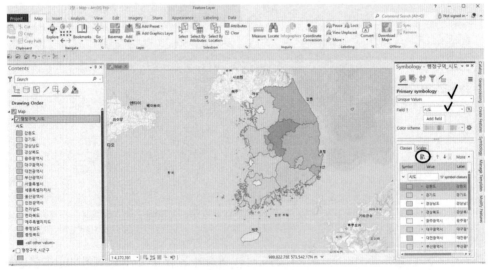

시도별 표현: Unique Values

속성정보를 Graduated Colors로 등급을 구분하여 표현하기는 폴리곤과 그에 따른 통계수치가 많을 경우 전체적인 분포패턴을 보기 위해 등급화하여 표현하는 방법이다. 시군 행정구역 레이어명에 오른쪽 마우스 Symbology 클릭 → Symbology 선택창이 나오는데 Graduated Colors를 선택하고 필드는 시군단위 면적 값을 선택하면 단계구분도가 만들어진다.

Color Scheme은 연속색상을 선택할 때 적용하면 된다.

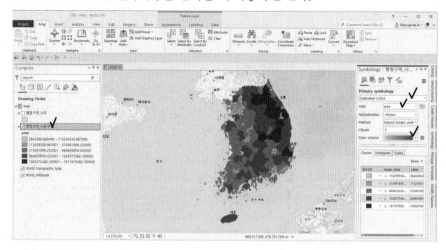

불러들인 레이어를 제거하거나 해당 레이어를 전체 보기하는 등의 기능들은 레이어명에 커서를 놓고 오른쪽 마우스를 클릭하여 기능을 활용한다. 여기에 주요 기능에 대한 간단한 설명을 제시한다.

레이어 오른쪽 마우스 클릭	기능 설명
	Remove: 뷰창의 해당 레이어 제거 Attribute Table: 속성정보 보기 Join and Relates: 속성정보 조인 및 공간조인 Zoom to Layer: 해당 레이어 위주 화면 확대 Symbology: 범례처리 Data: 공간정보 및 속성정보 다른 이름으로 저장

2. 래스터데이터

래스터 자료는 격자구조를 갖는 고도분포도, 경사도, 사면방향도, 보간처리된 기상자료, IPCC 시나리오와 벡터자료를 래스터로 전환한 자료 등 다양한 출처에 기반한다. 자료 형식은 tiff, grid, grd, hdf 등 제작사 및 파일의 압축형태에 따라 결정되어 제공된다.

1) 불러오기

메인메뉴 Map 클릭 → ![Add Data] → Chapter2_data → dem.tif 선택 → Ok(데이터를 처음 불러올 경우 dem.tif 외에 *.ovr, *aux가 없는 경우 래스터 정보 통계계산 Build pyramids 를 수행함).

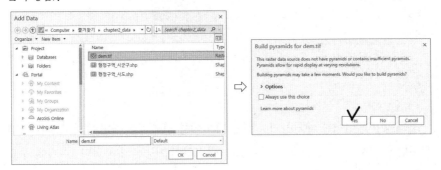

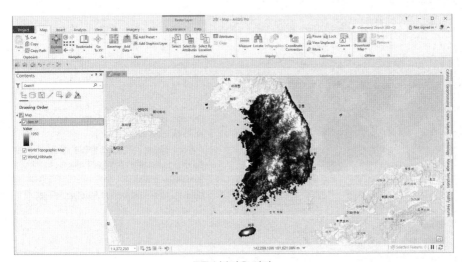

DEM 불러온 결과

2) 범례조정

래스터 자료의 범례는 속성정보 기준에 따라 결정되는 벡터와 달리 래스터 격자값에 대한 적용방식(연속, 분류)과 색상에 따라 표현할 수 있다.

범례의 조정은 래스터 레이어명(dem) 클릭 → 오른쪽 마우스 → Symbology 선택 → Symbology 패널에서 조정할 수 있다.

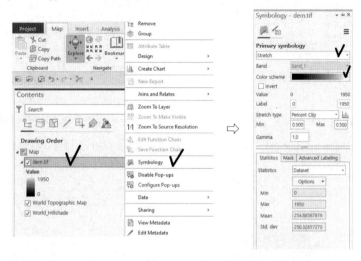

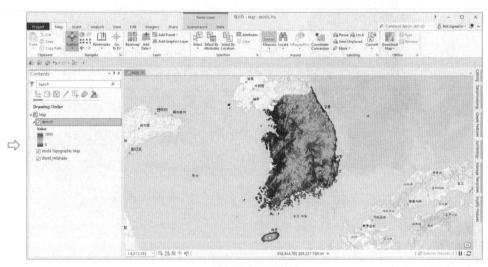

연속색상 조정 결과

단일색의 연속색 농담으로 조정은 Primary Symbology의 Stretch 상태에서 Color Scheme을 클릭하여 색상을 선택한다.

Primary Symbology 선택 기능에는 5가지 종류가 있다.

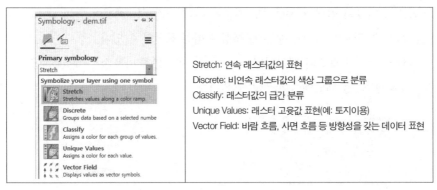

Stretch: 연속 래스터값의 표현
Discrete: 비연속 래스터값의 색상 그룹으로 분류
Classify: 래스터값의 급간 분류
Unique Values: 래스터 고윳값 표현(예: 토지이용)
Vector Field: 바람 흐름, 사면 흐름 등 방향성을 갖는 데이터 표현

Classify 방식으로 급간 분류를 표현할 경우 Primary Symbology(classify), Method
(Natural Breaks), Classes(5), Color Scheme 색상 선택 결과는 다음 그림과 같다.

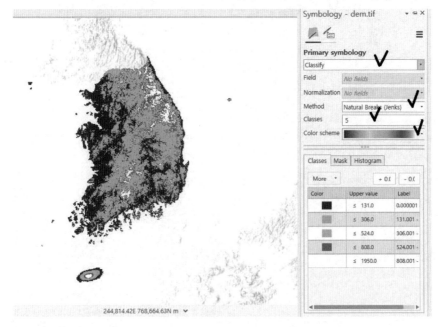

3. 영상데이터

영상자료는 대부분 비접촉으로 지표정보를 취득하여 분석하는 방식으로 원격
탐사(remote sensing)라 부른다. 영상 확보 탑재체가 다양화되면서 항공기 및 드론

에서 촬영한 영상도 이에 해당되며 이미지를 구성하는 밴드와 파장에 따라 다중분광 영상(Multi-spectral image: 특정대역의 파장을 감지하는 센서로서 정보를 취득하여 수십 개의 밴드로 구성), 초분광 영상(Hyperspectral image: 파장정보를 연속으로 취득한 영상으로 수백 개의 밴드로 구성)으로 구분된다.

1) 불러오기

메인메뉴 Map 클릭 → [Add Data] → Chapter2_data → landsat8.tif 선택(미국의 다중분광 landsat 8호 위성) → Ok.

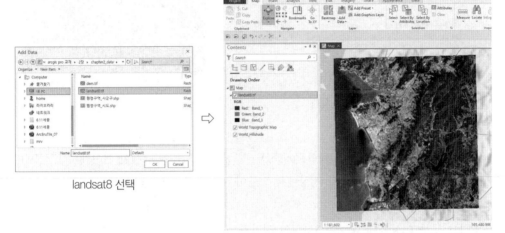

landsat8 선택

landsat8 불러온 결과

2) 범례조정

위성영상은 지표정보를 추출하고 분석하는 것이 활용 목적이기 때문에 화면에 보이는 RGB(현재 1, 2, 3, true color)에 따라 정보가 달라진다. 식물에 반응을 잘하는 근적외선 대역의 밴드를 지정하면 붉은색 계열의 false color로 바뀐다.

이는 범례조정을 통해 가능하다.

범례의 조정은 래스터 레이어명(landsat8) 클릭 → 오른쪽 마우스 → Symbology 선택 → Symbology 패널에서 조정할 수 있다. Primary Symbology에서 Red(band_1), Green(band_2), Blue(band_3) → Red(band_4), Green(band_3), Blue(band_1)로 바꾼다. 적외선에 반응을 잘하는 광합성 식물지역이 그림에서 붉게 표시된다.

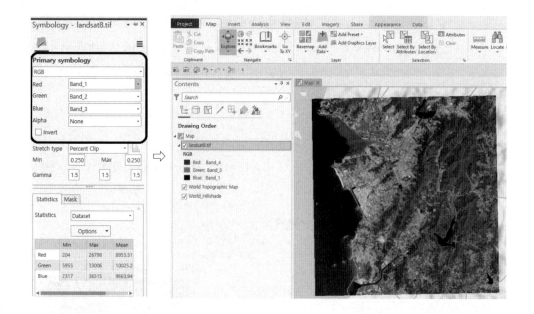

4. LiDAR 데이터

라이다(LiDAR: Light Detection and Ranging)는 항공기나 드론에 탑재한 센서에서 지상으로 발사한 레이저 펄스가 지상에서 되돌아온 시간과 거리를 계산하여 3차원의 스캔 정보(X,Y,Z)로 취득하는 점운자료(cloud point)이다. 라이다는 지상에 존재하는 모든 대상물에 대하여 3차원의 점자료 형태로 자료를 수집할 수 있다. 건물, 다리, 지표면, 나무 등 지상에 존재하는 대상물에 대하여 cm 단위로 정밀하게 스캔할 수 있다. 라이다 자료 파일은 확장자 *.las 또는 *.laz이고(laz은 압축파일로 불러오기가 안 될 수 있기 때문에 laz → las로 압축을 풀어야 함), 지표 사상별로 예를 들면 2(지상), 3,4,5(식생), 6(건물), 9(수체) 등으로 분류되어 있어 추출하여 분석에 활용할 수 있다.

1) 불러오기

메인메뉴 Map 클릭 → Add Data → Chapter2_data → lidar.las 선택(완도지역 항공라이다 일부) → Ok. 불러온 결과는 디폴트로 점자료들의 고도값이 연속된 면으로 보이지만 확대를 하면 모두 점의 형태이다.

lidar.las 선택

lidar.las 불러온 결과

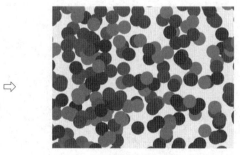

확대한 점자료

　　라이다 지역이 넓은 경우 자료를 불러오면 빈 박스만 보이게 되는데 이는 점자료가 너무 많아 그래픽에서 보이지 않을 뿐이다. 이 경우 확대하면 보이게 된다.

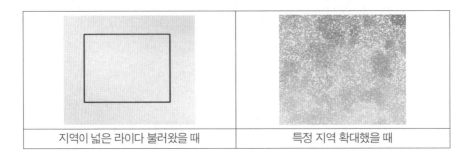

지역이 넓은 라이다 불러왔을 때	특정 지역 확대했을 때

2) 범례조정

범례의 조정은 래스터 레이어명(lidar) 클릭 → 오른쪽 마우스 → Symbology 선택 → Symbology 패널에서 조정할 수 있다. Primary Symbology에서 Draw using(Elevation, Intensity, Classification 등)과 Color Scheme를 조정하면 된다.

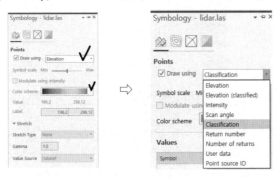

Classification 지정 결과

Classification은 LiDAR 코드별 분류값에 따라 점자료를 표현하게 된다.

5. 테이블데이터

GIS에서 사용하는 자료출처는 지도 형태의 공간정보뿐만 아니라 엑셀과 같은 테이블 자료들이 사용된다. 인구통계, 기상정보 등은 엑셀이나 CSV(comma separated Values) 형식으로 제공되고 GPS(스마트폰) 위치자료도 테이블의 형식을 갖추고 있다. 테이블 자료들은 현장에서 수집한 GPS 정보와 같이 위치정보(경위도 X,Y)를 갖는 경우도 있으며, 행정구역별 인구와 같이 위치정보를 포함하고 있지 않지만 단위 지역의 통계로 되어 있어 공간정보와 결합하여 사용할 수 있는 데이터로 분류할 수 있는 자료도 있고, 기온과 강수량과 같이 우리나라의 위치별 측정 테이블 자료가 위치별 측정값을 갖고 있기 때문에 보간처리를 하여 기상분석에 활용할 수 있는 자료도 있다.

1) 엑셀(CSV)

서울시 구단위 행정구역도와 인구통계를 불러와 구단위 인구의 분포차이를 표현하고자 한다. 메인메뉴 Map 클릭 → ┾Add Data → Chapter2_data → seoul_adm 선택 (서울 구단위 지도) → Ok. 불러온 결과는 디폴트 색이 반영된 서울시의 행정구역도이다.

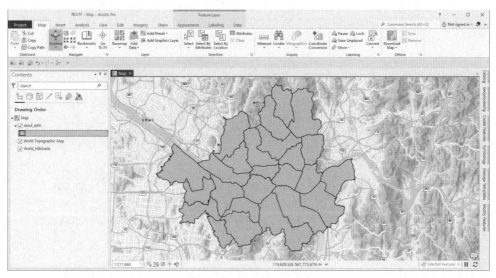

seoul_adm 레이어명에 오른쪽 마우스를 클릭하여 Attribute Table 행정구역도

의 속성정보를 불러온다. 이어 엑셀로 Chapter2_data 폴더의 서울시 구단위 인구.xlsx 파일을 연다.

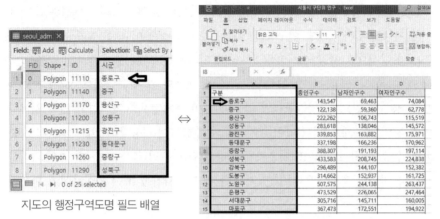

지도의 행정구역도명 필드 배열

엑셀의 행정구역도명 필드 배열

행정구역도와 엑셀의 필드명을 보면 배열이 다른 것을 알 수 있다. 즉 행정구역도는 왼쪽 배열이고 엑셀은 가운데 배열이지만 스페이스바로 밀어놓은 상태이다. 배열이 다른 경우는 서로 다른 정보로 인식하여 연결이 안 된다. 또한 단어 사이의 빈칸, 즉 "종로구"와 "종 로 구" 경우도 연결이 안 된다.

따라서 ArcGIS Pro에서 엑셀 파일을 불러오기 전에 정렬과 단어 사이 빈칸 작업을 먼저 해야 한다.

엑셀에서 작업할 때 왼쪽 정렬로 바꾸는 방법은 =trim(A2) 함수를 사용한다. trim 함수는 새로 만들려는 빈 칼럼에서 시작한다. 여기서 A2는 정렬하고자 하는 행정구역명의 칼럼번호로 A2번째 위치를 말한다. =trim(A2)를 입력하고 드래그하거나 원 부분을 더블클릭하면 된다.

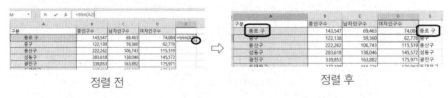

정렬 전

정렬 후

그런데 정렬 전 "종로 구"가 띄어쓰기 되어 있으며 정렬 후도 "종로 구"로 그대로다. 이런 경우는 엑셀에서 Ctrl + H를 눌러 바꾸기 기능을 활용하여 찾을 내용

칸은 스페이스바로 한 칸을 밀고 바꿀 내용은 그대로 두고 모두바꾸기 하면 된다.

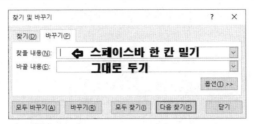

이제 수정된 엑셀 파일을 불러온다. 메인메뉴 Map 클릭 → ⊞Add Data → Chapter2_data → 서울시 구단위 인구.xlsx 선택 → Ok로 불러오고 Open으로 속성정보를 열어 확인 후 seoul_adm에 오른쪽 마우스를 눌러 Join and Relates → Add Join 클릭 → 조인창에서 같은 이름을 갖는, 즉 공통점을 갖는 필드를 지정, 행정구역도(seoul_adm)의 (시군), 엑셀(서울시 구단위 인구)의 (새 구분)을 기준으로 Ok를 누르면 된다.

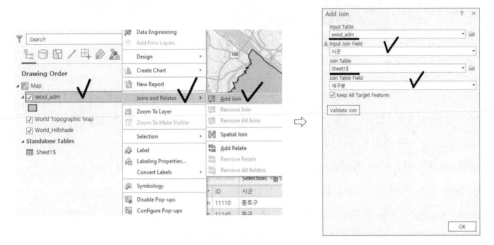

seoul_adm 레이어명에 오른쪽 마우스를 클릭하여 Attribute Table 행정구역도의 속성정보를 열면 엑셀의 통계정보가 결합된 것을 확인할 수 있다.

결합된 통계정보를 이용하여 범례를 Graduated Colors를 선택하고 Field를 총
인구수로 지정하면 인구별 단계구분도가 만들어진다.

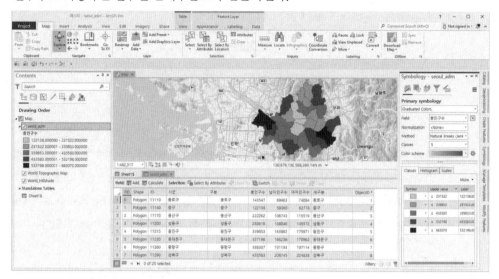

2) 위치정보 테이블

조사항목과 경위도 좌표(XY)가 함께 저장된 테이블을 불러와 지도로 표현이 가
능하다. 이 경우는 현상이 점, 선형, 면형 대상에 관계없이 현장에서 점위치 정보
와 함께 조사하여 정리된 테이블이다.

여기에서는 서울시에 식재된 가로수 위치정보를 불러와 지도로 표현해 보고자 한
다. 이제 수정된 엑셀 파일을 불러온다. 메인메뉴 Map 클릭 → 📥 → Chapter2
_data → 서울시 가로수 위치정보.xlsx 선택 → Ok로 불러오고 Open으로 속성정
보를 열어 속성정보를 확인한다. 불러온 자료는 위치정보 X좌표(경도), Y좌표
(위도)가 포함되어 있다. 그런데 좌표 값을 보면 WGS84가 아닌 우리나라 구좌표
체계인 EPSG 5181 중부원점 meter단위 좌표체계이다(참고로 현재 사용 중인 EPSG
5186는 X:20만 m, Y:60만이고, 서울시 측정좌표 EPSG 5181은 X:20만 m, Y:50만 m 구좌
표 체계임).

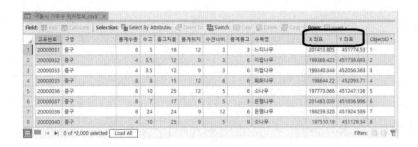

점위치정보가 있기 때문에 위치별 점지도로 바로 표현할 수 있다. 서울시 가로수 위치정보 파일에 오른쪽 마우스를 누르고 → Display XY Data 클릭 → Output Features 지정, X Field(경도), Y Field(위도) 지정, 중부원점 EPSG 5181 지정(지구본 아이콘 클릭, XY Coordinate Systems에서 5181 입력 및 Korea_2000_Korea_Central_Belt 선택) → Ok. 다른 공간정보와 함께 사용하기 위해 EPSG5186으로 재투영 필요하다.

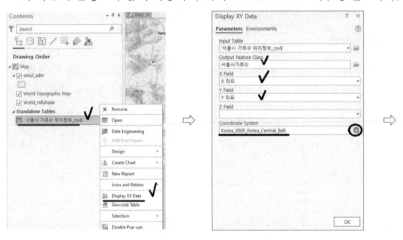

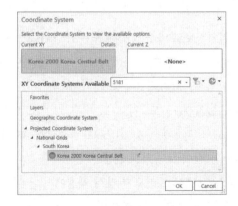

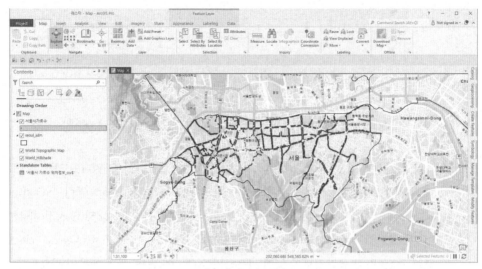

서울시 가로수 결과

3) GPS 자료

GPS 자료는 일반적으로 도분초(127° 30′ 15″, 35° 20′ 13″) 단위로 취득된다(수신기의 옵션에 따라 도 또는 도분단위 설정도 있음). GPS 자료는 휴대용 수신기, 스마트폰앱, GPS 시계 등 트랙로그로 자료 또는 위치마다 선택적 저장으로 확보할 수 있다.

long_d	long_m	long_s	lat_d	lat_m	lat_s
128	54	31.41255	37	8	38.17390884
128	55	50.46166	37	8	41.51401224
128	55	24.8542	37	8	11.45308272
128	55	51.01834	37	9	13.80167676
128	55	32.09109	37	9	2.66799924

GPS 좌표 정보를 위치정보로 바꾸기 위해 도분초 단위를 도단위로 바꿔야 한다. 단위환산은 다음과 같이 계산할 수 있다(도분초 ↔ 도 양방향 전환은 Chapter2_data 폴더 경위도-도분초 전환엑셀 스크립트.xlsx 참고).

경도: 도 + 분/60 + 초/3600 → 도, 위도: 도 + 분/60 + 초/3600 → 도

예를 들면 경도 128 + 54/60 + 31.41/3600 → 128.908, 위도 37 + 8/60 + 37.17/3600 → 37.143와 같이 도단위로 환산된다.

GPS 자료를 ArcGIS Pro에서 불러오기 앞서 엑셀에서 불러와 도분초 → 도단위 전환하여 재저장한다. Chapter2_data 폴더의 gps_dms.xlsx를 불러와 long 필드

에 =A2+B2/60+C2/3600, lat 필드에 =D2+E2/60+F2/3600를 적용하여 도단위로 전환한다. 그리고 전환된 파일을 다른 이름인 gps_d.xlsx로 저장한다. 엑셀 자료의 ID는 고유의 식별자로 다른 속성, 이를테면 건물, 토지이용, 수종, 꽃 등을 결합할 때 사용한다.

메인메뉴 Map 클릭 → → Chapter2_data → gps_d.xlsx 선택 → Ok로 불러오고 Open으로 속성정보를 열어 속성정보를 확인한다.

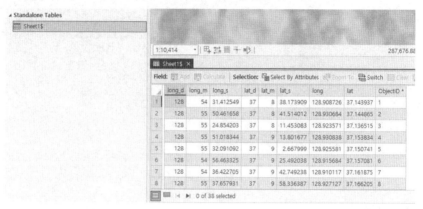

gps_d에 오른쪽 마우스를 누르고 → Display XY Data 클릭 → Output Features 지정, X Field(long), Y Field(lat) 지정, XY Coordinate Systems에서 wgs84 입력 → Ok(GPS 자료의 좌표는 wgs84이기 때문에 지도화 후에 다른 공간정보와 함께 사용하기 위해 EPSG5186으로 재투영 필요함).

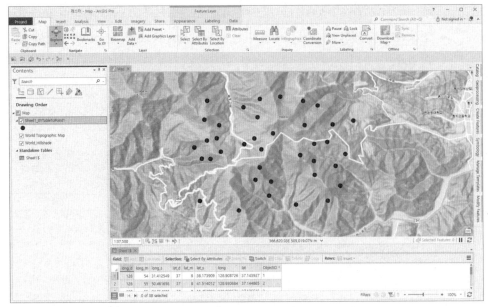

gps_d 자료의 표현 결과

4) 집계구 자료

도로, 하천 등 준항구적인 지형지물 경계인 기초단위구의 통계사회적 동질성
(지가 및 주택유형), 동량성을 종합하여 결합 확정한 근린지역 통계서비스 구역이
집계구(output Area)이다. 집계구역 통계 적정인구 규모는 최소 300명이고, 최적
인구는 500명, 최대 1000명으로 설정된다. 집계구는 동단위 행정구역보다 작은
소지역으로 세분화되어 있다.

관련 자료들은 다음과 같다.

(1) 통계자료(자료는 Chapter2_data/집계구/ 통계, ref_code 2개 폴더에 있음)

집계구 통계자료는 txt 파일로 되어 있고 필드는 base_year(기준연도), tot_oa_cd
(집계구코드), item(통계항목), value(통계값)로 구성된다. 데이터는 다음과 같은 구
조이다(집계구/통계 txt 참고).

base_year^tot_oa_cd^item^value ← 해당 필드명은 예를 들어 2021년 기준
_2020년_인구총괄(총인구).txt에 1줄 추가하여 사용을 권장한다.

2020^1101053010001^to_in_001^321

2020^1101053020001^to_in_001^415

2020^1101053020002^to_in_001^431

item(통계항목)에 대한 설명은 집계구/ref_code/statistics_code.xlsx의 "코드" 필드를 참고하면 사례 to_in_001은 총인구에 해당된다.

[격자 통계 제공 항목]

분류		통계항목	코드	제공 격자
총괄	총인구	총인구	to_in_001	
		총인구(남자)	to_in_007	100m
		총인구(여자)	to_in_008	500m
	총가구	총가구수	to_ga_001	1K
	총주택	총주택(거처)수	to_ho_001	10K
	총사업체	총사업체수	to_fa_010	100K
	총종사자	총종사자수	to_em_020	
인구		4세이하	in_age_001	
		5세이상~9세이하	in_age_002	
		10세이상~14세이하	in_age_003	
		15세이상~19세이하	in_age_004	
		20세이상~24세이하	in_age_005	
		25세이상~29세이하	in_age_006	
		30세이상~34세이하	in_age_007	
		35세이상~39세이하	in_age_008	
		40세이상~44세이하	in_age_009	
		45세이상~49세이하	in_age_010	
		50세이상~54세이하		

(2) 격자통계자료(자료는 Chapter2_data/집계구/ 통계, ref_code 2개 폴더에 있음)

집계구를 100m, 500m, 1km, 10km, 100km 단위 격자로 나누어 분류한 통계값이다. 통계 폴더의 2020년_인구_다사_1K.txt를 보면

base_year^tot_oa_cd^item^value ← 해당 필드명은 예를 들어 2020년_인구_다사_1K.txt에 1줄 추가하여 사용할 것을 권장한다.

2020^다사0038^in_age_001^0

2020^다사0038^in_age_002^5

2020^다사0038^in_age_003^5

2020^다사0038^in_age_004^8

item(통계항목)에 대한 설명은 집계구/ref_code/adm_grid_mapping.xlsx를 참고하면 다사는 서울시에 해당되고,

집계구/ref_code/statistics_code.xlsx를 참고하면 in_age_001은 4세 이하 1km 격자료이다.

(3) 집계구 지도(자료는 Chapter2_data/집계구/집계구지도/ 집계, 격자 2개 폴더에 있음)

집계구 격자 공간정보는 투영정보를 포함하고 있지 않아 투영정보를 입력해야 한다. 당초 UTM-K(GRS80타원체) EPSG 5179로 제작되었으며 다른 정보와 함께 분석하기 위해 EPSG 5181 또는 EPSG 5186으로 재투영해야 한다.

집계구 격자 지도 → 투영정의 EPSG 5179 → EPSG 5181 또는 EPSG 5186을 선

택하여 재투영 과정이 필요하다(Chapter2_data/집계구/집계구지도/격자/grid_다사_1K_ 5181_s.shp 참고).

또한 집계구 지도 → 투영정의 EPSG 5181 과정이 필요하다(Chapter2_data/집계 구/집계구지도/집계/seoul.shp 참고).

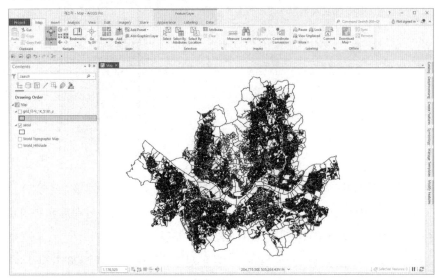

seoul:epsg 5181

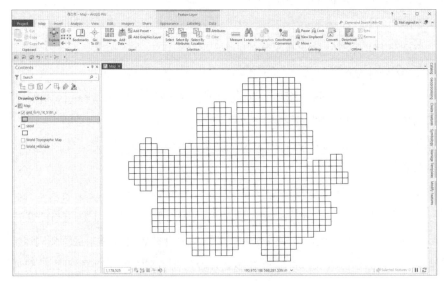

grid_다사_1K_5181_s:epsg 5179

(4) 집계구 통계

(집계구 지역통계) 집계구 통계자료는 자료 간 구분을 ^를 사용하기 때문에 ArcGIS Pro에서 불러오면 그림과 같이 필드항목이 분리가 안 된다.

따라서 파일을 엑셀로 열어 첫줄에 base_year, tot_oa_cd, item, value를 넣고 간단한 조정이 필요하다. 먼저 엑셀을 실행하여 파일 형식을 모든 파일로 지정한 후 Chapter2_data/집계구/통계 폴더에서 2021년기준_2020년_인구총괄(총인구)을 선택 → (해당 파일은 엑셀 형식이 아닌 txt이기 때문에 데이터 방식을 묻는다) → 다음으로 진행 기타에 체크 ^ 입력 → 다음 진행하면 불러들인다.

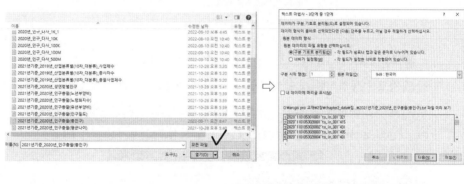

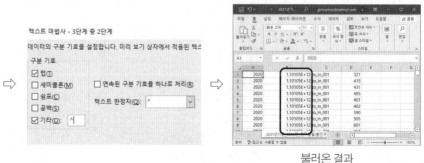

불러온 결과

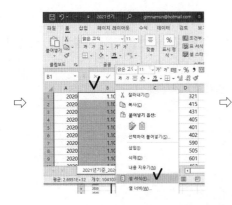

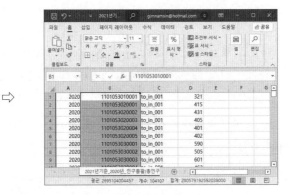

불러온 결과 tot_oa_cd 필드 항목 코드가 비정상인 것을 알 수 있다. 이는 문자를 숫자로 자동인식한 것으로 칼럼 B → 우측 마우스 → 셀 서식 선택 → 숫자 선택 확인하면 수치형 항목 코드로 바뀐다. → 다음으로 첫줄에 필드명 base_year, tot_oa_cd, item, value를 입력하고 엑셀 통합서식으로 재저장하면 된다.

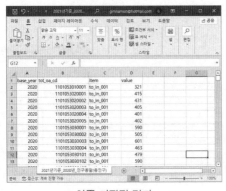

최종 저장된 결과

그런데 통계자료는 집계구 자료에 조인하여 사용하기 때문에 공통의 조인 값을 갖고 있는 필드가 있어야 하고 필드의 형식(숫자, 문자)이 일치해야 가능하다.

집계구 필드	통계 필드
TOT_REG_CD	tot_oa_cd
1101053010001(문자: 좌측 정렬)	(숫자: 우측 정렬)1101053010001

집계구와 통계의 공통 필드는 각각 TOT_REG_CD, tot_oa_cd이다. 문제는 값에 대한 부분이다. 같이 연결되어야 할 TOT_REG_CD 항목값은 문자, tot_oa_cd 항목값은 숫자 형식이다. 컴퓨터에서 숫자는 문자 또는 수치로 저장되지만 사용자는 모두 같은 수치로 보는 실수를 하게 되어 이 경우는 조인해도 결합이 안 된다. 따라서 엑셀에서 통계필드의 수치를 문자로 바꾸어야 조인이 가능해진다.

엑셀에서 변환은 새로운 필드에 필드명을 입력하고 =text(tot_oa_cd 지정, "###0") → 해당 필드 Shift(누르고) - 마우스 드래그 이동 블록 씌운 후 → Ctrl+D 하면 전체가 문자로 바뀐다.

새 필드명 New_code, =text(b2, "###0")

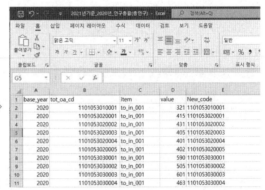

수치가 문자로 바뀜

메인메뉴 Map 클릭 → Add Data⁺ → Chapter2_data → 집계구 → 통계 2021년기준_2020년_인구총괄(총인구).xlsx 선택하여 Ok로 불러오고 Open으로 속성정보를 열면 필드항목별로 분리된 것을 확인할 수 있다. tot_oa_cd(집계구코드) 필드는 숫자, New_code는 문자로 집계구 TOT_REG_CD 문자와 공통조인 고유 코드를 갖게 된다(참고로 엑셀에 해당 파일을 불러온 상태에서는 사용 중에 에러가 날 수 있음).

불러온 결과: 문자형 New_code 필드

　　(집계구 격자통계) 집계구 격자 통계도 엑셀을 이용하여 첫줄에 base_year, GRID_CD, item, value를 넣고 ^ 조정이 필요하다. Chapter2_data/집계구/통계 폴더에서 2020년_인구_다사_1K.txt를 불러오는데 GRID_CD 항목의 글자가 깨지는 것을 확인할 수 있다. 그림을 보면 한글이 깨져 있고 언어가 맞지 않다. 이는 언코드가 맞지 않아 발생한 것으로 유니코드(utf-8)로 바꾸면 된다. 다음 단계에서 기타 ^ 입력하고, 첫줄에 base_year, GRID_CD, item, value 추가하고 엑셀서식으로 2020년_인구_다사_1K.xlxs로 저장하면 된다.

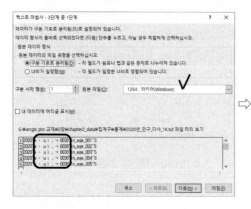
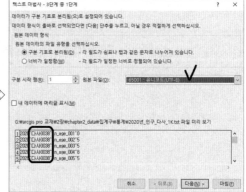

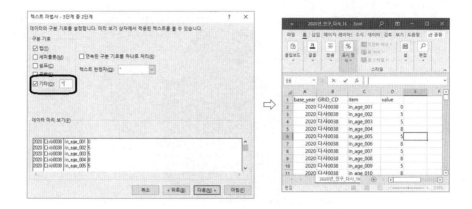

(5) 집계구 지도

집계구 지도는 제공되는 투영정보 prj 파일을 포함하고 있지만 형식의 차이로 투영정보가 없는 것으로 인식한다. 따라서 Define으로 EPSG 5181를 정의해 주어야 한다.

메인메뉴 Map 클릭 → 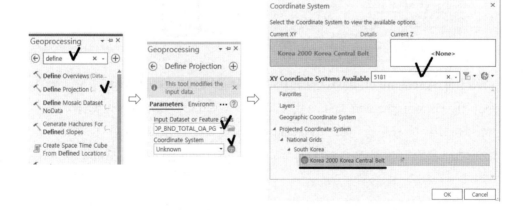 → Chapter2_data → 집계구 → 집계구 지도 → 집계 → 전체에서 Z_SOP_BND_TOTAL_OA_PG.shp 선택하여 Ok로 불러온다.

메인메뉴 Analysis 클릭 → Tools → Define 검색 → Define Projection 클릭 (Z_SOP_ BND_TOTAL_OA_PG 선택) → 지구본 클릭 → 5181 검색 → 선택하고 Ok → 우측 하단의 Run 클릭 → 이제 음영배경지도와 일치하게 된다.

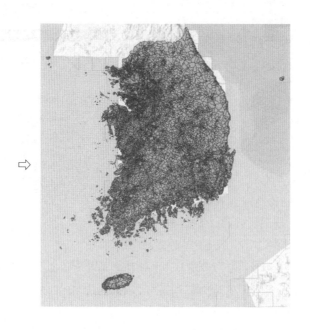

　그런데 전체에 대한 집계구 통계를 사용할 것이 아니기 때문에 서울지역만 선택하여 저장하기로 한다. 속성정보 필드 중 AMD_CD 항목이 행정구역 코드로 서울은 110*, 111*, 112* 단위로 선택하여 저장하면 된다.

메인메뉴 Map 클릭 → Select By Attributes 클릭 →

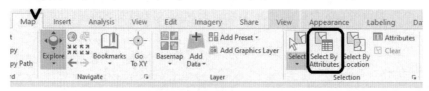

　선택질의 창에서 input rows(Z_SOP_BND_TOTAL_OA_PG), Select type(New selection) → New expression 클릭 → 대상코드 포함 필드(ADM_CD), begins with 선택, 110으로 첫 구문을 넣고 Add Clause를 눌러 Or, 대상코드 포함 필드(ADM_CD), begins with 선택, 111, 112 반복하여 입력 후 Apply 클릭하면 선택된다.

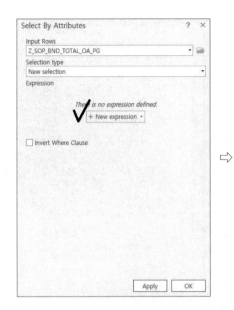

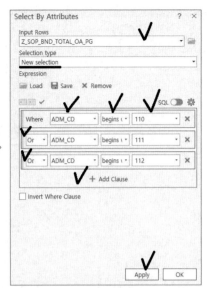

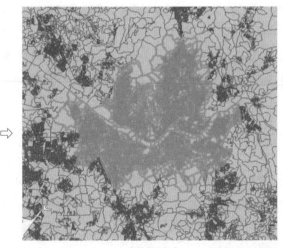

선택된 결과

저장은 레이어명 → 오른쪽 마우스 → Data → Export Features → seoul로 저장하면 된다.

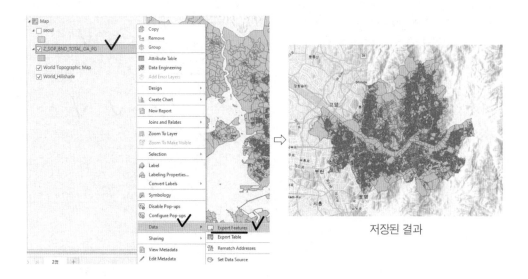

저장된 결과

(6) 집계구 격자 지도

집계구 격자 지도는 UTM-K(GRS80타원체) EPSG 5179로 제작되었지만 투영정
보를 포함하고 있지 않아 정의를 하고 EPSG 5181로 재투영이 필요하다.

메인메뉴 Map 클릭 → [Add Data] → Chapter2_data → 집계구 → 집계구 지도 → 격자
→ grid_다사_1K.shp 선택하여 Ok로 불러온다. 그렇지만 투영정보가 없기 때문
에 다른 지도와 중첩되지 않는다.

메인메뉴 Analysis 클릭 → [Tools] → Define 검색 → Define Projection 클릭(grid_
다사_1K.shp 선택) → 지구본 클릭 → 5179 검색 → 선택하고 Ok → 우측 하단의
Run 클릭 → project → output 투영정보를 5181로 지정하고 grid_다사_1K._
5181.shp로 저장한다. 이어 앞서 저장한 seoul 집계구와 격자 중첩지역이 일치하
는 지역을 선택하여 저장하면 된다.

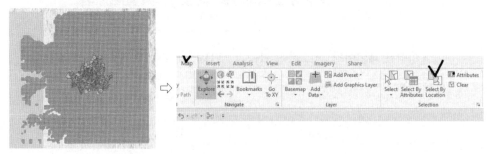

seoul 집계구와 격자 중첩

메인메뉴 Map 클릭 → Select By Location 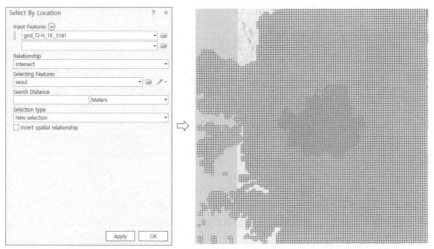 클릭 → Input Features(grid_다
사_1K_5181), Relationship(Intersect), Selecting Features(seoul) → Apply 하여 서
울 집계구와 일치하는 집계격자를 선택한다.

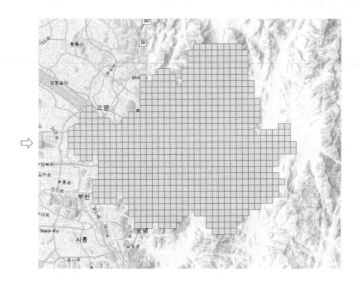

저장은 레이어명 → 오른쪽 마우스 → Data → Export Features → grid_다사
_1K_5181_seoul로 저장하면 된다.

(7) 집계구 지도에 통계 조인

(집계구 지역) 집계구 seoul의 속성 tot_reg_cd와 2021년기준_2020년_인구총괄
(총인구).xlxs 속성의 New_code 필드는 공통의 속성을 가져 이를 기준으로 조인
하면 된다.

tot_reg_cd 필드   New_code 필드

seoul 레이어명 → 오른쪽 마우스 → Join and Relates → Add Join → Input
Join Field: TOT_REG_CD 선택, Join Table Field: New_code 지정하고 Ok 하면
조인된다.

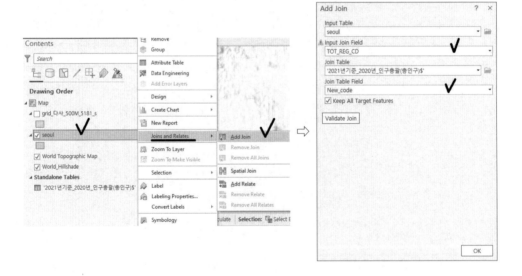

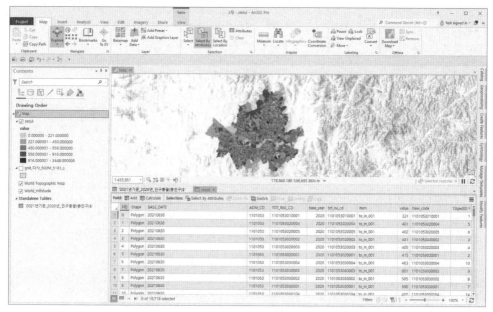

조인 결과

　　(집계구 격자) 집계구 격자는 앞서 서울지역만 추출한 격자 지도와 집계구 격자
통계 2020년_인구_다사_1K.xlxs를 불러와 조인한다. 두 자료의 공통 필드는 집계
구 격자의 GRID_1K_CD와 집계구 격자통계의 GRID_CD를 공유하고 있어 이를
기준으로 조인하면 된다.

	FID	Shape *	GRID_1K_CD	Shape_Leng	Shape_Area
1	0	Polygon	다사3941	4001.433194	1000716.72519
2	1	Polygon	다사4041	4001.437594	1000718.92595
3	2	Polygon	다사4141	4001.441994	1000721.12671
4	3	Polygon	다사3649	4001.420179	1000710.21542
5	4	Polygon	다사3748	4001.424556	1000712.405
6	5	Polygon	다사3749	4001.424579	1000712.41617
7	6	Polygon	다사3942	4001.433316	1000716.78663
8	7	Polygon	다사3943	4001.43314	1000716.69829
9	8	Polygon	다사3944	4001.433363	1000716.81001

집계구 격자 GRID_1K_CD

	base_year	GRID_CD	item	value	ObjectID *
1	2020	다사0038	in_age_001	0	1
2	2020	다사0038	in_age_002	5	2
3	2020	다사0038	in_age_003	5	3
4	2020	다사0038	in_age_004	8	4
5	2020	다사0038	in_age_005	5	5
6	2020	다사0038	in_age_006	8	6
7	2020	다사0038	in_age_007	5	7
8	2020	다사0038	in_age_008	8	8
9	2020	다사0038	in_age_009	5	9
10	2020	다사0038	in_age_010	8	10

집계구 격자통계 GRID_CD

　　조인은 grid_다사_1K_5181_seoul 레이어 오른쪽 마우스 → Join and Relates
→ Add Join → Join Table(GRID_1K_CD), Join Table Field(GRID_CD) → OK 하면
조인된다.

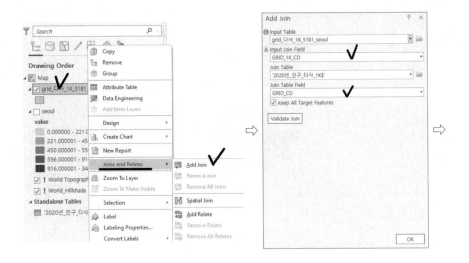

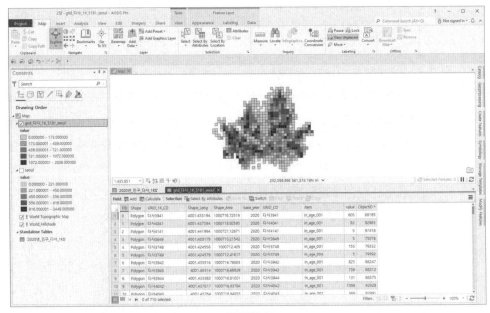

조인 결과

6. 온라인데이터

공간정보의 온라인 서비스는 다양화되고 있으며 발전의 속도가 매우 빠르다.
현재는 영상이나 벡터지도를 이미지 타일로 만들어 배경지도 또는 지도작업용으로 사용할 수 있도록 웹으로 서비스하는 것이 대부분이다. 일부 이미지 타일이 아닌 공간정보 자체와 데이터베이스도 함께 서비스하여 분석 가능한 서비스가 일부 있으며 앞으로는 이 분야의 발전 속도가 **빠**를 것으로 예상된다. 이 절에서는 배경지도로 서비스되는 우리나라의 국토부 브이월드(Vworld)와 미국 구글(Google) 회사 서버 접속을 해보기로 한다. 이 외에도 ArcGIS Pro는 포털을 통해 다양한 출처(주로 ESRI 서비스)를 사용할 수 있다. 웹을 통한 서비스 서버주소들은 다수 확인되고 있지만 관리 소홀로 서비스가 안 되는 것이 많아 안정적으로 유지되는 것만 소개하기로 한다.

1) 브이월드(Vworld)

브이월드 위성영상

주소 http://xdworld.vworld.kr:8080/2d/Satellite/201710/{z}/{x}/{y}.jpeg

브이월드 일반도

주소 http://xdworld.vworld.kr:8080/2d/Base/201710/{z}/{x}/{y}.png

브이월드 중첩용 도로망도

주소 http://xdworld.vworld.kr:8080/2d/Hybrid/201710/{z}/{x}/{y}.png

웹서비스 연결 방법은 메인메뉴 Map 클릭 → Add Data → ▼ 클릭 → Data from path 클릭 → 웹서버 주소를 입력(여기서는 브이월드 일반도 http://xdworld.vworld.kr:8080/2d/Base/201710/{z}/{x}/{y}.png) 입력 → Add 누르면 연결된다(주소 복사용 txt 파일은 Chapter2_data/서버주소.txt 폴더의 서버주소.txt에 있음).

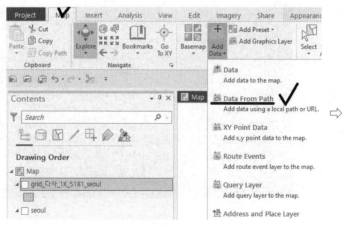

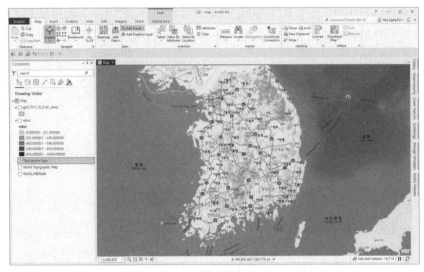

브이월드 일반도

브이월드 위성 + 중첩용 도로망

2) 구글(Google)

구글 3차원 지형도

주소 http://mt0.google.com/vt/lyrs=p&hl=en&x={x}&y={y}&z={z}

구글 위성영상

주소 http://mt0.google.com/vt/lyrs=s&hl=en&x={x}&y={y}&z={z}

구글 일반도

주소 http://mt0.google.com/vt/lyrs=m&hl=en&x={x}&y={y}&z={z}

구글 하이브리드(위성영상+일반도)

주소 http://mt0.google.com/vt/lyrs=y&hl=en&x={x}&y={y}&z={z}

웹서비스 연결 방법은 메인메뉴 Map 클릭 → 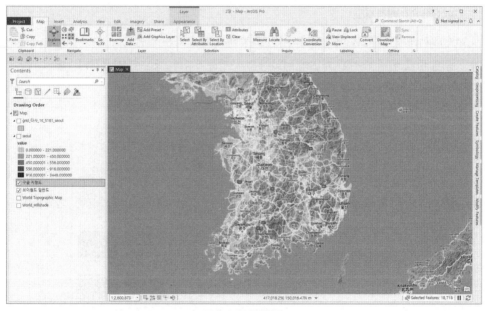 → ▼ 클릭 → Data from path 클릭 → 웹서버 주소를 입력(여기서는 구글 3차원 지형도 http://mt0.google.com/vt/lyrs=p&hl=en&x={x}&y={y}&z={z}) 입력 → Add 누르면 연결된다. 다른 웹서비스 주소들도 이와 같은 방법으로 접속하면 연결할 수 있다(주소 복사용 txt 파일은 Chapter2_data/서버주소txt 폴더의 서버주소.txt에 있음).

구글 3차원 지형도

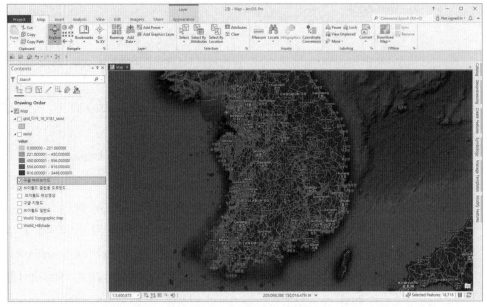

구글 하이브리드(위성영상+일반도)

3) ArcGIS Pro 배경지도

ArcGIS Pro 배경지도로서 ESRI사 서버를 통해 서비스되는 일반도, 도로, 지형, 영상 등은 주로 이미 작성된 지도의 변화상을 수정하기 위한 용도로 사용한다. 메인메뉴 Map → 하위 Basemap 아이콘 → 클릭

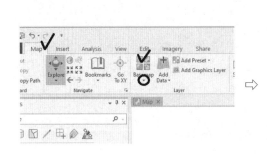

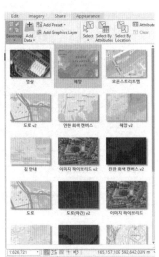

배경지도 선택항목

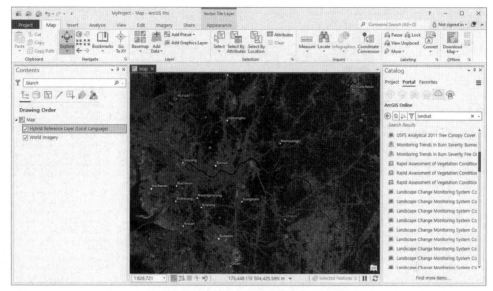

영상하이브리드 선택

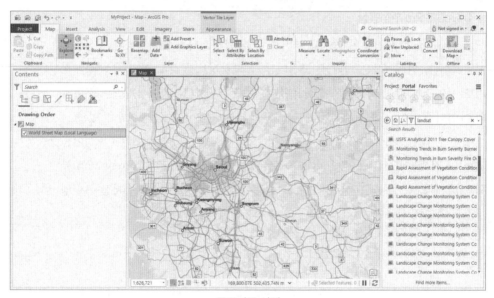

도로지도 선택

고도 선택

4) ArcGIS Pro 위성영상

ArcGIS Pro 위성영상은 ESRI사 서버를 통해 서비스되는 위성영상과 영상분석 서비스이다. 위성영상은 적외선, 근적외선 등 파장정보를 갖고 있기 때문에 배경지도 서비스와 달리 영상분석에 활용할 수 있다. 위성영상 정보서비스는 ESRI사의 아이디가 있어야 한다(www.esri.com 해당 사이트에서 아이디를 신청할 수 있음).

접속방법은 Catalog → Portal → ArcGIS Online 아이콘 → landsat8-9 위성이름 입력 → 검색 → Landsat 8-9 Views → 오른쪽 마우스 → Add to Current Map 클릭(영상 가져오는 기능) → 클릭하면 로그인해야 함 → 불러온 결과는 저장하여 영상정보 추출에 사용할 수 있음(분석 방법은 해당 장에서 다룸).

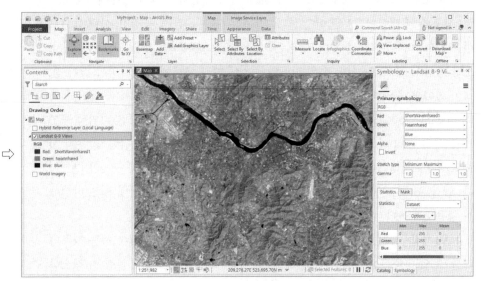

Landsat 영상 불러온 결과

제3장
지도 제작 및 수정

1. 지도 제작 및 수정 시 검토 사항

지도 도면을 그리는 경우 그리고자 하는 지표 대상의 공간적 형태에 따라 면, 선, 점 각각의 레이어를 만들어야 한다. 면은 토지이용, 건물, 농경지, 산림 등이고 선은 도로, 하천, 해안선 등이고, 점은 개별적으로 존재하는 맨홀, 가로수, 관청, 소방서 등이 될 수 있는데, 점은 지도의 축척에 따라 도면에 표현하면서 면이 점, 점이 면이 될 수 있다.

ArcGIS나 ArcGIS Pro ESRI사 벡터 표준으로 사용하는 shapefile은 비위상 구조(non-topological)의 스파게티(spaghetti) 구조로 지표 사상 면과 선 입력 및 수정 시 주의가 필요하다. shapefile 파일 구조는 선과 노드 기반 Arc-node 구조와 다르지만, 공간DB 구조가 간단하고 파일 크기가 작은 장점이 있어 인터넷 및 모바일에서 활용도가 높다.

지도 제작 시 지표 현상과 변화의 특성에 따라 입력툴을 사용해야 하는 경우가 다를 수 있기 때문에 주요 사례를 제시한다. 물론 이 외에도 지도 입력 시 필요한 아이디, 대상정보 이름, 추가 정보와 통계 등은 속성정보로 입력해야 한다.

수정 및 편집 시 주의할 공간사례	설명
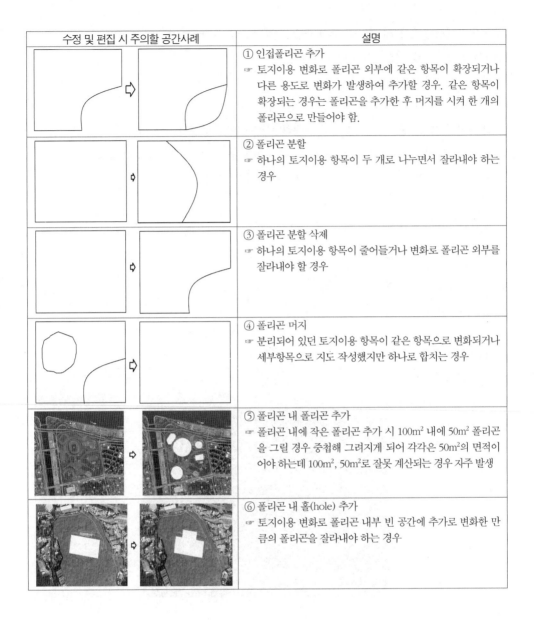	① 인접폴리곤 추가 ☞ 토지이용 변화로 폴리곤 외부에 같은 항목이 확장되거나 다른 용도로 변화가 발생하여 추가할 경우. 같은 항목이 확장되는 경우는 폴리곤을 추가한 후 머지를 시켜 한 개의 폴리곤으로 만들어야 함.
	② 폴리곤 분할 ☞ 하나의 토지이용 항목이 두 개로 나누면서 잘라내야 하는 경우
	③ 폴리곤 분할 삭제 ☞ 하나의 토지이용 항목이 줄어들거나 변화로 폴리곤 외부를 잘라내야 할 경우
	④ 폴리곤 머지 ☞ 분리되어 있던 토지이용 항목이 같은 항목으로 변화되거나 세부항목으로 지도 작성했지만 하나로 합치는 경우
	⑤ 폴리곤 내 폴리곤 추가 ☞ 폴리곤 내에 작은 폴리곤 추가 시 $100m^2$ 내에 $50m^2$ 폴리곤을 그릴 경우 중첩해 그려지게 되어 각각은 $50m^2$의 면적이어야 하는데 $100m^2$, $50m^2$로 잘못 계산되는 경우 자주 발생
	⑥ 폴리곤 내 홀(hole) 추가 ☞ 토지이용 변화로 폴리곤 내부 빈 공간에 추가로 변화한 만큼의 폴리곤을 잘라내야 하는 경우

2. 폴리곤(면) 지도 작성 및 수정

지표 사상들은 폴리곤으로 그려야 할 경우가 많다. 토지이용, 농경지, 도시지역, 산림 등 대상이 면적인 특징을 갖는 경우는 면으로 그린다.

면지도 영상정보를 배경으로 작성 실습을 하기로 한다. 배경영상은 브이월드를
불러와 영상정보를 면으로 그리기로 한다.

1) 폴리곤 그리기

(레이어명 작성) ❶ 먼저 2장에서 연습한 브이월드 위성영상을 불러온다. 메인
메뉴 Map 클릭 → ➕ → Data from path → 주소 http://xdworld.vworld.kr:8080/
2d/Satellite/201710/{z}/{x}/{y}.jpeg 입력하여 영상을 불러온다.

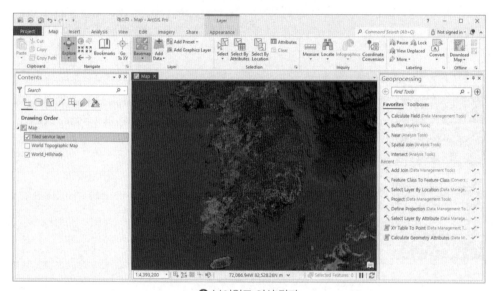

❶ 브이월드 영상 결과

❷ 면지도 작성 지역 선정 확대, ❸ 메인메뉴 View → Catalog Panel → Databases
▼ 클릭 → gdb 오른쪽 마우스 → New → Feature Class → Name 및 Alias(면지
도 파일명 입력) → Feature Class Type(Polygon 선택, 여기서 점, 선을 선택함) →
Add output dataset to current map의 체크표시 삭제

※ Add output dataset to current map의 체크를 사용하는 경우는 영상과 지도의 좌표체계가 같은 경우 사용함. 현재의 브이월드 WGS84 경위도 좌표, 지도좌표는 EPSG 5186 미터단위 평면직각좌표임.

→ Next → 속성정보의 필드 추가항목 지정 창으로 여기서 Click here to add a new field를 클릭하여 토지이용 항목이름을 넣을 Name을 입력(data type*: text) → next → XY Coordinate Systems Available(5186 입력) → 다음 단계부터 Next 클릭 → 마지막에 Finish 클릭 → 토지이용 레이어 만들어지고 → 토지이용 레이어를 마우스로 드래그하여 Contents 패널의 Map에 끌어다 놓는다.

 * Data type은 자료의 종류에 따라 결정되는데 문자(text) 외에 정수 integer, 실수 float, double, 날짜 data 등이 있음.

면지도 작성 대상지

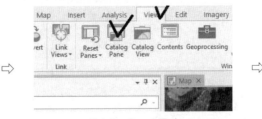

Catalog Panel 클릭

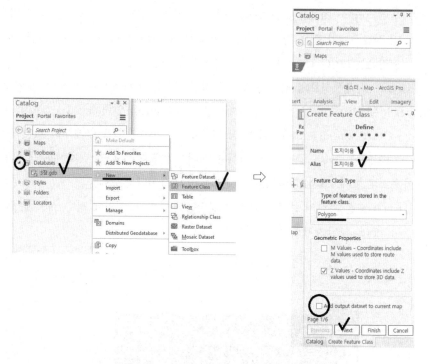

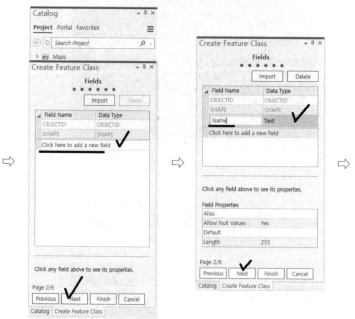

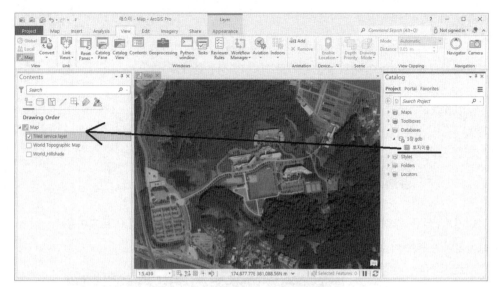

gdb 하위에 만들어진 토지이용 레이어

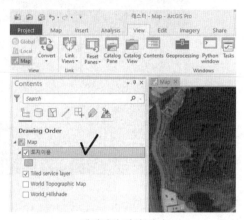

레이어명 작성 결과

(폴리곤 그리기) 이제부터 새로운 레이어를 가지고 면지도 지도 그리기를 진행할 수 있게 되었다.

　　※ 기존에 작성이 완료된 면 형태의 폴리곤 자료, 이를테면 토지이용도, 식생도, 임상도 등을 수정할 경우는 레이어를 새로 만들지 않고 불러와 수정 작업을 진행하면 된다.

　　그리기는 그리고자 하는 레이어명(토지이용)을 클릭 → 메인메뉴 Edit → 하위 아이콘 메뉴 Create 클릭 → Create Features 창이 활성화 → 아이콘 선택하고 입력하면 된다.

여기서 사용빈도가 높은 아이콘을 설명하면 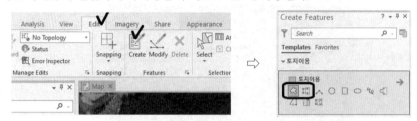 : 지도 다각형 그리기, : 지도 다각형에 인접하여 다각형을 추가로 그릴 때 사용한다.

먼저 를 클릭하고 토지이용을 그리기로 한다. 운동장을 그리고 토지이용 레이어명 오른쪽 마우스 → 속성정보가 열리는데

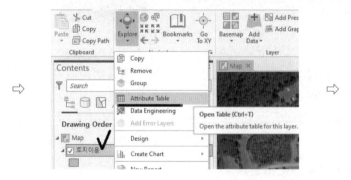

속성정보의 기본 필드값인 둘레의 길이 Shape_Length(단위 meter), 면적 Shape_Area(단위 meter²) 값이 계산되어 있고 토지이용 항목인 Name에는 빈칸으로 "운동장"을 입력한다.

여기에 오른쪽에 이어지는 주차장, 농구장, 건물이 있다.

2) 인접폴리곤 추가

수정 및 편집 시 주의할 공간사례 ① 인접폴리곤 추가

폴리곤에 인접한 붙어 있는 폴리곤을 추가할 경우는 ⬚ 을 클릭하여 추가하면 된다(폴리곤 면들이 독립적으로 떨어져 있을 경우는 ⬚를 클릭하여 그린다).

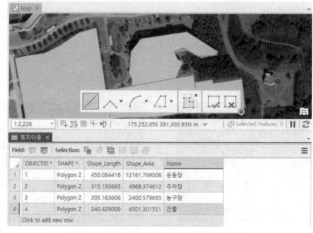

폴리곤 추가 및 토지이용 이름 추가 결과

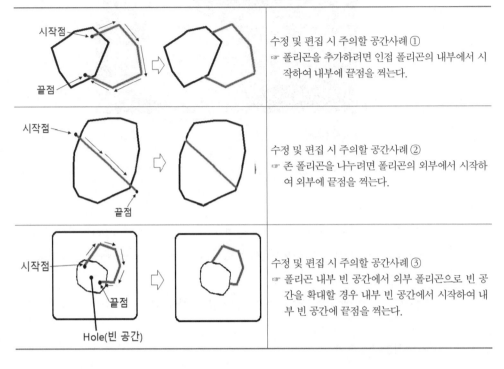

시작점 끝점 ⇨	수정 및 편집 시 주의할 공간사례 ① ☞ 폴리곤을 추가하려면 인접 폴리곤의 내부에서 시작하여 내부에 끝점을 찍는다.
시작점 끝점 ⇨	수정 및 편집 시 주의할 공간사례 ② ☞ 존 폴리곤을 나누려면 폴리곤의 외부에서 시작하여 외부에 끝점을 찍는다.
시작점 끝점 ⇨ Hole(빈 공간)	수정 및 편집 시 주의할 공간사례 ③ ☞ 폴리곤 내부 빈 공간에서 외부 폴리곤으로 빈 공간을 확대할 경우 내부 빈 공간에서 시작하여 내부 빈 공간에 끝점을 찍는다.

2) 폴리곤 내부 분할

수정 및 편집 시 주의할 공간사례 ② 폴리곤 내부 분할

이미 완성된 토지이용이나 산림 같은 면자료는 시간에 따라 변화하여 나누어 수정하고, 신규 작업 시 대상물의 하부단위를 상위로만 표기하기로 했다가 하위까지 표현하기로 한 경우, 또는 작성과정에서 실수로 통으로 작성하여 폴리곤 면을 나누어야 하는 경우가 있다. 그림은 처음에는 한 개의 폴리곤으로 처리했으나 3개로 나누려고 한다.

 ⇨

메인메뉴 Edit → 하위 아이콘 메뉴 Select 클릭(Rectangle 선택) → 해당 건물 폴리곤 드래그 선택 → 메인메뉴 Edit → Modify 클릭 → Modify Features 패널 → Divide → Split 아이콘 클릭 → 선택된 건물 폴리곤을 자른다.

선택 결과

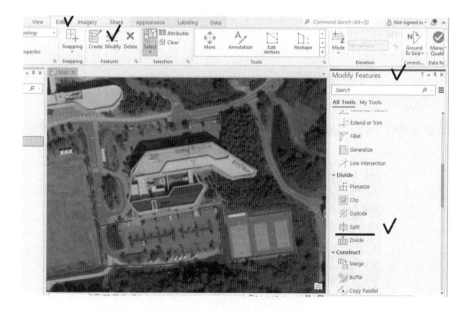

건물 분할 과정

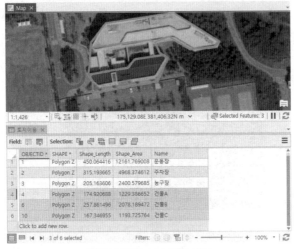

건물 분할 및 이름 입력 결과

3) 폴리곤 분할 삭제

수정 및 편집 시 주의할 공간사례 ③ 폴리곤 외부 분할 삭제

폴리곤 면의 경계나 바깥 부분이 항목이 바뀌었거나 잘못 입력되었을 경우 잘
라내야 한다. 다음 그림과 같이 용도가 다른 야외 휴게 공간이 포함되어 있어 잘
라내야 한다.

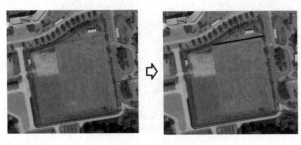

메인메뉴 Edit → 하위 아이콘 메뉴 Select 클릭(Rectangle 선택) → 해상 건물 폴리곤 드래그 선택 → 메인메뉴 Edit → Modify 클릭 → Modify Features 패널 → Divide → Split 아이콘 클릭 → 선택된 건물 폴리곤을 자름 → Select 클릭(Rectangle 선택) 불필요 폴리곤 선택 → Delete 키로 지운다.

자르고 선택한 결과   자르고 삭제한 결과

4) 폴리곤 머지

수정 및 편집 시 주의할 공간사례 ④ 폴리곤 머지

당초 폴리곤 내 및 인접 폴리곤에 다수 용도 항목으로 제작되었지만 같은 용도로 바뀌었거나, 신규 작성 시 세부항목으로 나누어 그렸지만 세부항목을 한 개로 합칠 경우가 있다.

이런 경우 메인메뉴 Edit → 하위 Select → Rectangle → 대상 폴리곤 선택 → Edit → Modify → Modify Features → Construct → Merge 클릭

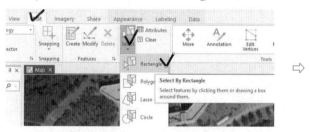

선택 결과

복수 폴리곤 한 개 폴리곤 머지 결과

5) 폴리곤 내 폴리곤 추가

수정 및 편집 시 주의할 공간사례 ⑤ 폴리곤 내 폴리곤 추가

1개 폴리곤 내에 토지이용 항목이 변경되었거나 또는 변경이 결정되어 새롭게 추가할 경우, 또는 일차 완성된 폴리곤 내에 누락 항목을 추가할 경우에 해당된다.

먼저 추가할 폴리곤 면을 먼저 그린다. 레이어명(토지이용)을 클릭 → 메인메뉴 Edit → 하위 아이콘 메뉴 Create 클릭 → Create Features 창이 활성화 → [아이콘] 아이콘 선택하고 입력하면 된다. 여기서 폴리곤 내 폴리곤 추가 전에 확인해야 할 것이 현재 1개 폴리곤의 둘레의 길이 427.811645, 면적 11477.907989이다. 추가된 후에는 어떻게 되는지 비교해야 한다. 단순히 시각적 도면으로만 추가된 것으로 보이게 된다면 둘레길이와 면적의 변화가 없는 문제가 발생한다.

폴리곤 내 폴리곤 2개 추가

운동장 폴리곤 둘레길이와 면적

추가하는 방법은 메인메뉴 Edit → 하위 아이콘 메뉴 Select 클릭(Rectangle 선택) → 추가하려는 폴리곤 드래그 선택 또는 속성정보를 열어 속성정보를 선택 → 메인메뉴 Edit → Modify 클릭 → Modify Features → Divide → Clip 더블클릭 → Discard(Remainder) 선택 → Clip all editable features 체크 → Clip 클릭하면 잘라진다.

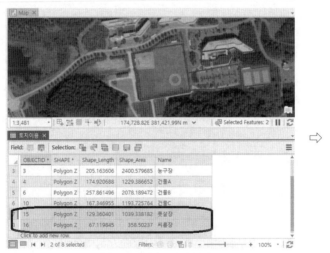

추가할 폴리곤 선택

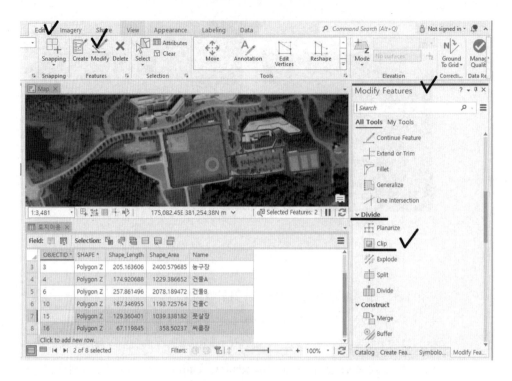

당초 운동장 둘레의 길이 427.811645, 면적 11477.907989이 각각 624.291892,
10797.072177로 변경되고, 해당 부분은 풋살장 둘레 129.360401, 면적 1039.338182,

씨름장 둘레 67.119845, 면적 358.50237이 차지하고 있음을 알 수 있다.

입력 결과의 저장은 Edit 메뉴 → Save 클릭하면 된다.

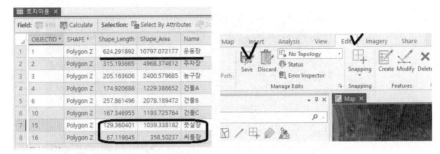

추가에 따른 변경된 속성 통계

6) 폴리곤 내 홀(Hole) 추가

수정 및 편집 시 주의할 공간사례 ⑥ 폴리곤 내 홀(Hole) 추가

폴리곤 내에 Holes가 존재하거나 Holes를 인접 폴리곤으로 확대해 그려야 되는 경우가 있다.

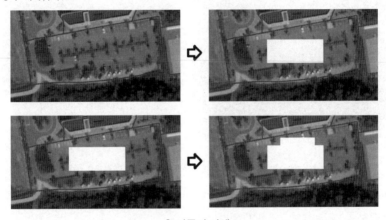

홀 만들기 사례

Edit → Modify → Modify Features → Reshape → Continue Feature 클릭 → 해당 부분을 그리기 하면 된다.

빈 공간 작성 결과

당초 빈 공간 영역을 인접 폴리곤으로 확대하여 그릴 경우는 Edit → Modify → Modify Features → Divide → Clip 클릭 → 대상 폴리곤 선택 → 빈 공간 그리고 → 선택하여 Delete로 삭제하면 된다.

대상 폴리곤 선택 및 빈 공간 확대 자르기

삭제 결과

3. 선지도 작성 및 수정

선지도 그리기는 과정은 폴리곤보다 복잡하지는 않다. 선 그리기는 두 선의 교차지점에서 그리거나 수정할 때 주의가 필요하다. 두 선이 만나는 지점에서 벗어난 경우(Overshoot), 못 미치는 경우(Undershoot), 교차선 지점을 노드로 등록하여 선들의 속성을 분리해야 하는 경우 등이다.

수정 및 편집 시 주의할 공간사례	설명
	① 돌출선(Overshoot) 자르기 ☞ 도로나 하천을 입력 또는 수정할 때 두 개의 선이 교차할 때 불필요하게 튀어나온 선이 있는 경우 잘라내야 한다.
	② 미연결선(Undershoot) 연결하기 ☞ 도로나 하천 입력 또는 수정 시 교차점의 미연결선을 연결시켜야 한다.
	③ 교차지점 분리 ☞ 도로나 하천 입력 또는 수정 시 교차점을 지나는 도로가 연결되거나 하계망인 경우 두 개의 선이 교차하여 교차점(노드)을 생성하고 각각의 용도를 갖도록 잘라 분리해야 한다.

1) 선그리기

레이어명 작성 및 그리기 ❶ 먼저 2장에서 연습한 브이월드 위성영상을 불러온다. 메인메뉴 Map 클릭 → [Add Data] → Data from path → 주소 http://xdworld.vworld.kr:8080/2d/Satellite/201710/{z}/{x}/{y}.jpeg 입력하여 영상을 불러온다.

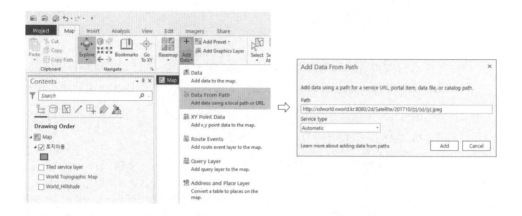

❷ 선지도 작성 지역 선정 확대, ❸ 메인메뉴 View → Catalog Panel → Databases
▼ 클릭 → gdb 오른쪽 마우스 → New → Feature Class → Name 및 Alias(도로파
일명 입력) → Feature Class Type(line 선택) → Add output dataset to current map의
체크표시 삭제

※ Add output dataset to current map의 체크를 사용하는 경우는 영상과 지도
의 좌표체계가 같은 경우 사용한다. 현재의 브이월드 WGS84 경위도 좌표,
지도좌표는 EPSG 5186 미터단위 평면직각좌표이다.

→ Next → 속성정보의 필드 추가항목 지정 창으로 여기서 Click here to add a
new field를 클릭하여 도로명 항목이름을 넣을 Name을 입력(data type*: text) →

next → XY Coordinate Systems Available(5186 입력) → 다음 단계부터 Next 클릭 → 마지막에 Finish 클릭 → 도로 레이어 만들어지고 → 도로 레이어를 마우스로 드래그하여 Contents 패널의 Map에 끌어다 놓는다.

* Data type은 자료의 종류에 따라 결정되는데 문자(text) 외에 정수 integer, 실수 float, double, 날짜 data 등이 있다.

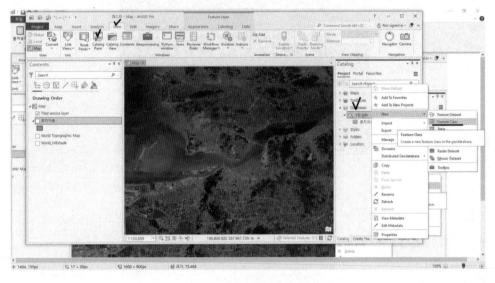

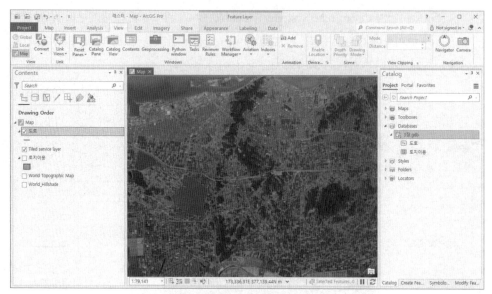

준비된 도로 레이어명

❹ 메인메뉴 Edit → 하위 Create → Create Features → 도로 클릭 → 그리기 도
구 클릭하여 진행한다.

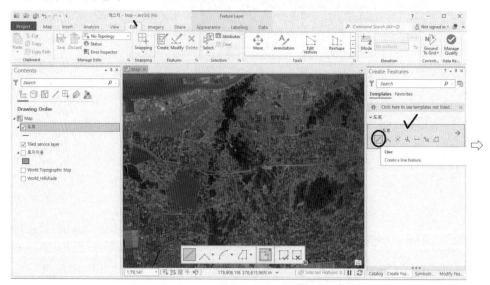

도로선과 속성 입력 결과

❺ 교차선 입력인 스냅이 중요하다. 자동 스냅이 안 되면 두 선의 교차점에서 미연결(Undershoot)이나 벗어남(Overshoot)으로 에러가 발생한다. 선에 새로운 선을 연결하려고 하면 출발이나 끝지점의 선에서 Snap 기능과 범위가 활성화되어 클릭하면 자동으로 연결된다.

끝지점의 스냅 활성화

출발지점의 스냅 활성화

도로 입력 결과

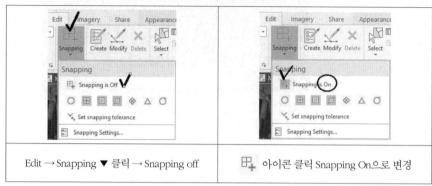

Edit → Snapping ▼ 클릭 → Snapping off	⊞₊ 아이콘 클릭 Snapping On으로 변경

※ 스냅환경은 최적으로 디폴트 설정되어 있으나 독자 입력 환경에 따라 설정 권장.

2) 미연결선(Undershoot) 연결과 돌출선(Overshoot) 삭제

Undershoot 연결

그림과 같이 선을 입력하는 과정에서 선과 선이 만나는 지점이 연결이 안 되고 미연결 상태로 남는 곳이 발생한다. 이런 경우 미연결선을 자동으로 연장하여 붙이는 기능이 있다.

Edit → Modify → Modify Features 패널 → Reshape → Extend or Trim 클릭 →

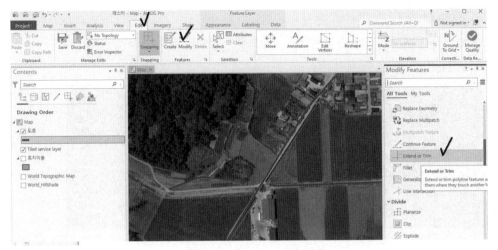

미연결 연장 Extend or Trim 기능

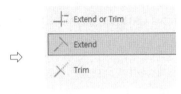

Extend or Trim 기능 아이콘

미연결 Undershoot 연결 기능은 Extend, 벗어난 Overshoot 선 제거는 Trim
을 클릭한다. Extend는 미연결선을 클릭하고 연결대상 선을 선택하면 연결되고
Trim은 벗어난 돌출 선부분을 클릭하여 길이만큼 드래그하면 제거된다.

미연결 연결 결과   Overshoot 돌출 선

Overshoot 삭제

Overshoot 제거는 Trim을 클릭하고 불필요하게 벗어난 선의 끝을 클릭하고 해당 길이만큼 드래그하면 제거된다.

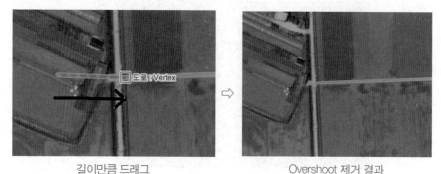

길이만큼 드래그   Overshoot 제거 결과

3) 교차선 분리

두 선이 교차되는 경우 교차는 하지만 교차선들이 각각 다른 용도를 갖는 경우, 이를테면 도로의 경우 목적인 다른 4차선 ↔ 고속국도 1차선 ↔ 2차선이 교차되는 경우를 그릴 때는 교차되게 그리고 잘라내어 각각의 용도를 지정해야 한다. 이러한 경우는 하천의 지류나 차수 입력도 같은 방식을 적용할 수 있다.

Edit → Modify → Modify Features 패널 → Reshape → Line intersect 클릭 → Line Intersection 클릭 → 2개 교차선 선택 → 선택하면 교차점에 노드가 만들어지고 선이 분리된다.

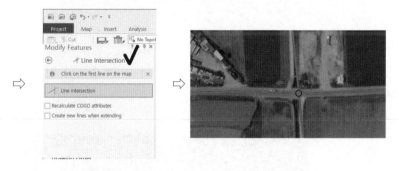

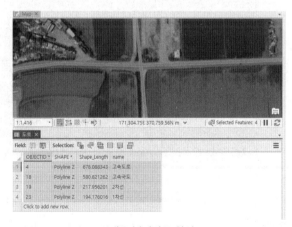

4개로 분리된 교차선

4. 점지도 작성 및 수정

점레이어명 작성 및 그리기 ❶ 먼저 2장에서 연습한 브이월드 위성영상을 불러온다. 메인메뉴 Map 클릭 → ┼ Add Data → Data from path → 주소 http://xdworld. vworld.kr:8080/2d/Satellite/201710/{z}/{x}/{y}.jpeg 입력하여 영상을 불러온다.

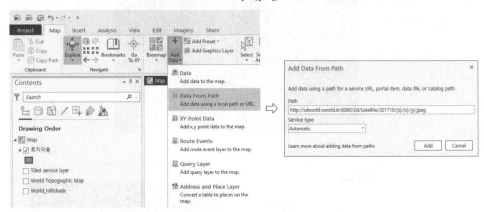

❷ 점지도 작성 지역 선정 확대, ❸ 메인메뉴 View → Catalog Panel → Databases ▼ 클릭 → gdb 오른쪽 마우스 → New → Feature Class → Name 및 Alias(tree 파일명 입력) → Feature Class Type(point 선택) → Add output dataset to current map의 체크표시 삭제

※ Add output dataset to current map의 체크를 사용하는 경우는 영상과 지도의 좌표체계가 같은 경우 사용한다. 현재의 브이월드 WGS84 경위도 좌표, 지도좌표는 EPSG 5186 미터단위 평면직각좌표이다.

→ Next → 속성정보의 필드 추가항목 지정 창으로 여기서 Click here to add a new field를 클릭하여 tree명 항목이름을 넣을 Name을 입력(data type*: text) → Next → XY Coordinate Systems Available(5186 입력) → 다음 단계부터 Next 클릭 → 마지막에 Finish 클릭 → tree 레이어 만들어지고 → tree 레이어를 마우스로 드래그하여 Contents 패널의 Map에 끌어다 놓는다.

* Data type은 자료의 종류에 따라 결정되는데 문자(text) 외에 정수 integer, 실수 float, double, 날짜 data 등이 있다.

❹ 메인메뉴 Edit → 하위 Create → Create Features → tree 클릭 → 그리기 도구 클릭하여 진행한다.

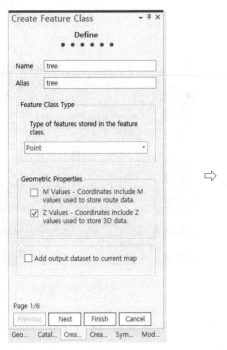

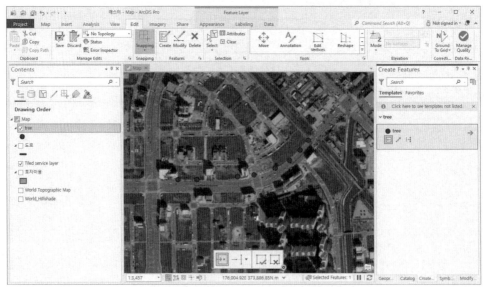

점지도 제작 결과

이 외에도 점자료의 경우 입력 위치 수정이 필요할 경우 점선택 → Move 아이
콘 → 이동하면 된다.

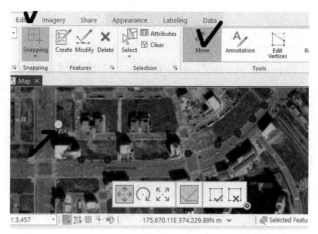

점자료의 이동

제작 결과 저장 및 Shapefile 전환

마지막으로 면, 선, 점 자료는 그리기가 완료되면 ![Save] 클릭하여 저장하고 디폴트로 gdb로 저장되기 때문에 Shapefile로 바꿀 때는 레이어명 → 오른쪽 마우스 → Data Export Features → Shapefile 저장하여 사용한다.

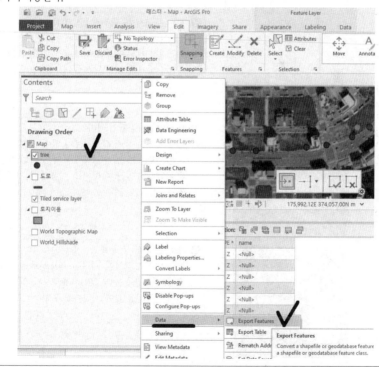

5. 지오레퍼런싱

지오레퍼런싱(georeferencing)은 위치정보를 갖고 있지 않은 대상에 대해 지리 좌표를 부여하여 점, 선, 면 지도 제작 및 공간분석에 활용할 수 있게 만드는 기능 이다. GIS 공간정보로 활용할 수 있도록 디지털 형태의 위치정보를 갖고 있지 않 은 지도자료에는 과거에 제작된 지형도(1900년대 초에 제작된 일제강점기 지도 포 함), 지리좌표 작업이 안 된 드론이나 항공사진 이미지, 그리고 논문이나 보고서에 제시된 각종 주제도 등이 있다. GIS를 이용하여 이들 자료와 비교분석하거나 공 간분석을 수행하기 위해 지리좌표를 갖도록 지도작업을 해야 한다.

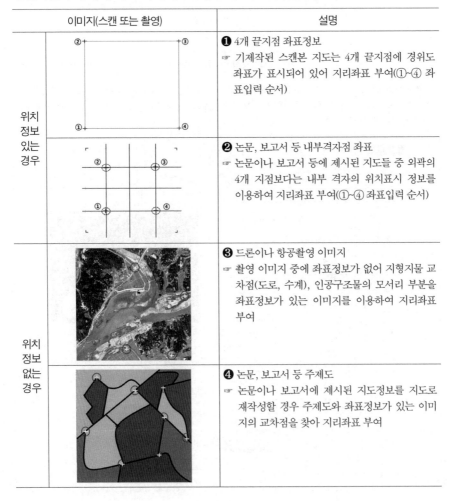

이미지(스캔 또는 촬영)	설명
위치 정보 있는 경우	❶ 4개 끝지점 좌표정보 ☞ 기제작된 스캔본 지도는 4개 끝지점에 경위도 좌표가 표시되어 있어 지리좌표 부여(①-④ 좌표입력 순서)
	❷ 논문, 보고서 등 내부격자점 좌표 ☞ 논문이나 보고서 등에 제시된 지도들 중 외곽의 4개 지점보다는 내부 격자의 위치표시 정보를 이용하여 지리좌표 부여(①-④ 좌표입력 순서)
위치 정보 없는 경우	❸ 드론이나 항공촬영 이미지 ☞ 촬영 이미지 중에 좌표정보가 없어 지형지물 교차점(도로, 수계), 인공구조물의 모서리 부분을 좌표정보가 있는 이미지를 이용하여 지리좌표 부여
	❹ 논문, 보고서 등 주제도 ☞ 논문이나 보고서에 제시된 지도정보를 지도로 재작성할 경우 주제도와 좌표정보가 있는 이미지의 교차점을 찾아 지리좌표 부여

1) 위치정보 있는 이미지

위치정보가 표시된 종이지도 지오레퍼런싱은 지도 스캔 이미지 작업 → 지도 위치 경위도 → 도단위 환산 → 위치표시 점지도 제작 → 좌표투영(도단위 WGS84 → 미터단위 EPSG 5186) → 이미지에 지리좌표 입력 → 저장 순서로 진행한다.

Chapter3_data 폴더 일제강점기지도_경성.jpg를 열어보면 4개 끝지점에 경위 도 값이 표시되어 있다. ❶ 엑셀에 입력하여 도분포 → 도 + 분/60 + 초/3600 → 도로 환산하여 저장한다(일제강점기좌표.xlsx).

id	Long_D	Long_M	long_S	Lat_D	Lat_m		Long	Lat
1	126	45	10.4	37	30	DMS	126.7528889	37.5
2	126	45	10.4	37	40	⇨	126.7528889	37.66666667
3	127	0	10.4	37	40	DD	127.0028889	37.66666667
4	127	0	10.4	37	30		127.0028889	37.5

❷ ArcGIS Pro에서 Add data → 일제강점기좌표.xlsx 클릭 → 엑셀 파일 오른쪽 마우스 → Open 클릭

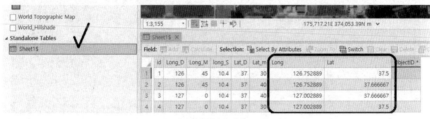

도단위 좌표 불러온 결과

→ ❸ 레이어명 오른쪽 마우스 → Display XY Data → Output Feature(입력), X Field(long), Y Field(lat), Coordinate System(WGS84) 선택 Ok

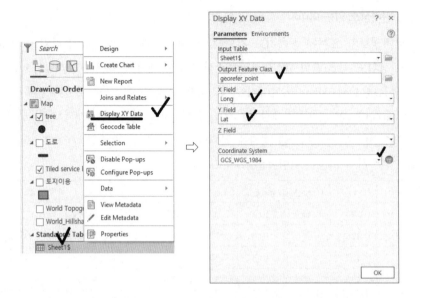

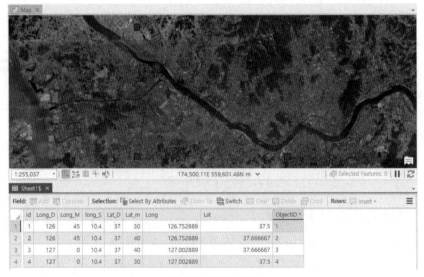

4개 지점 점지도 결과

❹ 메인메뉴 Analysis → 하위 Tools 아이콘 클릭 → Geoprocessing → project
검색 → Project 클릭 → input Dataset(georefer_point), Output(georefer_point_Project),
지구본 클릭 → XY Coordinate System(5186 검색) → Ok → Run 실행한다.

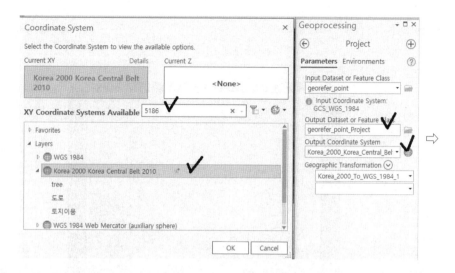

실제 위로 이동한 점지도

❺ Add Data 클릭 → Chapter3_data 폴더 → 일제강점기지도_경성.jpg 선택
→ ❻ 메인메뉴 Imagery → 하위 아이콘 Georeference 클릭 → ❼ Add Control
Points(각 지점별 좌표 등록)

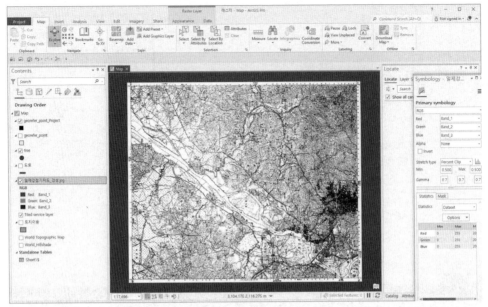

이미지 불러온 결과

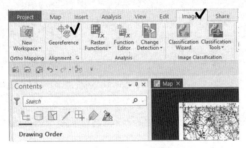

Georeference 클릭

Georeference 하위 아이콘 기능 설명

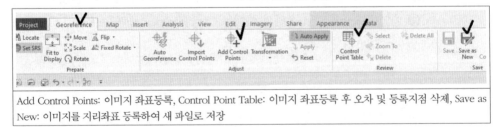

Add Control Points: 이미지 좌표등록, Control Point Table: 이미지 좌표등록 후 오차 및 등록지점 삭제, Save as New: 이미지를 지리좌표 등록하여 새 파일로 저장

첫 번째 지점으로 이미지의 좌하단 확대 → 투영된 점지도명(georefer_point_Project) 오른쪽 마우스 → Zoom To layer(이 부분은 지리좌표 정보를 입력하기 위한 이동) →

지리좌표 지도의 같은 위치 클릭 → 이러한 순서로 2, 3, 4 지점 반복함 → Save as New 마지막으로 저장하면 지리좌표가 등록된 새로운 이미지로 저장된다.

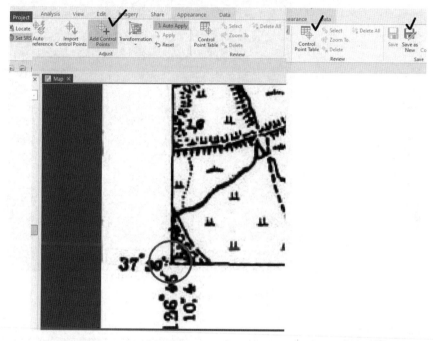

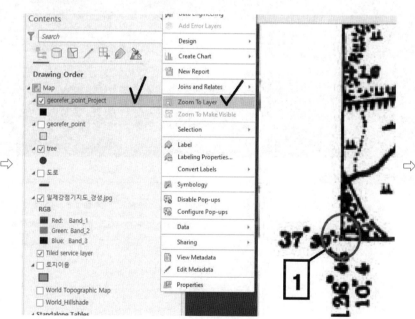

지리좌표점으로 이동 결과

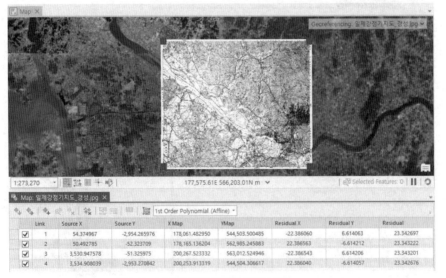

	Link	Source X	Source Y	X Map	YMap	Residual X	Residual Y	Residual
☑	1	54.374967	-2,954.265976	178,061.482950	544,503.500485	-22.386060	6.614063	23.342697
☑	2	50.492785	-52.323709	178,165.136204	562,985.245883	22.386563	-6.614212	23.343222
☑	3	3,530.947578	-51.325975	200,267.523332	563,012.524946	-22.386543	6.614206	23.343201
☑	4	3,534.908039	-2,953.270842	200,253.913319	544,504.306617	22.386040	-6.614057	23.342676

이미지 등록 결과와 오차 보기

Save as New

이후부터는 앞절의 점, 선, 면 그리기에 따라 지도를 작성하면 된다.

2) 위치정보 없는 이미지

이번에는 위치정보가 없는 이미지 자료를 이용하여 지리좌표 등록을 해보기로 한다. 이 경우는 지리좌표를 갖고 있는 영상자료를 참조로 등록하면 수월하다. 해당 지역의 주소는 세종특별자치시 세종동 26-20이다.

이미지 자료:
세종특별자치시 세종동 26-20

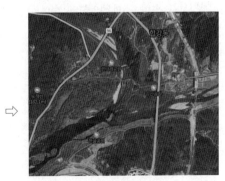

네이버 지도 캡처:
세종특별자치시 세종동 26-20

먼저 ❶ 브이월드 위성영상을 불러온다. 메인메뉴 Map 클릭 → 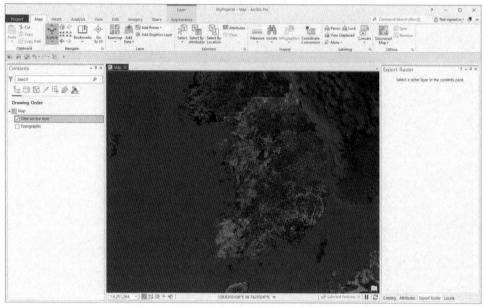 → Data
from path → 주소 http://xdworld.vworld.kr:8080/2d/Satellite/201710/{z}/{x}/{y}.jpeg
입력하여 영상을 불러온다.

브이월드: EPSG: 3857, 좌표: 경위도

다음으로 위치정보 없는 이미지(Chapter3_data 폴더사진.jpg)와 지리좌표를 갖는
브이월드 영상의 교차점 지점을 먼저 찾는다.

❷ Chapter3_data 폴더 사진.jpg를 클릭 → 이미지에 투영정보가 없기 때문에
투영정보를 정의 → 메인메뉴 Analysis → 하위 Tools 아이콘 클릭 → Geoprocessing
→ Define Projection 검색

사진.jpg 불러온 결과

3857 검색

투영정보 결과

이미지는 Define Projection으로 좌표투영정보는 갖고 있지만, 지리좌표를 갖고 있기 때문에 Georeferencing을 해야 한다.

❸ 메인메뉴 Imagery → 하위 아이콘 Georeference 클릭 → ❹ 앞서 미리 확인한 이미지와 브이월드 교차점 기준 → Add Control Points → 첫 번째 일치 지점으로 이미지의 확대 → 일치점을 찍고 → 다음으로 브이월드로 이동하는데 마우스 가운데 휠을 누른 상태에서 드래그하면 브이월드 이동됨(왼쪽이나 오른쪽 마우스 사용하면 안 됨) → 순차적으로 일치하는 지점들을 찍는다 →

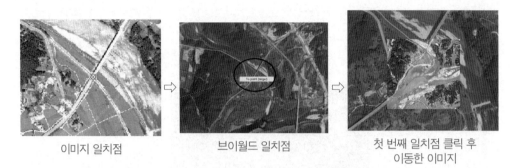

이미지 일치점 ⇨ 브이월드 일치점 ⇨ 첫 번째 일치점 클릭 후 이동한 이미지

Link	Source X	Source Y	X Map	Y Map	Residual X	Residual Y	Residual
3	358.469620	-115.783071	14,172,946.494334	4,372,839.465297	25.353137	25.955173	36.282951
5	104.471531	-413.989381	14,171,376.937677	4,371,006.399433	2.524563	-17.666325	17.845797
6	14.128518	-112.566631	14,170,825.195313	4,372,864.793124	-9.338846	2.269065	9.610552
7	315.035562	-562.908781	14,172,646.967987	4,370,117.795028	0.300668	16.233667	16.236451
8	613.323572	-38.796979	14,174,465.290534	4,373,260.930307	-2.191309	1.654369	2.745683
9	478.782320	-181.016212	14,173,631.937677	4,372,864.563739	-16.648213	-28.445949	32.959596

이미지 지리좌표 일치점 등록 결과

❺ 완료되면 Save as New으로 파일을 새로 저장 → 그런데 브이월드는 지리좌표 EPSG 3857를 갖기 때문에 점선면 지도를 완성한 후 → ❻ 메인메뉴 Analysis → 하위 Tools 아이콘 클릭 → Project Raster 검색 실행하여 EPSG 5186으로 재투영 저장해야 한다. 이후 필요한 점선면 지도 작성을 진행하면 된다.

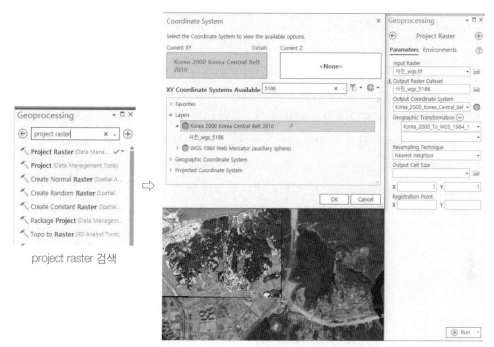

project raster 검색

5186 재투영

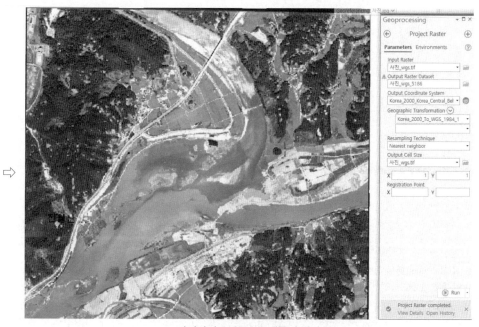

미터단위 5186으로 재투영 결과

6. 스마트폰 사진 지오태깅

스마트폰 사진기 기능은 사진촬영뿐만 아니라 촬영자 위치에서의 위치정보가 EXIF로 저장된다. 스마트폰의 기능설정에서 GPS 기능이 꺼져(off) 있는 경우는 사진에 위치정보가 저장되지 않기 때문에 참고하기 바란다. 지오태깅(geotagging)은 사진의 위치정보를 읽어 점지도와 해당 위치의 사진을 볼 수 있게 하는 기능이다. 사진의 위치정보 확인은 파일 → 오른쪽 마우스 클릭 → 속성 → 자세히 클릭 → 하단으로 스크롤 내리면 경위도 정보와 고도 정보를 알 수 있다.

현장 사진

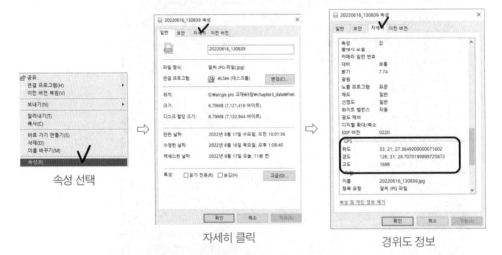

속성 선택   자세히 클릭   경위도 정보

※ (주의) 스마트폰에서 개별 사진파일을 선택해 이메일로 받으면 위치정보가 사라질 수 있다. 따라서 PC-스마트폰 연결선(대부분 충전선)으로 연결하여 복사하거나 압축하여 메일로 받으면 된다.

사진 자료는 Chapter3_data/Field_photo 폴더에 있다. 지오태깅은 ArcGIS Pro 메인메뉴 Analysis → 하위 Tools 아이콘 클릭 → Geoprocessing 검색창 →

geotagged photo 검색 → Geotagged Photos to Points 클릭 → Input Folder (Field_photo), Output Feature Class(저장파일 지정) → Run 실행

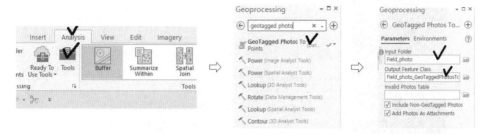

지오태깅 결과

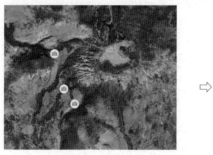

제주지역 확대 결과

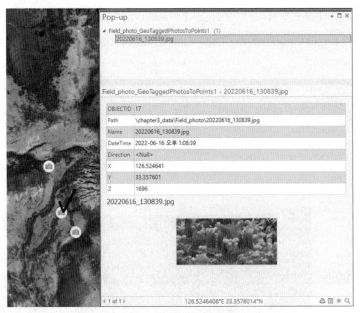

대상 클릭 시 사진정보

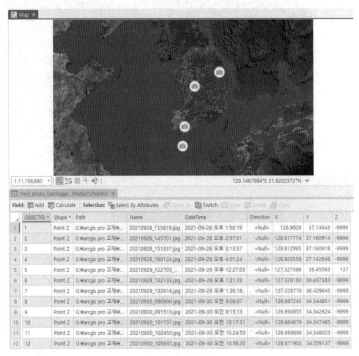

지오태깅 속성정보

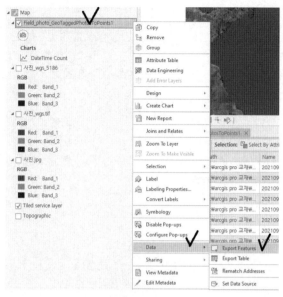

Shapefile Export

속성정보에 사진 찍은 대상의 이름과 수량화된 자료를 필드를 추가하여 입력할
수 있다. 현재는 디폴트로 gdb에 저장되어 있지만 점지도만 Shapefile로 재저장
하여 사용할 수 있다.

레이어명(지오태깅) 오른쪽 마우스 → Data → Export Features → 파일 저장하
여 Shapefile로 저장하여 사용할 수 있다(다만 사진정보는 함께 저장되지 않음).

Shapefile 저장

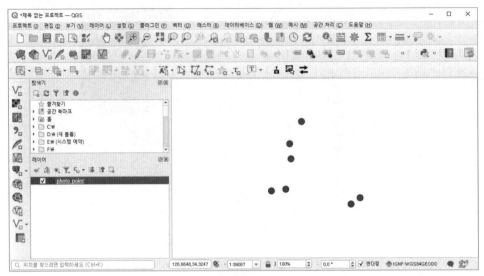

QGIS에서 불러온 결과

지오태깅 점자료는 WGS84 경위도 좌표를 갖기 때문에 미터단위 중부원점 (EPSG 5186) 지도들과 함께 사용하기 위해 메인메뉴 Analysis → 하위 Tools 아이콘 클릭 → project 검색 실행하여 EPSG 5186으로 재투영 저장해야 한다.

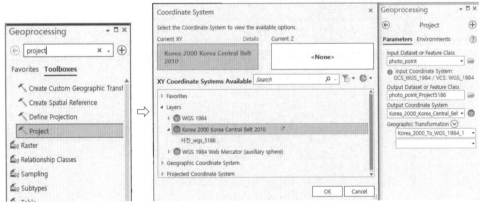

중부원점 5186 재투영

제4장
연산자와 검색

1. 연산자

공간정보는 지도 형태의 도형과 공간정보를 설명(이름, 통계 등)하는 속성정보로 구성된다. GIS를 효과적으로 잘 사용하는 방법은 연산자(Operator)와 함수를 적절히 적용한 검색이다.

❶ 연산자: 산술연산자, 관계연산자, 부울린(논리)연산자 등

종류	연산자
산술연산자	+, −, ×, ÷
관계연산자	〉, 〉=. 〈. 〈=, ==, !=
부울린(논리)연산자	&(and), |(or), ~(not), ^(XOR)

❷ 조건: Con(조건 처리), Setnull(지정값 Nodata 처리)

※ Con은 조건문 if와 같은 용도를 갖는다. if(조건), then A, else B(조건을 충족하면 A이고 그렇지 않으면 B이다).

❸ 수학함수: Abs(절대값), Int(정수), Float(실수), Log(로그), Power(A,X) → 예) Power(2, 0.3): $2^{0.3}$(X는 실수 및 모델링 복잡 수식을 적용할 수 있음), Square(A) → 예) Square(2): 2^2, SquareRoot(A) → 예) SquareRoot(2): $\sqrt{2}$ 등

❹ 논리함수: 조건(true 1, false 0), Isnull(Nodata는 1, 나머지 값은 0 처리)

❺ 삼각함수: Sin, Cos, Tan, ASin, ACos, ATan 등

※ 종류는 많으나 사용빈도가 높은 연산자와 조건, 함수 제시함. 각각의
연산자와 함수들은 개별적용할 수 있지만 조건문(Con)과 혼합하여
사용.

이상 선별적으로 제시하는 연산자와 함수들은 벡터와 래스터, 영상분석에 혼합
하여 적용하면 복잡한 수식에 의한 계산이나 모델링을 하지 않더라도 질 좋은 결
과를 얻을 수 있다(아래 연산자 적용 시 다루어지는 벡터와 래스터 명은 Chapter4_data
폴더의 파일명임).

1) 벡터 연산자(Operator)

연산자	구문	설명
is equal to (SQL: =)	필드명 is equal to 필드값	지정 필드값과 같은 문자나 숫자 속성 선택 예) 시군 is equal to 강릉시, 강릉시 선택(벡터) 예) 총인구 is equal to 5000, 총인구 5000명 지역 선택 예) SQL 구문 시군 = '강릉시'
is greater than to (SQL: 〉)	필드명 is greater than to 필드값	필드값보다 큰 숫자 속성 선택 예) 총인구 is greater than to 5000, 총인구 5000명보다 큰 지역 선택 예) SQL 구문 총인구 〉 120000
is greater than or equal to (SQL: 〉=)	필드명 is greater than or equal to 필드값	필드값보다 크거나 같은 숫자 속성 선택 예) 총인구 is greater than or equal to 5000, 총인구 5000명 이상 지역 선택 예) SQL 구문 총인구 〉= 120000
is less than to (SQL: 〈)	필드명 is less than to 필드값	필드값보다 작은 숫자 속성 선택 예) 총인구 is less than to 5000, 총인구 5000명보다 작은 지역 선택 예) SQL 구문 총인구 〈 120000
is less than or equal to (SQL: 〈=)	필드명 is less than or equal to 필드값	필드값보다 작거나 같은 속성 선택 예) 총인구 is less than or equal to 5000, 총인구 5000명 이하 지역 선택 예) SQL 구문 총인구 =〈 120000
begin with (SQL: LIKE)	필드명 begin with 필드값	필드값 첫글자와 같은 모든 문자 속성 선택 예) 시군 begin with 속초, 필드값의 첫글자에 "속"이 들어가는 속성 선택 예) SQL 구문 시군 LIKE '속%'

ends with (SQL: LIKE)	필드명 ends with 필드값	필드값 끝글자와 같은 모든 속성 선택 예) 시군 ends with 속초, 필드값의 끝글자에 "군"이 들어가는 속성 선택 예) SQL 구문 시군 LIKE '%군'
contains the text (SQL: LIKE)	필드명 contains the text 필드값	지정한 값이 포함된 모든 속성 선택 예) 시군 contains the text 양, 필드값에 "양"이 포함된 속성 선택 예) SQL 구문 시군 LIKE '%양%'

※ Select By Attributes 기능 사용.

2) 래스터 연산자(Operator)

연산자	구문	설명
==	"필드명" == 필드값	지정 필드값이 같은 지역 선택(결과: 선택 1, 비선택 0) 예) "dem30.tif" == 500 고도 500m 선택(선택지는 1, 아닌 지역은 0)
〉	"필드명" 〉 필드값	지정 필드값보다 큰 지역 선택(결과: 선택 1, 비선택 0) 예) "dem30.tif" 〉 500 고도 500m보다 큰 지역 선택(선택지는 1, 아닌 지역은 0)
〉=	"필드명" 〉= 필드값	지정 필드값 이상 지역 선택(결과: 선택 1, 비선택 0) 예) "dem30.tif" 〉= 500 고도 500m 이상 지역 선택(선택지는 1, 아닌 지역은 0)
〈	"필드명" 〈 필드값	지정 필드값 미만 지역 선택(결과: 선택 1, 비선택 0) 예) "dem30.tif" 〈 500 고도 500m 미만 지역 선택(선택지는 1, 아닌 지역은 0)
〈=	"필드명" 〈= 필드값	지정 필드값 이하 지역 선택(결과: 선택 1, 비선택 0) 예) "dem30.tif" =〈 500 고도 500m 이하 지역 선택(선택지는 1, 아닌 지역은 0)

※ Raster Calculator 기능 사용.

3) 래스터 조건(Con)과 연산자 복합

조건(Con) 구문	설명 및 결과
Con(연산자구문, 1, 0) or Con(연산자구문, 1) or Con(연산자구문, 래스터, 100)	조건에 만족하면 1, 나머지는 0' 조건에 만족하면 1, 나머지는 Nodata' 조건에 만족하면 래스터 값으로 대체, 나머지는 100 지정)으로 재할당
Con("dem30.tif" 〉= 500, 1, 0)	500 이상 지역 1, 아닌 지역 0
Con("dem30.tif" 〉= 500, 1)	500 이상 지역 1, 아닌 지역 Nodata
Con("dem30.tif" 〉= 500, "dem30.tif", 0)	500 이상 지역은 dem30값, 아닌 지역 0

Con("dem30.tif" ⟩= 500, "dem30.tif")	500 이상 지역은 dem30값, 아닌 지역 Nodata

SetNull("dem30.tif" ⟩= 500,
  "dem30.tif")
  * SetNull 기능 Nodata 지역 지정
	500 이상 지역 Nodata 처리, 나머지는 dem30값
	으로 대체

Con(IsNull("500overdem_Nodata.tif"), "dem30.tif", 0) * Isnull 기능 Nodata 지역 값을 지정 값으로 대체	Nodata로 처리된 500m 이상 지역은 dem30값 을 대체하고, 나머지 지역은 0으로 대체
Con(IsNull("500overdem_Nodata.tif")," 0, 1)	Nodata로 처리된 500m 이상 지역은 0으로 대 체, 나머지 지역은 1로 대체
<div align="center">조건 연산자 복합적용</div>	
Con(("dem30.tif" ⟨= 800) & ("dem30.tif" ⟩ 300), 1, 2)	300 ⟨ 고도 ⟨= 800m은 1, 나머지는 2로 대체

Con("dem30.tif" ⟩ 800,3,
  Con("dem30.tif" ⟩ 300, 2,
  1))
	고도 800m보다 높으면 3, 300~800m는 2, 300m
	이하는 1로 대체

Con("dem30.tif" ⟩ 800,4,
  Con("dem30.tif" ⟩ 500, 3,
  Con("dem30.tif" ⟩ 200, 2,
  1)))
	고도 800m보다 높으면 4, 500~800m는 3, 200~
	500m는 2, 200m 이하는 1로 대체

Con("dem30.tif" ⟩= 500, sin("dem30.tif"), Square("dem30.tif"))	고도 500m 이상 지역은 고도값을 삼각함수 사인 값으로 대체, 500m 미만 지역은 제곱값으로 대체

Con("dem30.tif" ⟩ 1000, 1,
  Con("dem30.tif" ⟩ 600, 2,
  Con("dem30.tif" ⟩ 500, 3,
  Con("dem30.tif" ⟩ 300, 4,
  Con("dem30.tif" ⟩ 200, 5,6))))) (괄호 5개 주의)
* 1~6 값 대신 함수 또는 수식으로 대체 적용 가능
예) 1 → "Forest_raster", 2 → "slope_raster",
  3 → "ranch_raster", 4 → "landuse"
  5 → Power("dem30.tif", 2),
  6 → "dem30.tif"* 0.001
	고도 ⟩1000이면 → 1
	600 ⟨ 고도 =⟨ 1000이면 → 2
	500 ⟨ 고도 =⟨ 600이면 → 3
	300 ⟨ 고도 =⟨ 500이면 → 4
	200 ⟨ 고도 =⟨ 300이면 → 5
	고도 =⟨ 200는 → 6으로 대체

※ Raster Calculator 기능 사용.

2. 속성정보 검색(벡터)

속성정보 검색은 벡터데이터 속성정보를 연산자료를 이용하여 조건에 따라 검색하고 재저장하는 기능이다. 속성정보를 열어 Select By Attributes 기능을 적용한다. Add Data 클릭 → Chapter4_data → 강원시군_행정구역.shp를 불러온다.

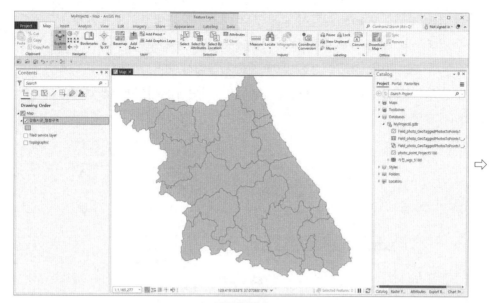

불러온 결과

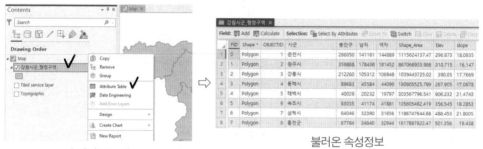

속성정보 열기   불러온 속성정보

    강원시군_행정구역 레이어 오른쪽 마우스 → Attribute Table → 속성정보를 불러온다. 속성정보 필드에는 시군, 총인구, 남자, 여자, Shape_Area(면적), Ele(평균고도), Slope(평균경사도)가 있다. 해당 필드 정보를 이용하여 조건 검색을 해보기로 한다.

1) 단일 검색

    동일(is equal to. SQL =) 조건으로 이름이나 수치가 일치하는 대상을 검색하는 것이다.

    적용식은

단일 검색: 시군 is equal to 강릉시, SQL 구문: 시군 = '강릉시'

복수 검색: 시군 is equal to 강릉시 OR 시군 is equal to 동해시

SQL 구문: 시군 = '강릉시' OR 시군 = '동해시'이다.

속성정보를 불러온 상태에서 메인메뉴 Map → 하위메뉴 아이콘 Select By Attributes 클릭

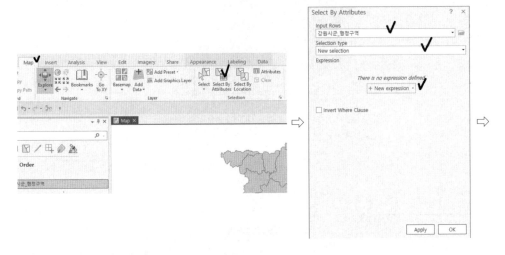

Input Rows(검색 대상 벡터 레이어 선택), Selection type(선택 유형), New expression (선택 조건 입력)을 지정하여 선택한다. 여기서 선택 유형은

New selection: 조건에 따른 신규 선택

Add to the current selection: 선택 결과에 새로운 조건으로 추가 선택

Remove from the current selection: 현재 선택된 대상 중 조건선택하여 제거

Select subset from the current selection: 현재 선택된 대상 중 조건에 맞는 대상 선택

Switch the current selection: 선택 결과 비선택, 비선택지는 선택으로 전환

Clear the current selection: 선택 결과 비선택 처리

Input Rows(강릉시군_행정구역 선택) → Selection Type(New selection) → New expression(클릭) → Where 시군(필드명), is equal to(연산자), 강릉시(대상값) 선택 → Apply → Ok

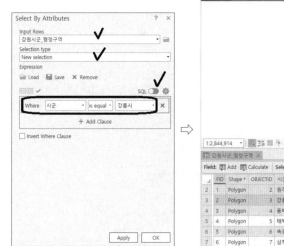
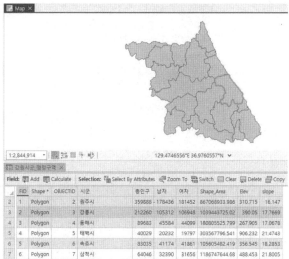

선택 결과

SQL 활성과 구문: 시군 = '강릉시'

여기서 Select By Attributes 창을 보면 SQL 부분이 비활성화되어 있다. SQL 클릭하여 활성화하면 구문을 적용하여 선택할 수 있다. 적용 SQL 구문 식은 시군 = '강릉시'로 SQL 구문은 복수의 구문들을 사용하기 적합하다.

선택 결과의 저장은

강원시군_행정구역 레이어 오른쪽 마우스 → Data → Export Features → 강릉시로 저장한다.

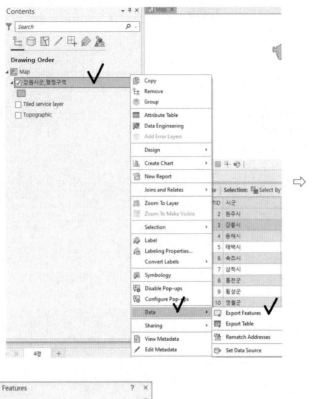

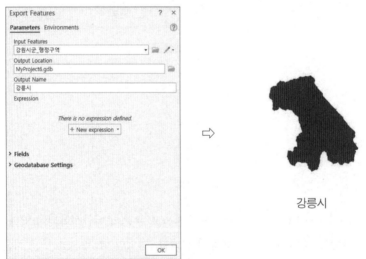

강릉시

※ 저장 시 디폴트 gdb가 아닌 사용자 지정 폴더, Shapefile로 저장하고 싶으면
Output Location(사용자 지정 폴더)과 Output Name(shp 파일명)을 지정하여
저장하면 된다.

사용자 지정 저장

2) 복수 검색

복수 조건에 대해 부울린연산자 And, Or와 섞어 혼합하여 2개 이상 또는 조건을 모두 만족하는 대상을 선택하는 것이다.

강릉시와 동해시를 선택할 경우 Select By Attributes 창에서

시군 is equal to 강릉시 Or 시군 is equal to 동해시 수식을 적용하면 된다. 복수 조건을 추가할 경우 Add Clause 클릭하여 조건문을 넣으면 된다.

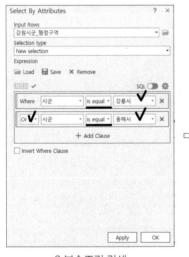

2 복수조건 검색

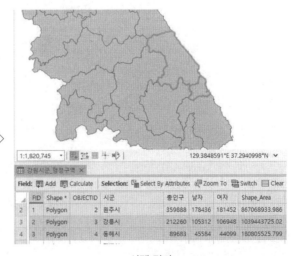

선택 결과

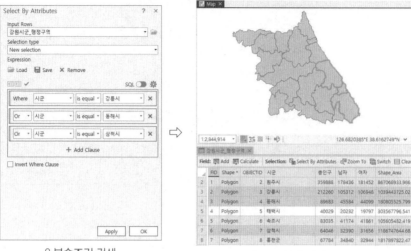

3 복수조건 검색   선택 결과

Or와 다른 조건을 넣어 And 섞어 쓰면서 수식, 강릉, 동해, 속초시 중에서 인구
7만 이상 시를 선택할 경우

　　시군 is equal to 강릉시

　Or 시군 is equal to 동해시

　Or 시군 is equal to 속초시

　And 총인구 is greater than 70000

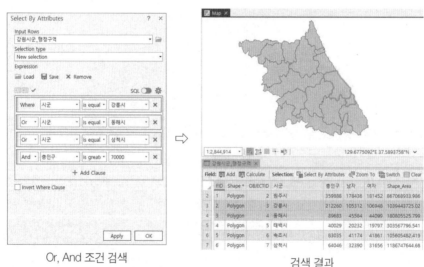

Or, And 조건 검색   검색 결과

같은 검색을 SQL로 하면 구문은

시군 = '강릉시' Or 시군 = '동해시' Or 시군 = '삼척시' And 총인구 〉 70000

SQL 구문 검색

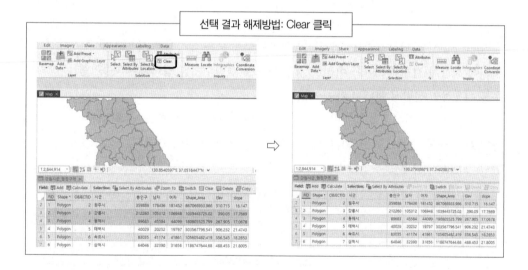

3) 랜덤선택 검색

랜덤선택은 데이터 개수가 많은 점과 면자료에 대해 전수 통계분석으로 하기에는 데이터량이 많은 경우 선별적으로 선택하여 분석을 수행할 때 활용한다.

메인메뉴 Map → Add Data → Chapter4_data 폴더에서 point_rand.shp를 불러온다.

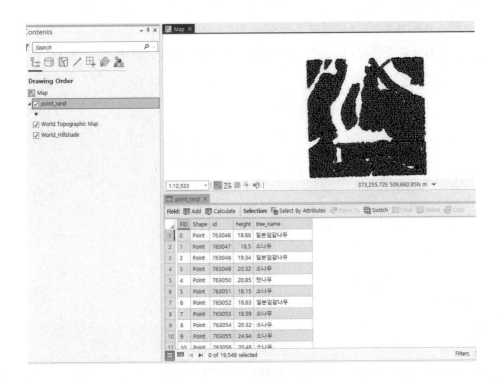

point_rand는 1만 9546개의 점자료로 통계분석에 모든 데이터를 사용하기에는
처리에 시간이 걸릴 수 있다. 이러한 경우 필드에 랜덤수치를 입력하여 MOD 함
수를 이용하면 선별적 선택이 가능하다.

point_rand 레이어 오른쪽 마우스 → Attribute Table로 속성정보 → 속성테이
블의 Add 클릭 → 필드명(rand), Data Type(Short) → Save 아이콘 클릭 → 필드창
에서 Calculate 클릭 →

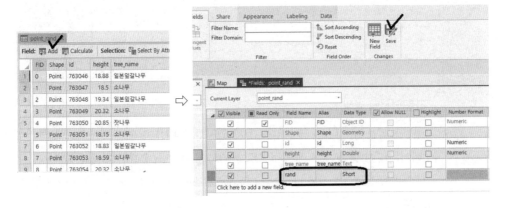

생성된 rand 필드

Field Name(rand 선택), Expression Type(Arcade 선택), 하단의 수식 입력 창에 Random()*20000 입력 → Apply → Select By Attribute 아이콘 클릭 → New Expression → SQL 체크 → 수식창에 mod("rand",20) = 1 입력 → Apply

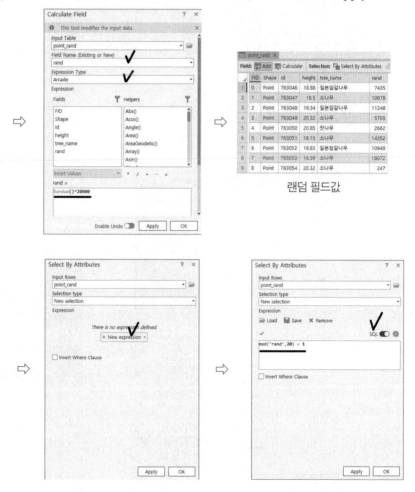

랜덤 필드값

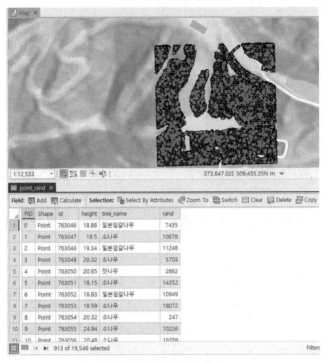

1만 9546개 중 913개 선택

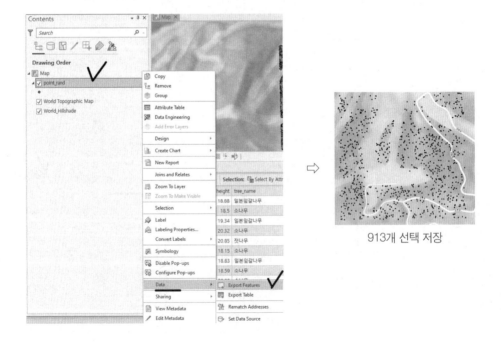

913개 선택 저장

point_rand 레이어 오른쪽 마우스 → Data Export Features 저장하면 된다.

3. 속성정보 계산(벡터)

공간정보의 속성테이블은 지리좌표계를 갖기 때문에 기본적으로 점은 경위도 좌표, 선은 길이, 면은 둘레의 길이를 계산할 수 있고, 속성 필드값들의 산술계산 결과 그리고 수식과 함수를 적용한 결과를 새로운 필드를 만들어 저장할 수 있다.

먼저 새롭게 계산할 대상을 결정하면 필드를 추가하거나 계산과 동시에 필드를 새로 만들기 옵션으로 추가 및 계산할 수 있다.

1) 필드 추가

필드를 추가하고 계산하고자 할 때는 속성정보의 Add 아이콘 클릭 → New Field 클릭 → 필드명(Area)과 Data Type(Double)을 입력하고 Save 아이콘 또는 ×를 클릭하여 저장하고 계산하면 된다.

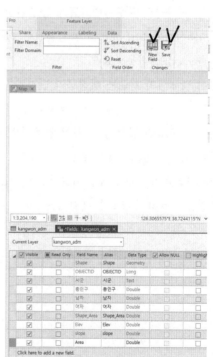

2) 필드 계산(필드 자동추가)

ArcGIS Pro는 길이와 면적 단위를 두 가지 옵션으로 계산 방법을 제공한다. 레이어 좌표계가

- 경위도 WGS84 지구 타원체를 갖고 있으면 선택 사항에서 geodesic 지구측지 곡면선에 따라 계산하는 옵션(선길이: Length, 둘레길이: Perimeter length, 면적: Area)과
- 우리나라의 표준평면좌표계 중부원점 EPSG 5186은 평면좌표계(planar)로 옵션[선길이: Length(meter), 둘레길이: Perimeter length(meter), 면적: Area(square meter)]을 적용하고 있다.

이 장에서의 자료는 행정구역 면자료이기 때문에 폴리곤의 둘레길이와 면적을 계산하기로 한다. 강원시군_행정구역 레이어명이 한글과 _로 되어 있는 경우는 계산 시 오류가 발생할 수 있어 영문명으로 재저장하여 사용할 것을 권장한다. 이 절에서는 kangwon_adm으로 준비했다. 그리고 좌표계는 곡면경위도가 아닌 평면직각좌표이기 때문에 둘레길이:Perimeter length(geodesic), 면적:Area(geodesic) 옵션을 사용하지 않고 둘레길이:Perimeter length, 면적:Area을 선택해야 한다.

먼저 Add Data 클릭 → Chapter4_data → kangwon_adm.shp를 불러와 속성 정보를 연다.

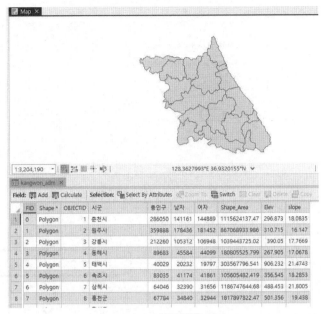

	FID	Shape *	OBJECTID	시군	총인구	남자	여자	Shape_Area	Elev	slope
1	0	Polygon	1	춘천시	286050	141161	144889	1115624137.47	296.873	18.0835
2	1	Polygon	2	원주시	359888	178436	181452	867068933.986	310.715	16.147
3	2	Polygon	3	강릉시	212260	105312	106948	1039443725.02	390.05	17.7669
4	3	Polygon	4	동해시	89683	45584	44099	180805525.799	267.905	17.0678
5	4	Polygon	5	태백시	40029	20232	19797	303567796.541	906.232	21.4743
6	5	Polygon	6	속초시	83035	41174	41861	105605482.419	356.545	18.2853
7	6	Polygon	7	삼척시	64046	32390	31656	1186747644.68	488.453	21.8005
8	7	Polygon	8	홍천군	67784	34840	32944	1817897822.47	501.356	19.438

kangwon_adm 불러온 결과

속성필드를 보면 Shape_Area 면적 필드가 있지만 필드명을 달리하여 면적과 둘레길이를 계산하기로 한다. 속성정보 마지막 필드에 있는 slope → 오른쪽 마우스 → Calculate Geometry 선택 → Calculate Geometry 창 → Field(Existing or New) → ▼ 클릭

Add 클릭 → Area(Area 옵션) → Perimeter(Perimeter length 옵션) → Length Unit(meter) → Area Unit(Square meters) → Coordinate System(5186 선택)

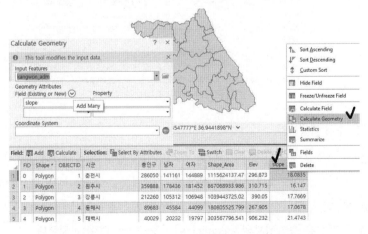

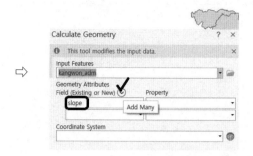

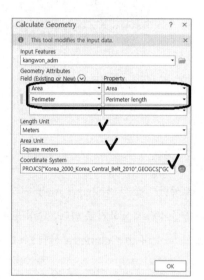

총인구	남자	여자	Shape_Area	Elev	slope	Area	Perimeter
286050	141161	144889	1115624137.47	296.873	18.0835	1115624137.47	240038.18944
359888	178436	181452	867068933.986	310.715	16.147	867068933.986	208296.97011·
212260	105312	106948	1039443725.02	390.05	17.7669	1039443725.02	213180.8989·
89683	45584	44099	180805525.799	267.905	17.0678	180805525.799	93190.91604·
40029	20232	19797	303567796.541	906.232	21.4743	303567796.541	119819.7471·
83035	41174	41861	105605482.419	356.545	18.2853	105605482.419	70325.1666·

면적과 둘레의 길이계산 결과

3) 필드 수식 적용

이번에는 필드값을 이용하여 간단한 수식인 인구밀도를 계산한다. 인구밀도는 (인구) / 넓이(km²)이므로 강원도의 계산 면적 단위는 m² → km²(면적 / 1000000)로 환산해야 한다. 따라서 강원도 시군별 인구밀도 계산은 총인구 / (Area / 1000000)이다. 필드 계산은 속성정보의 Calculate 아이콘을 클릭하여 진행한다.

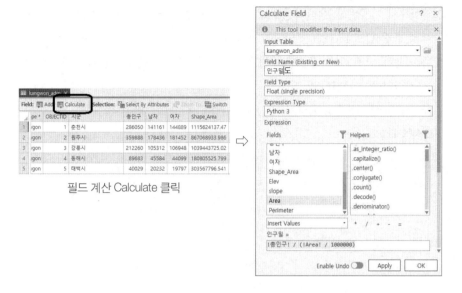

필드 계산 Calculate 클릭

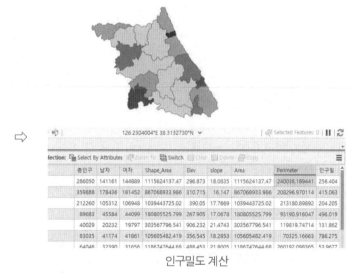

인구밀도 계산

Field Name(existing or new): 인구밀도(계산하여 새로 저장할 필드명) → Field Type(Float 저장데이터의 형(정수, 실수, 문자 등) → 인구밀도 = !총인구! / (!Area!/1000000) → Apply → Ok(*** 구문 적용 시 필드명은 !필드명!**)

수식은 간단한 경우도 있지만 인문사회 필드통계를 이용하여 다중변수를 이용한 통계분석을 실시할 경우 분석목적에 따라 산출식이 산정된다. 그뿐 아니라 자연과학분야 기후변화, 생물다양성, 분포모델 등 예측 관련 식들을 적용할 수 있다.

예측 관련 필드 Predict를 만들고 실제 예측식은 아니지만 남자, 여자, 면적, 고도를 이용한 어떤 예측 대상에 대한 통계분석을 실시한 결과 다음과 같은 분포식이 산정되었다고 가정하면

predict = 남자 * 0.01 + Sqrt(여자) + log(면적) + 고도 / 면적

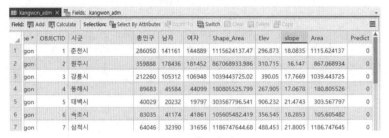

Predict 필드 추가

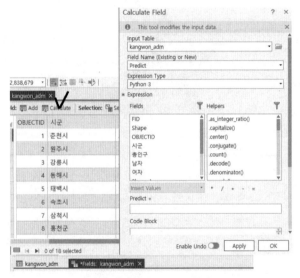

필드계산기 Calculate 클릭

Calculate Field 창에서 수식 적용은

수식	predict = 남자 * 0.01 + Sqrt(여자) + log(면적) + 고도 / 면적

⇩

적용 시	predict = !남자! * 0.01 + math.sqrt(!여자!) + math.log(!Area!) + !Elev! / !Area!

* 구문 적용은 필드명은 !필드명!, 함수 적용은 math.*(!필드명!)

Calculate Field에서 왼쪽 서브창은 필드명 리스트, 오른쪽 서브창은 수학함수 리스트이다. 아래 수식 적용창에 순차적으로 적용하고 Apply 하면 계산된다.

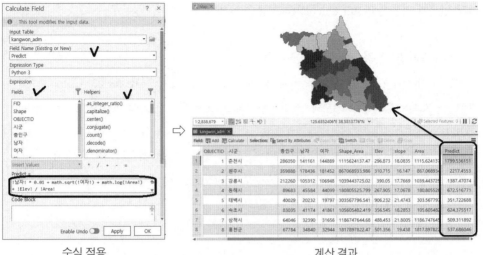

수식 적용   계산 결과

4. 래스터 연산자 및 수식 적용

벡터는 시각화 도면보다는 속성정보를 기반으로 연산자를 적용하지만 래스터 자료는 시각화로 표현되는 픽셀값에 대해 적용한다. 래스터값에 대해 연산자를 적용하여 선택, 재계산하여 대체값으로 변경하거나 조건에 맞는 자체값을 적용한다. 또한 래스터 연산자 적용은 단일 레이어 벡터 속성 내에서 연산자를 적용하지만 복수 레이어를 적용하여 검색·계산할 수 있다. 래스터 연산자, 수식, 예측모델 적용은 의도하는 공간분석 목적에 따라 다양하기 때문에 여기서 모든 상황별 적용방법에 대한 예를 제공할 수는 없다.

1) 관계연산자

관계연산자는 〉, 〉=, 〈. 〈=, == 등이 사용빈도가 높다. ==는 데이터값이 고도, 경사도, 강수량과 같은 연속값보다는 벡터에서 래스터로 전환된 토지이용, 지질도, 식생도, 임상도나 연속값을 구간별로, 예를 들어 고도 0~500 → 1, 500~1000 → 2, 1000~1500, 3,,,,,,,,와 같이 재분류(reclassify)한 경우의 적용에 적합하다.

먼저 Map → 서브아이콘 Add Data를 클릭하여 dem30.tif를 불러온다. dem30
은 AsterGdem 30m를 다운받아 조정을 거쳐 강원도를 잘라낸 것이다. 래스터 데
이터 연산자 적용은 Raster Calculator 기능을 사용한다.

① Con("래스터" > 값, 1)

메뉴 Analysis → 서브아이콘 Tools 클릭 → Geoprocessing 창 → Raster Calculator
검색 → Raster Calculator 클릭 → Raster Calculator 창 → Con("dem30.tif") =
500,1)

* 오른쪽 Tool Con 함수 클릭하여 입력, 고도 500m 이상 지역 1, 아닌 지역
  Nodata → Output Raster(gdb에 자동파일명 저장, 필요시 사용자 지정 가능) →
  Run 클릭(* 래스터 필드명 구문 적용: "필드명")

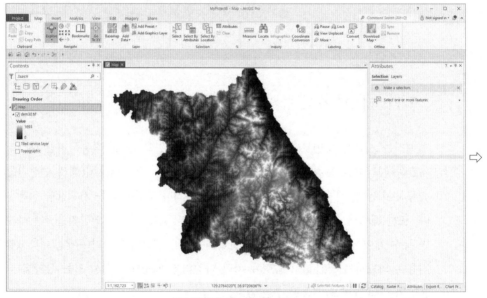

강원도 DEM30 불러온 결과

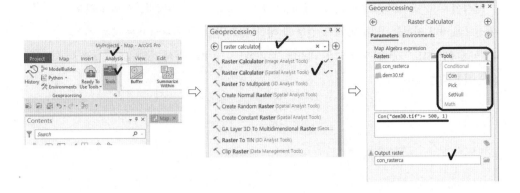

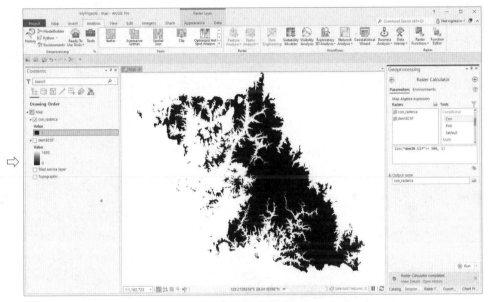

500 이상 1, 아닌 지역 Nodata

※ Con("dem30.tif") = 500,1, 0) 적용 시 500 이상은 1, 아닌 지역은 0으로 1, 0
으로 대체

② Con("래스터" 〉 값, "래스터", 0)

Raster Calculator 창 → Con("dem30.tif") = 500,"dem30.tif", 0),* 고도 500m 이
상 지역 고도값, 아닌 지역 0 대체 → Output Raster(gdb에 자동파일명 저장, 필요시
사용자 지정 가능) → Run 클릭

여기서 Con("dem30.tif") = 500,①("dem30.tif") ,②(0)): ①, ②는 지정값(1,0 외에 사용자 필요에 따라 지정값 입력) 외에 조건문에 대한 래스터값 대체(자체 또는 다른 래스터, 이를테면 고도 500 이상 지역은 래스터 "토지이용도")이나 수식 int("dem30.tif" / 100) 적용할 수 있다.

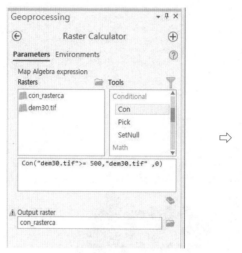

Con("dem30.tif") = 500,"dem30.tif", 0)

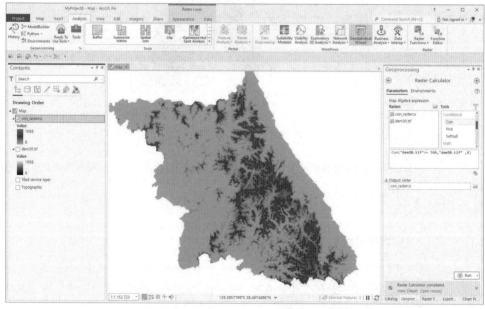

⟨Con("dem30.tif") = 500,"dem30.tif", 0)⟩ 결과

③ Con("래스터" > 값, "래스터")

500 이상은 자체 고도값으로 대체하고 나머지는 Nodata 처리할 때 수식 Con("dem30.tif") = 500,"dem30.tif")를 적용하면 된다. 〈Con("dem30.tif") = 500,"dem30.tif")〉

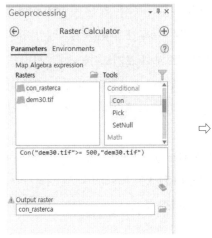

Con("dem30.tif") = 500,"dem30.tif")

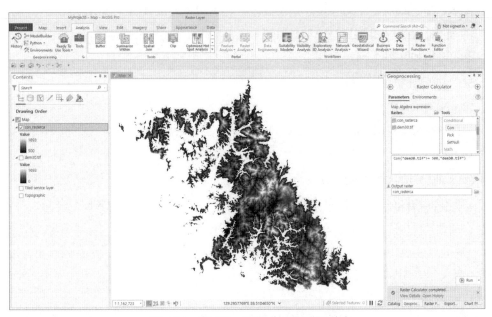

〈Con("dem30.tif") = 500,"dem30.tif")〉 결과

2) Nodata 처리 및 재할당

공간데이터는 0을 포함한 모든 값들을 제외하고 어떠한 값이 존재하지 않는 지역이 Nodata이다. Nodata는 일반적으로 경계지역 밖이 해당되지만 래스터 연산 조건에 따라 경계 내에서 존재할 수 있다.

Nodata 지역은 데이터 분석, 중첩, 결합 시 적용되지 않기 때문에 필요시에는 계산에 영향을 미치지 않는 허수값 0 또는 1을 재할당해야 한다. 따라서 단순히 Nodata는 분석 대상지 밖으로서 보기보다는 여러 방법을 적용하는 래스터 분석, 모델링 과정에 반드시 재할당이 필요하다. 또한 조건에 의한 Nodata 지역을 벡터로 전환(raster to Polygon)하여 다른 벡터레이어를 클립(clip)하여 잘라낼 때 사용한다.

Nodata 처리에 사용되는 SetNull, IsNull 기능으로 Con과 결합하여 사용하면 효과적으로 쓸 수 있다. SetNull은 Nodata 지역 지정, IsNull은 Nodata 지역을 지정 값으로 대체에 사용된다.

① SetNull Nodata 지정

Raster Calculator에서 SetNull은 지정조건에 맞는 지역은 Nodata 처리하고 나머지 지정값 또는 지정래스터로 대체한다.

수식이 아래와 같을 때

SetNull("dem30.tif" ⟩= 500,

"dem30.tif")

고도 500 이상은 Nodata 처리하고 나머지 지역은 고도값으로 대체한다.

여기서

SetNull("dem30.tif" ⟩= 500, 1)

1로 지정하면 고도 500 이상은 Nodata 처리하고 나머지 지역은 1로 대체한다.

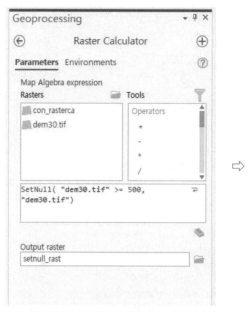

SetNull("dem30.tif" 〉= 500, "dem30.tif")

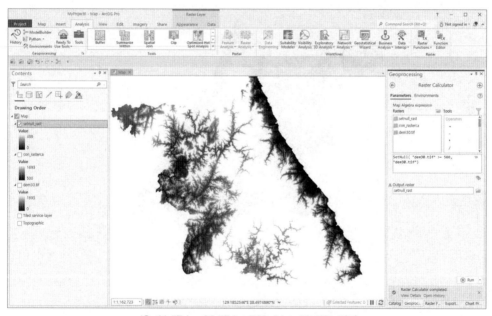

〈SetNull("dem30.tif" 〉= 500, "dem30.tif")〉 결과

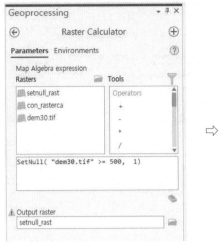

〈SetNull("dem30.tif" 〉= 500, 1)〉

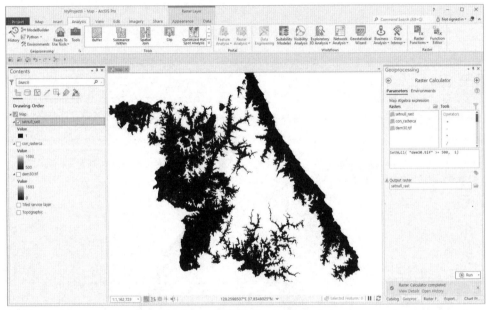

〈SetNull("dem30.tif" 〉= 500, 1)〉 결과

② IsNull Nodata 대체

IsNull은 Nodata 지역과 아닌 지역을 각각 지정값으로 대체하는 기능이다.

500 이상은 Nodata, 500 이하 지역은 1로 지정된 SetNull("dem30.tif" 〉= 500, 1)
처리 결과에서 IsNull를 이용하여 500 이상 Nodata 지역은 0, 500 이하 지역은 1로 재할당한다.

수식은 Raster Calculator에서 Con(IsNull("setnull_rast"),0,1) 적용한다.

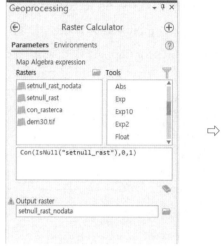

Con(IsNull("setnull_rast"),0,1)

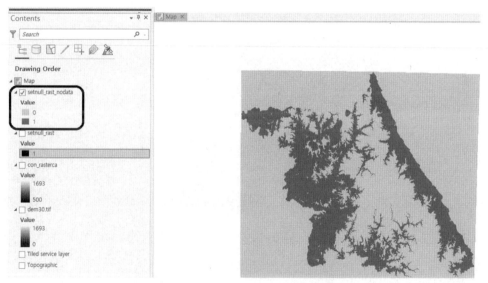

〈Con(IsNull("setnull_rast"),0,1)〉 적용 결과

그런데 결과를 보면 강원도 경계를 포함한 정방형 형태로 0값으로 대체된 것을 확인할 수 있다. 이는 Nodata 처리기준이 불규칙 다각형을 따르기보다는 다각형의 최외곽선을 기준으로 사각형을 만들기 때문이다. 이런 경우 강원도 경계 레이

어로 잘라야 한다.

먼저 Add Data를 클릭하여 Chapter4_data에서 강원도경계.shp 벡터지도를 불러온다. → Tools → clip 검색 → Clip Raster 클릭(자를 대상이 래스터이기 때문에 벡터가 아닌 래스터 선택) → Input Raster(Nodata 래스터) → Output Extent(강원도경계) → Use Input Features for Clipping Geometry 체크 → Run

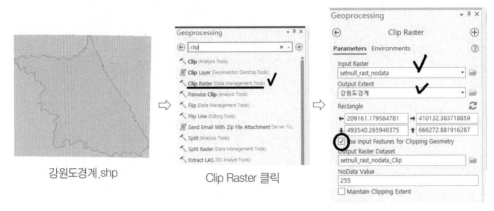

강원도경계.shp   Clip Raster 클릭

잘라낸 결과

③ Nodata로 벡터레이어 클립

이번에는 500m 이상 지역 Nodata 지역이 0으로 대체된 지역을 기준으로 500m 이상 강원도 시군행정구역을 잘라내는 벡터 클립을 하기로 한다.

자르기(클립) 전에 우선 0,1로 처리된 래스터를 벡터로 전환 → 0(nodata) 선택 저장 → Clip순으로 진행한다.

Analysis → Tools → Raster to Polygon 검색 → 클릭 → Input Raster(앞서 자른 강원도 Nodata), Field(Value), Simplify Polygons(해제) → Run → 결과 레이어 오른쪽 마우스 → Attribute Table 클릭하여 속성정보를 연다. 속성정보를 보면 500 이상 지역의 필드는 gridcode이고 값은 0이다.

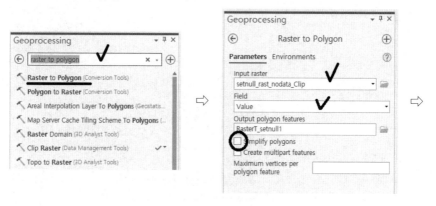

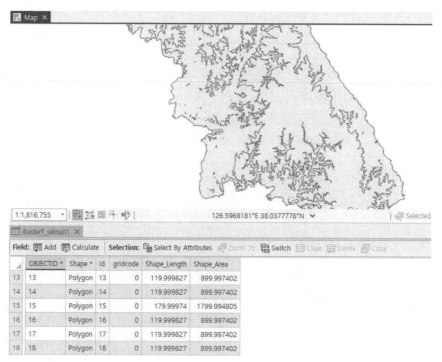

	OBJECTID *	Shape *	Id	gridcode	Shape_Length	Shape_Area
13	13	Polygon	13	0	119.999827	899.997402
14	14	Polygon	14	0	119.999827	899.997402
15	15	Polygon	15	0	179.99974	1799.994805
16	16	Polygon	16	0	119.999827	899.997402
17	17	Polygon	17	0	119.999827	899.997402
18	18	Polygon	18	0	119.999827	899.997402

Select By Attributes 창을 열어 gridcode is equal to 0을 선택 → Apply 클릭 →

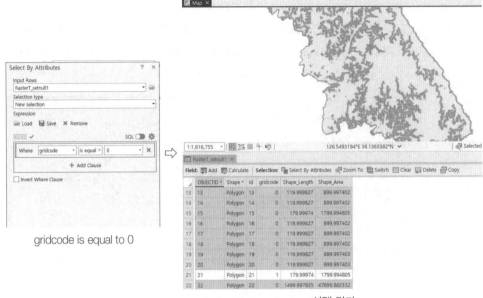

gridcode is equal to 0

선택 결과

레이어 오른쪽 마우스 → Data → Export Features → Sel로 저장(벡터로 저장됨)
→

벡터로 저장된 결과(sel)   강원시군_행정구역 + Sel 중첩

이어 강원시군_행정구역.shp를 불러와 500 이상 지역의 행정구역 현황이 되도록 잘라낸다. Add Data 클릭 → 원시군_행정구역.shp 선택 → Tools → Clip 검색 → Clip 클릭 →

Input Features(강원시군_행정구역), Clip Features(sel) → Run 실행

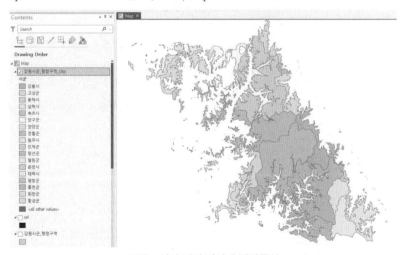

500m 이상 지역 잘라낸 행정구역

3) 조건연산자와 수식 복합

① 조건 재할당

지금까지는 조건(if) ~ then ~ 이다와 같은 단순 조건에 따른 대체를 해본 것이다. 이번에는 여러 개의 조건, 함수 및 수식을 적용하는 방법을 알아보기로 한다.

예를 들어 고도가 800 이상이면 3, 300~800이면 2, 300 이하는 1로 대체하는 방법이다. 사용자의 목적과 필요에 의해 재할당값(3,2,1)을 임의로 정할 수 있다.

수식

Con("dem30.tif") >= 800,3,

Con("dem30.tif" > 300,2,1))

Raster Calculator에서 수식을 입력하고 Run

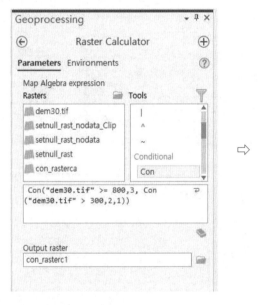

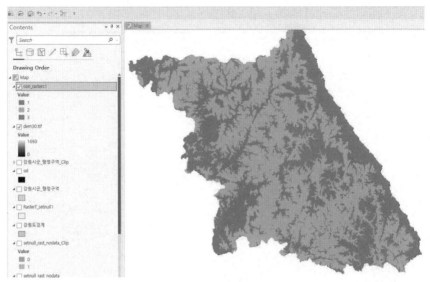

고도 레인지를 3,2,1로 재할당한 결과

　* 값의 레인지에 따라 재분류값을 할당하는 방법은 Reclassify 기능에서도 된다. 그러나 조건에 따른 수학함수 및 수식 적용은 Raster Calculator를 이용할 것을 권장한다.

이번에는 아래와 같은 조건에서 Con 적용에 대해 살펴보기로 한다.

　　　　　고도 〉 1000이면, 1,

　　　600 〈 고도 =〈 1000이면, 2,

　　　500 〈 고도 =〈 600이면, 3,

　　　300 〈 고도 =〈 500이면, 4

　　　200 〈 고도 =〈 300이면, 5

고도의 레인지별 조건을 5가지로 지정하는 것이다.

수식은 Raster Calculator에서

Con("dem30.tif" 〉 1000, 1,

Con("dem30.tif" 〉 600, 2,

Con("dem30.tif" 〉 500, 3,

Con("dem30.tif" 〉 300, 4,

Con("dem30.tif" 〉 200, 5,6)))))(괄호닫기 5개)를 입력한다.

Raster Calculator에서 수식을 입력하고 Run

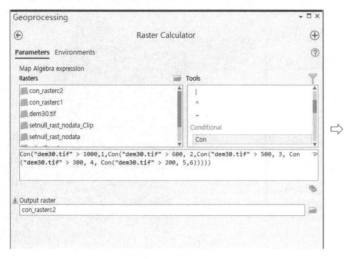

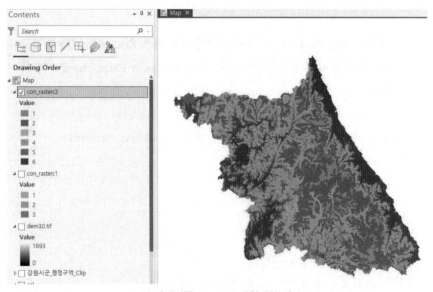

고도 레인지를 1~6으로 재할당한 결과

② 조건, 함수와 수식 복합

앞의 재할당

        Con("dem30.tif" > 1000, 1,

        Con("dem30.tif" > 600, 2,

        Con("dem30.tif" > 500, 3,

Con("dem30.tif" 〉 300, 4,

　　Con("dem30.tif" 〉 200, 5,6)))))에서 1~6 대신에 대항부분에 수학함수 및 수식을 적용할 수 있다.

　예를 들면 1 → "Forest_raster",

　　　2 → "slope_raster",

　　　3 → "ranch_raster",

　　　4 → "landuse"

　　　5 → Power("dem30.tif", 2),

　　　6 → "dem30.tif"* 0.001 / slope 와 같이 적용 가능하다.

우선 Chapter4_data에서 slope.tif를 불러오자. 복합적용 실습은 고도(dem30), 경사도(slope) 두 가지 래스터 데이터로 해보기로 한다.

고도, 경사도 자료

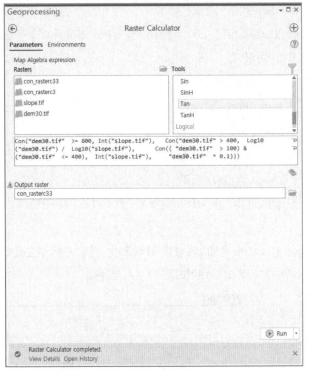

조건, 함수, 수식 복합

Raster Calculator 실행하여

복합식

Con("dem30.tif" >= 800, Int("slope.tif"),

　Con("dem30.tif" > 400, Log10("dem30.tif") / Log10("slope.tif"),

　　Con(("dem30.tif" > 100) & ("dem30.tif" <= 400), Int("slope.tif"),

　　"dem30.tif" * 0.1)))

식을 설명하면

800 이상은 경사도 정수형으로 바뀌어 대체

400~800은 식 고도 로그10 / 경사도 로그10을 나눈 것으로 대체

100~400은 경사도 정수형으로 바꾸어 대체

100 이하는 고도 × 0.1을 곱한 값으로 대체한다.

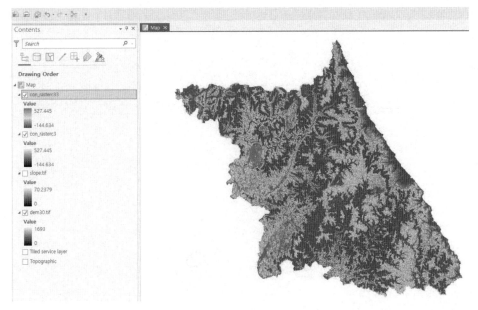

복합 조건 적용 결과

5. 공간검색

　속성정보와 래스터 검색은 데이터값 조건 부합에 대한 선택이다. 값에 의한 선택이 일반적으로 많이 사용되기는 하지만 공간정보는 위치정보를 갖고 있기 때문에 레이어 간 위치정보에 의한 공간검색을 할 수 있다. 공간검색은 점, 선, 면 레이어의 위치에 따라, 그리고 중첩 관계에 따라 선택을 할 수 있다.

　위치 기반 공간검색은 뒤에서 다루게 되겠지만 레이어 중첩정보에 대한 속성(래스터값)을 조인할 수 있다. 공간적 위치관계로 존재하는 상대 레이어 정보를 가져와 연결할 수 있기 때문에 고도화된 공간분석을 수행할 수 있다.

　레이어 간 공간분석이 가능하려면 몇 가지 조건이 충족되어야 한다. 첫째는 좌표계가 일치해야 하며 둘째로 같은 공간적 범위 내에 있어야 한다.

1) 점(기준)과 면(대상) 교차

　점과 면 공간검색으로 공간적 위치를 갖는 점자료(문화재, 학교, 현장조사 자료 등)가 면자료(행정구역, 식생, 임상, 지질 등)의 어디에 해당되는지 검색할 때 적용하는 방법이다.

Add Data → Chapter4_data 폴더 → 강원시군_행정구역.shp와 폐교.shp를 불러온다.

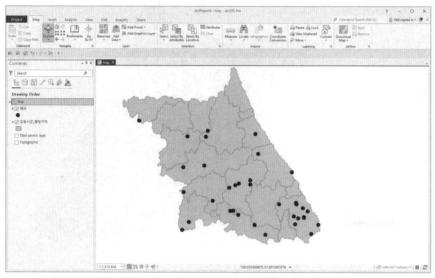

행정구역과 폐교 불러온 결과

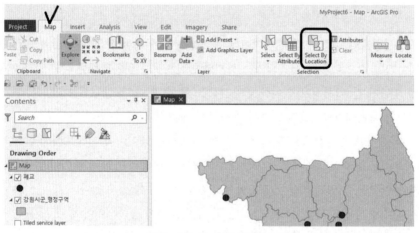

Select By Location 클릭

강원도 내 폐교(기준) 위치와 일치하는 시군 행정구역(대상)을 선택한다고 하면, 공간검색은 메인메뉴 Map → 하위 아이콘 Select By Location 클릭 → Input Features(선택대상 레이어, 강원시군_행정구역), Relationship(Intersect), Selecting Features(기준 레이어, 폐교) → Apply

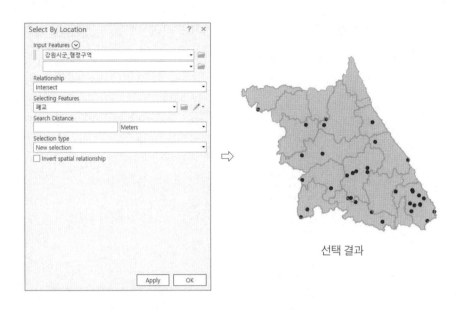

선택 결과

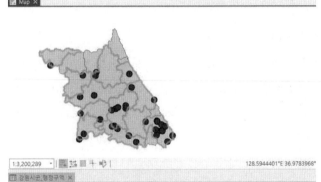

18개 시군 중 11개 선택

선택된 행정구역만 저장할 경우 강원시군_행정구역 레이어 오른쪽 마우스 →
Data → Export Features 저장하면 된다.

※ Relationship 옵션에는 다음과 같은 선택이 있으니 참고 바란다. 예를 들어

두 레이어가 교차할 경우 Intersect, 일정거리 이내 Within a distance, 포함될 경우 Completely contains 등.

2) 선점(기준)과 면(대상) 교차

이번에는 고속도로(highway.shp)를 통과하는 행정구역을 선택하기로 한다.

highway.shp를 불러와 Select By Location 클릭 → Input Features(강원시군_행정구역), Relationship(Intersect), Selecting Features(highway) → Apply

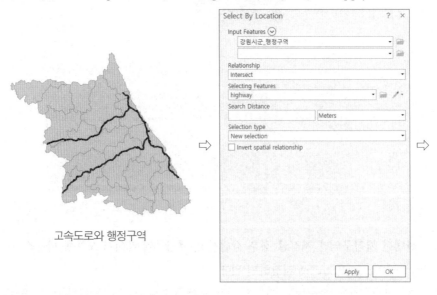

고속도로와 행정구역

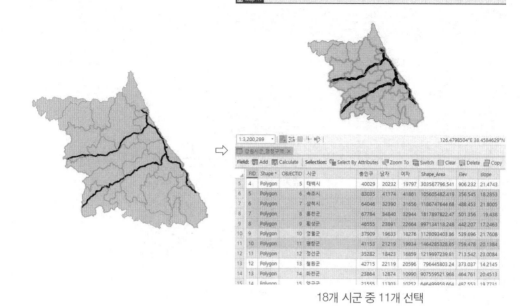

18개 시군 중 11개 선택

3) 선(기준)과 점(대상) 거리

선을 기준으로 거리에 따른 점을 선택하는 경우, 이를테면 도로나 하천 기준 500m 이내에 존재하는 점(문화재, 식물)을 선택할 수 있다.

먼저 Add Data → Chapter4_data 폴더에서 road.shp(강원도 주요 도로망도), v_point.shp(식물 점자료)를 불러온다. 도로를 기준으로 500m 이내에는 식물이 얼마나 있는지 공간검색을 하기로 한다.

Select By Location 클릭 → Input Features(v_point), Relationship(Within a distance), Selecting Features(road), Search distance(500) → Apply 결과 도로 500m 이내에 식물은 509개 중에 169개가 선택되었다.

※ Relationship 옵션 중 ~ geodesic 있는 경우는 좌표계가 경위도 곡면일 경우 사용하고 우리나라의 표준좌표계인 평면직각좌표에서 선택할 필요 없다.

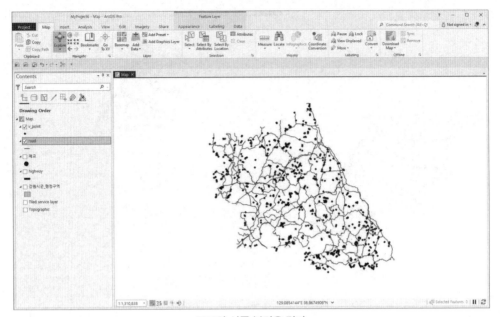

도로와 식물 불러온 결과

제5장

조인(결합)

1. 조인(결합)

1) 속성정보

속성정보는 두 개 이상의 테이블 필드값이 고유하게 일치하는 대상을 기준으로 조인(결합)한다. 조인은 벡터레이어 ⇔ 벡터레이어 속성정보, 벡터레이어 속성정보 ⇔ 엑셀 또는 테이블 자료를 사용할 수 있다.

❶ 문자: 행정구역, 인명, 동식물명과 같이 고유의 이름 1개만 존재할 경우 속성정보에 문자를 기준으로 조인할 수 있음.

(속성정보)		조인	(엑셀 또는 텍스트 자료)				조인 결과		
ID	Name		ID	분류명	가격		ID	Name	가격
1	A		1	A	500		1	A	500
2	B	name	2	B	300		2	B	300
3	C	←	3	C	250		3	C	250
4	D	분류명	4	D	450		4	D	450
5	E		5	E	100		5	E	100

※ 테이블 내 자료 형식의 정렬 원칙

▶ 문자: 왼쪽 정렬, 수치: 오른쪽 정렬

▨ 문자 조인 시 주의사항: 같은 문자이지만 왼쪽 정렬이 아닌 Spacebar, Tab 으로 밀어져 있는 경우 다른 문자로 인식하여 조인 안 됨

(Spacebar)

Name	조인	분류명
A	⇐	A
B		B

⇨

Name	조인	✓분류명
A	⇐	▮A
B		B

(Tab)

Name	조인	분류명
A	⇐	A
B		B

⇨

Name	조인	✓분류명
A	⇐	▮A
B		B

❷ 고유ID: 문자가 반복 사용될 경우 고유아이디를 기준으로 조인

(속성정보)   (엑셀 또는 텍스트 자료)   조인 결과

ID	Name	조인	ID	분류명	가격		ID	Name	분류명	가격
1	A		1	A	500		1	A	A	500
2	B	ID	2	B	300		2	B	B	300
3	B	←	3	C	200	⇨	3	B	C	200
4	C	ID	4	C	200		4	C	C	200
5	C		5	C	200		5	C	C	200

2) 벡터와 래스터

❸ 속성정보에 공통 필드가 없거나 조인하고자 하는 대상의 값을 조인(결합)하고자 할 때 공간적 중첩에서 얻는 정보를 조인한다. 이 경우 조인하고자 하는 공간정보 레이어는 같은 지역이어야 하며 좌표계가 일치해야 가능하다. 조인은 벡터데이터 ⇔ 벡터데이터, 벡터데이터 ⇔ 래스터데이터 값을 사용할 수 있다.

(레이어1)   (레이어2)   (레이어3)

ID	Name	공간조인	ID	분류명	가격		ID	ID_1	Name	분류명	가격
1	A		11	A1	500		1	11	A	A1	500
2	B		12	B2	300		2	12	B	B2	300
3	C		13	C3	250	⇨	3	13	C	C3	250
4	D		14	D4	450		4	14	D	D4	450
5	E		15	E5	100		5	15	E	E5	100

2. 속성정보 조인

속성정보 조인은 기준이 되는 벡터레이어와 가져올 결합대상 벡터레이어 속성 정보 또는 벡터레이어 속성정보에 엑셀테이블 자료를 결합할 때 적용한다. 앞에 서 언급한 바와 같이 고유한 속성정보를 기준으로 조인하기로 한다.

1) 일대일 대응 고유 속성정보 결합

Add Data 클릭 → Chapter5_data 폴더의 강원시군_행정구역.shp와 강원인 구.xlsx를 불러온다. 시군행정구역 속성(열기: 강원시군_행정구역 오른쪽 마우스 → Attribute Table)과 강원인구(열기: 강원인구 sheet 오른쪽 마우스 → Open)로 속성과 통계를 열어보면

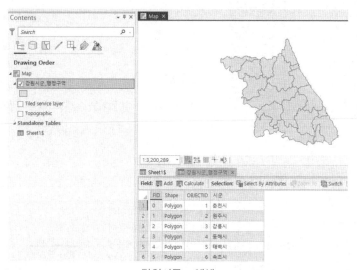

강원시군 + 엑셀

강원 속성   강원인구

공동필드는 "시군"이고 값(시군명)도 각각 중복 없이 일대일 대응값을 갖는다. 그런데 통계의 시군 이름이 왼쪽에서 밀려 들여 쓴 형태이기 때문에 다른 값으로 인식해 조인이 안 된다. 따라서 이 부분을 왼쪽 정렬로 엑셀에서 수정한 후 불러와야 한다.

불러온 강원인구 자료는 강원인구 sheet 오른쪽 마우스 Remove로 제거 → 엑셀 불러오기 → 엑셀에서 CRT + H, F 눌러 → 찾기 및 바꾸기 실행 → 찾을 내용: 스페이스바로 한 칸 밀고 → 바꿀 내용 빈칸 그대로 → 모두 바꾸기 클릭 → 왼쪽 배열로 바뀜 → 다른 이름 강원인구_수정으로 저장해 ArcGIS Pro에서 불러온다.

엑셀

스페이스바 한 칸 밀기는 실제로 보이지 않음

왼쪽 배열 결과

만약 새로 저장한 파일이 Add Data 클릭하여 폴더에 들어가면 gdb에 처음에는 보이지 않는다. 이런 경우 폴더 빈 공간(하단)에 오른쪽 마우스를 클릭하고 Refresh를 누르면 된다.

이제 준비되었으면 조인을 진행한다. 강원시군_행정구역 오른쪽 마우스 → **Join and Relates(또는 메인 Data 메뉴 → Joins 하위 아이콘 클릭)** → Add Join → 조인창(Input Table(강원시군_행정구역), Input Join Field(시군), Join Table(Sheet1$), Join Table Field(시군)) → Ok 클릭

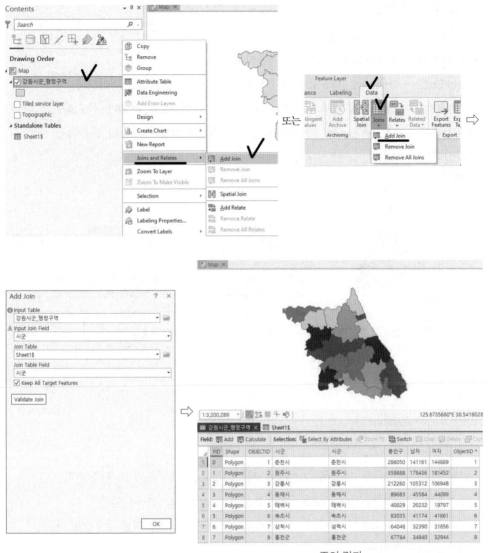

조인 결과

조인 결과는 임시로 연결한 상태이기 때문에 강원시군_행정구역 오른쪽 마우스 → Data → Export Features로 저장하고 엑셀 자료와 함께 결합된 시군 필드가 추가되어 있어 속성을 열고 시군 필드에 오른쪽 마우스 Delete 하여 시군 1개의 필드만 남긴다.

2) 고유ID 기준 결합

고유ID를 기준으로 결합할 경우에는 동일 이름의 경우 항목이 반복되어 조인이 어렵기 때문에 고유 ID를 기준으로 결합해야 한다.

Add Data → Chapter5_data 폴더에서 식물.shp, 식물조사.xlsx를 불러온다. 식물 속성(열기: 식물 오른쪽 마우스 → Attribute Table)과 식물조사구(열기: 식물조사 sheet 오른쪽 마우스 → Open)로 속성과 통계를 열어보면 속성의 이름이 반복됨을 알 수 있다.

식물 + 식물조사

식물 속성

식물조사 테이블

따라서 고유의 ID를 만들어 조인해야 한다. 식물점 레이어의 고유아이디는 name 필드 오른쪽 마우스 → Calculate Field → Calculate Field 창에서 Field Name(existing or new)(ID 입력), Field Type(short(small integer), 작은 정수), ID = **autoIncrement() 입력**

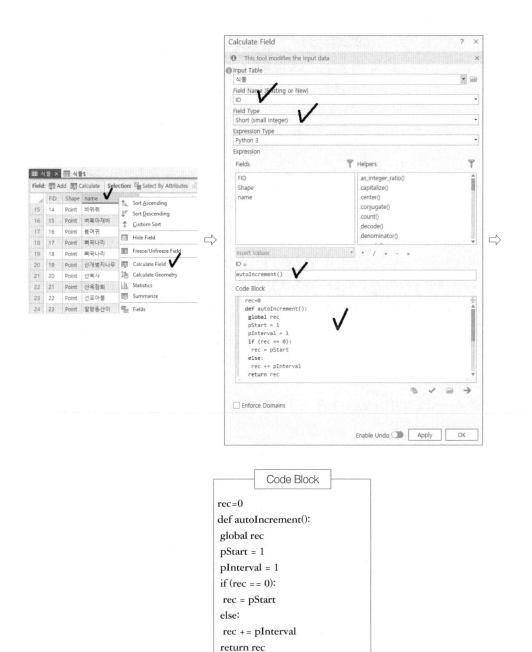

```
Code Block

rec=0
def autoIncrement():
 global rec
 pStart = 1
 pInterval = 1
 if (rec == 0):
  rec = pStart
 else:
  rec += pInterval
 return rec
```

Code Block에 위 내용을 입력하고 Apply 클릭하면 자동으로 ID 일련번호가 생성된다.

식물 ID 결과

불러온 식물조사에도 같은 ID를 부여해야 하는데 여기서 중요한 점은 식물 속성의 이름 배열과 식물조사 자료의 이름 배열순이 같아야 한다는 점이다. 다르면 조인되더라도 관련 없는 자료에 결합된다.

식물조사 sheet 오른쪽 마우스 Remove로 제거 → 엑셀 불러오기 → 라인의 마지막 열을 마우스로 내려 읽는다(마지막 열은 1165번이므로 첫줄이 필드명이기 때문에 1행을 뺀 1164).

첫줄에 → 삽입하기 → ID, 1 입력 →

	A	B	C
1	name	고도	경사도
2	가시오갈피나	291	26
3	각시고사리	310	20
4	개오동	208	15
5	개족도리	267	33
6	골병꽃나무	283	12
7	국화마	436	25
8	긴잎모시풀	265	19
9	나도기름새	193	9
10	나래미역취	323	25
11	넓은잎그늘사	308	12
12	대청가시나무	208	15
13	동근마	168	10
14	알뱅이나물	254	19
15	묏억새	401	9
16	바위취	193	9

⇨

1153	왕씀배	398	22
1154	왜젓가락나물	424	29
1155	왜젓가락나물	73	6
1156	용머리	407	30
1157	용머리	8	3
1158	인삼	445	14
1159	잎갈나무	327	22
1160	자도나무	5	3
1161	자주개자리	317	7
1162	제비붓꽃	7	1
1163	주걱개망초	192	8
1164	큰가래	11	6
1165	튜울립나무	15	2
1166			

⇨

A2	▾	:	×	✓	fx	1

	A	B	
1	ID	name	고도
2	1	가시오갈피나	
3		각시고사리	
4		개오동	
5		개족도리	
6		골병꽃나무	
7		국화마	
8		긴잎모시풀	
9		나도기름새	
10		나래미역취	
11		넓은잎그늘사	

엑셀 홈메뉴 클릭 → 우측에 하부에 채우기 아이콘 → 계열 → 열선택, 단계값 (시작1, 종료:1165) 입력 → 확인 클릭 → 결과를 다른 이름으로 저장하기 하여 식물 조사_수정으로 저장한다.

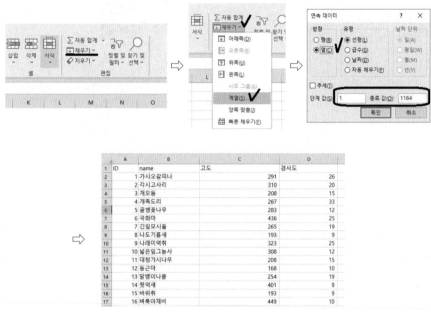

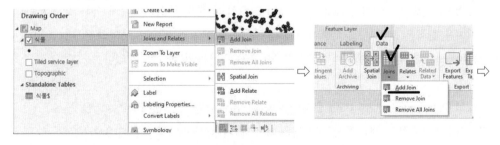

ID 추가

이제 식물조사_수정을 ArcGIS Pro에서 불러와 테이블을 열면 조인 준비가 된 것을 알 수 있다.

이제 준비되었으면 조인을 진행한다. 식물 오른쪽 마우스 → **Join and Relates (또는 메인 Data 메뉴 → Joins 하위 아이콘 클릭)** → Add Join → 조인창(Input Table (식물조사_수정), Input Join Field(ID), Join Table(Sheet1$), Join Table Field(ID)) → Ok 클릭

결합된 결과: 고도표현

조인 결과는 임시로 연결한 상태이기 때문에 식물 오른쪽 마우스 → Data → Export Features로 저장하고 엑셀 자료와 함께 결합된 불필요 필드들은 필드명에 오른쪽 마우스 Delete 하여 지우면 된다.

3. 벡터 공간조인

벡터레이어 속성에 추가 자료를 조인하려면 동일한 일대일 대응자료가 있어야 가능하다. 그렇지 않은 경우는 공간조인이라고 하여 위치기반 중첩되는 레이어의 정보를 조인할 수 있다.

이를테면 점레이어와 공간적으로 범위가 같은 행정구역, 토지이용, 식생정보, 임상정보, 지질정보 등에서 점레이어 개별 자료들이 행정구역은 어디에 속하고, 토지이용 항목은 무엇이고, 식생과 임상은 무엇이고 군락과 수종은 무엇인지, 지질은 어느 지질 계통에 속하는지를 공간조인으로 결합하여 분석할 수 있다.

Add Data → Chapter5_data 폴더에서 폐교.shp, 강원시군_행정구역.shp를 불러온다. 행정구역과 폐교의 공간조인은 폐교가 어느 시군에 속하는지 알아보기 위해 공간조인하는 것이다.

메인메뉴 Data → 하위 아이콘 Spatial Join 클릭 →

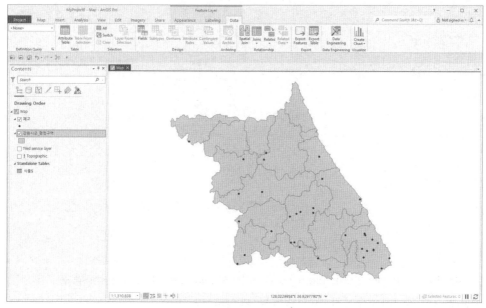

폐교 + 행정구역

공간조인 기능 메뉴

Target Features(폐교, 기준 레이어), Join Features(강원시군_행정구역, 대상 레이어),
Join Operation(Join one to Many, 일대다 선택, 일대일 대응 선택(one to one)도 있
음) → Ok

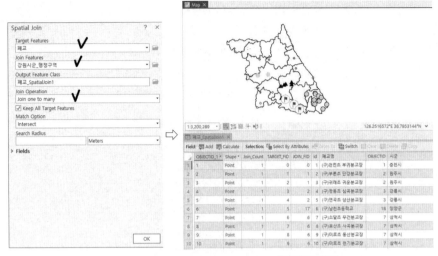

공간조인 결과

이번에는 Add Data → Chapter5_data 폴더에서 landused.shp, 식물.shp를 불러와 식물이 토지이용 구분상 어디에 속하는지 알아보기로 한다.

메인메뉴 Data → 하위 아이콘 Spatial Join 클릭 → Target Features(식물, 기준 레이어), Join Features(landused, 대상 레이어), Join Operation(Join one to Many) → Ok

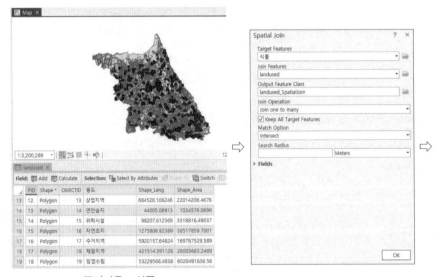

토지이용 + 식물

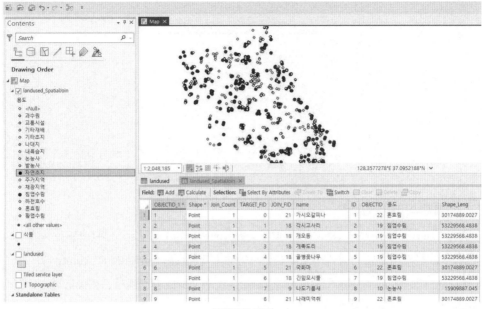

공간조인 결과

조인 결과는 임시로 연결한 상태이기 때문에 Landused_spatialJoin 오른쪽 마우스 → Data → Export Features로 저장하고 결합된 불필요 필드들은 필드명에 오른쪽 마우스 Delete 하여 지우면 된다.

4. 래스터 공간조인

래스터 공간조인은 Spatial Join 기능으로 하지 않고 메인메뉴 Analysis → Tools → Extract Values 검색하면 Extract Values to Points, Extract Multi Values to Points 2가지 기능이 나타난다. Extract Values to Points는 단일 래스터값 추출, Extract Values to Points는 복수의 래스터를 적용해 점자료에 값을 조인한다.

점자료와 면자료 속성에 래스터 값을 결합하는 것은 다변수를 활용한 통계분석을 하기 위함이다.

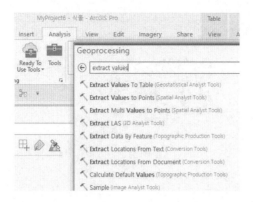

1) 점에 래스터값 공간조인

Add Data → Chapter5_data 폴더에서 식물, dem30, Slope, Aspect와 식물을
불러온다. 식물 점자료 속성에 고도, 경사, 사면향 환경자료를 Extract Multi Values
to Points 기능으로 추가하기 위함이다. Analysis → Tools 검색에서 → Extract
Multi Values to Points 클릭

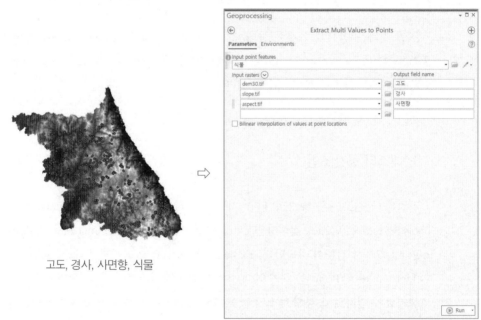

고도, 경사, 사면향, 식물 ⇨ Extract Multi Values to Points 창

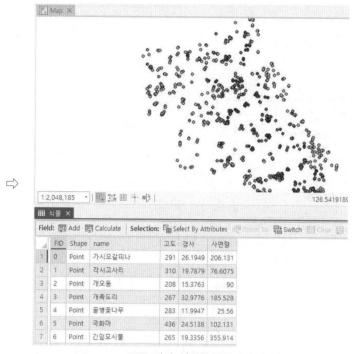

고도, 경사, 사면향 결합결과

Extract Multi Values to Points 창에서 Input point features(식물), Input Raster(dem30, slope, aspect 선택), Output field name(고도, 경사, 사면향) → Run 하면 값들이 결합된다.

2) 면에 래스터값 공간조인

면과 래스터값 공간조인은 면자료 레이어 폴리곤별 래스터값(평균, 최대, 최소 등)을 계산하여 조인하는 것이다.

메인메뉴 Analysis → Tools → 구역통계(Zonal Statistics as Table)를 검색하면 Zonal Statistics as Table(Spatial Analysis Tools) → Zonal Statistics as Table에서 계산된다. Zonal Statistics as Table은 면과 래스터 공간조인 기능이 아니고 폴리곤과 중첩되는 래스터값에 대한 통계를 구하는 기능이다. 따라서 결과는 면벡터 래스터 개별로 구역통계가 산출되며 여러 래스터를 계산할 경우 테이블을 조인해야 한다.

다만 전문적인 사용자가 다수 래스터 자료 통계치 계산을 하고자 할 때는 파이선으로 가능하다.

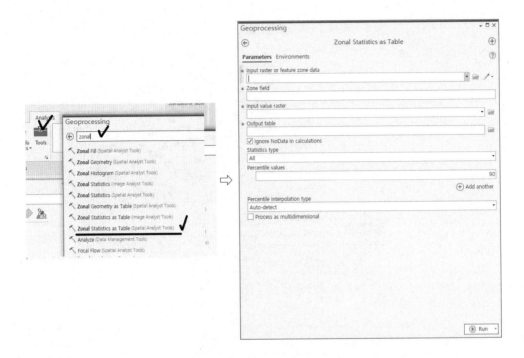

Add Data → Chapter5_data 폴더에서 강원시군_행정구역, dem30, slope를 불러온다.

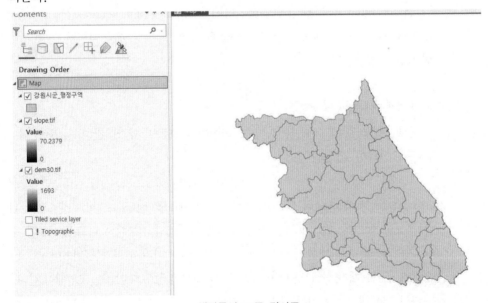

행정구역, 고도, 경사도

불러온 자료로 시군별 평균고도, 평균경사도를 계산하여 행정구역 속성에 조인하고자 한다.

Zonal Statistics as Table을 실행하여

(평균고도) Input raster or feature zone data(강원시군_행정구역), Zone field(시군), Input value raster(dem30), Output table(mean_dem), statistics type(mean 선택) → Run 실행 → 결과는 mean_dem 테이블

* Zone field(시군)에서 강원도의 시군명이 한 개이기 때문에 시군을 지정했다. 그러나 수천 개의 폴리곤을 사용할 때는 고유아이디인 OBJECTID 지정을 추천한다.

(평균경사) Zonal Statistics as Table을 실행하여

Input raster or feature zone data(강원시군_행정구역), Zone field(시군), Input value raster(slope), Output table(mean_slope), Statistics type(mean 선택) → Run 실행→ 결과는 mean_slope 테이블

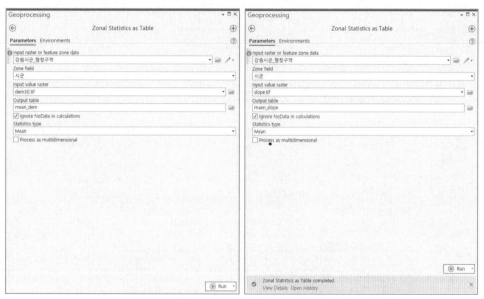

Zonal Statistics: 평균고도   Zonal Statistics: 평균경사

평균고도 테이블

평균경사 테이블

다음은 테이블로 생성된 통계를 행정구역에 조인하면 된다. 행정구역에 조인은 Data 메뉴

→ 하위 아이콘 Joins 클릭 → Input Table(강원시군_행정구역), Input Join Field (시군), Join Table(mean_dem), Join Table Field(시군) → Ok

mean_dem 조인

mean_slope 조인

평균고도 조인 결과

고도와 경사도 조인 결과: 동일 mean 필드값이 존재함

동일 필드 수정은 속성정보 테이블 창에서 Add 클릭 또는 Data 메뉴 → Fields
아이콘 클릭하여

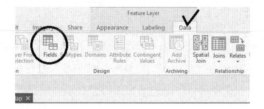

필드 수정 추가 삭제 창에서 변경하고 Data 메뉴 → Save 아이콘 클릭하여 저
장하면 된다.

필드명 변경 전	필드명 변경 후

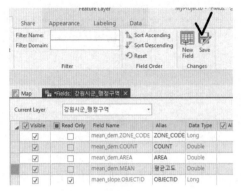

저장

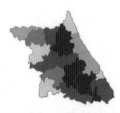

lope	OBJECTID ▴	시군	OBJECTID ▴	시군	ZONE_CODE	COUNT	AREA	평균고도	OBJECTID	시군	ZONE_CODE	COUNT	AREA	평균경사도
ygon	1	춘천시	1	춘천시	1	1239570	1115609780.18612	296.873171	1	춘천시	1	1238121	1114305683.949933	18.083493
ygon	2	원주시	2	원주시	2	963315	866980997.765348	310.714587	2	원주시	2	960293	864261205.615068	16.146968
ygon	3	강릉시	3	강릉시	3	1153382	1038040804.061592	390.050245	3	강릉시	3	1151939	1036742107.80982	17.766933
ygon	4	동해시	4	동해시	4	200050	180044480.365153	267.904594	4	동해시	4	199335	179400982.222384	17.067846
ygon	5	태백시	5	태백시	5	337216	303493524.07306	906.231911	5	태백시	5	336528	302874325.860157	21.474318
ygon	6	속초시	6	속초시	6	117110	105398695.808865	356.54477	6	속초시	6	116635	104971197.037689	18.285304
ygon	7	삼척시	7	삼척시	7	1316510	1184855580.332558	488.45297	7	삼척시	7	1313679	1182307687.686151	21.800474
ygon	8	홍천군	8	홍천군	8	2019885	1817891253.298515	501.356316	8	홍천군	8	2018405	1816559257.142852	19.43803
ygon	9	횡성군	9	횡성군	9	1107883	997091822.246375	442.20725	9	횡성군	9	1107247	996519423.898401	17.246268
ygon	10	영월군	10	영월군	10	1253238	1127910944.68315	539.696057	10	영월군	10	1249865	1124875253.444601	21.760792

필드명 변경과 행정구역별 평균고도 표현

　　조인 결과는 임시로 연결한 상태이기 때문에 강원시군_행정구역 오른쪽 마우
스 → Data → Export Features로 저장하고 결합된 불필요 필드들은 필드명에 오
른쪽 마우스 Delete 하여 지우면 된다.

제6장
지오프로세싱

1. 지오프로세싱

지오프로세싱(geoprocessing)은 공간자료를 지우기, 병합, 속성합치기 등을 거쳐 가공 또는 수정하거나 공간분석에 필요한 데이터를 만드는 전 단계의 과정이다. 지오프로세싱은 분석대상지 1차 수집자료인 여러 레이어들에 대해 구체적인 범위와 대상항목을 결정하기 때문에 지오프로세싱만으로도 공간분석과 해석적 결론에 도달할 만큼 충분한 공간정보로서 역할을 할 수 있다. 벡터와 래스터에 적용할 수 있지만 주로 벡터레이어 처리에 많이 사용되고 래스터의 경우 지우기 Clip 및 Erase에 적용한다. 래스터의 Erase는 연산자를 적용하여 내부 잘라내기를 한다. 지오프로세싱의 종류별 기능은 다음과 같다.

기능	적용	속성테이블		
병합 **(Merge)** 적용: 벡터 /래스터	 레이어A 레이어B Merge결과	〈레이어A〉 | ID | Name | | 1 | A | | 2 | B | | 3 | C |	〈레이어B〉 | ID | Name | | 4 | A | | 5 | B | | 6 | C | | 7 | D |	〈결과 속성A〉 | ID | Name | | 1 | A | | 2 | B | | 3 | C | | 4 | A | | 5 | B | | 6 | C | | 7 | D |

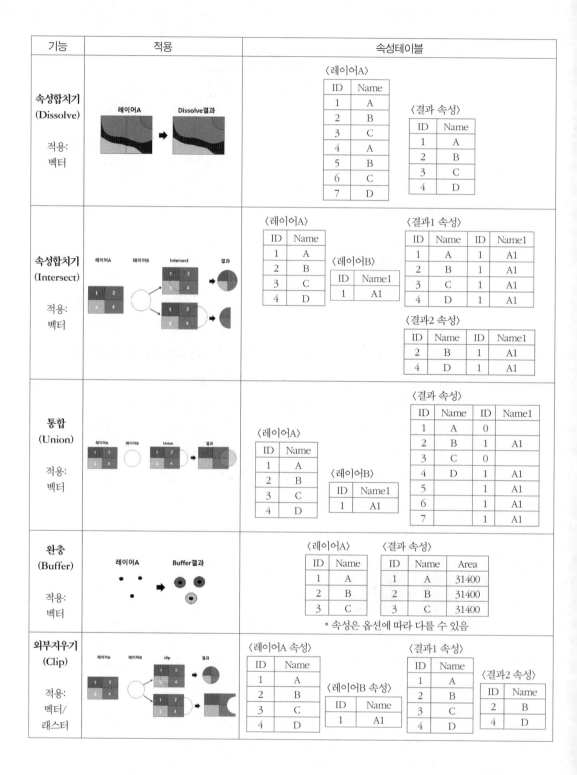

기능	적용	속성테이블				

속성합치기 (Dissolve)

적용: 벡터

〈레이어A〉

ID	Name
1	A
2	B
3	C
4	A
5	B
6	C
7	D

〈결과 속성〉

ID	Name
1	A
2	B
3	C
4	D

속성합치기 (Intersect)

적용: 벡터

〈레이어A〉

ID	Name
1	A
2	B
3	C
4	D

〈레이어B〉

ID	Name1
1	A1

〈결과1 속성〉

ID	Name	ID	Name1
1	A	1	A1
2	B	1	A1
3	C	1	A1
4	D	1	A1

〈결과2 속성〉

ID	Name	ID	Name1
2	B	1	A1
4	D	1	A1

통합 (Union)

적용: 벡터

〈레이어A〉

ID	Name
1	A
2	B
3	C
4	D

〈레이어B〉

ID	Name1
1	A1

〈결과 속성〉

ID	Name	ID	Name1
1	A	0	
2	B	1	A1
3	C	0	
4	D	1	A1
5		1	A1
6		1	A1
7		1	A1

완충 (Buffer)

적용: 벡터

〈레이어A〉

ID	Name
1	A
2	B
3	C

〈결과 속성〉

ID	Name	Area
1	A	31400
2	B	31400
3	C	31400

* 속성은 옵션에 따라 다를 수 있음

외부지우기 (Clip)

적용: 벡터/ 래스터

〈레이어A 속성〉

ID	Name
1	A
2	B
3	C
4	D

〈레이어B 속성〉

ID	Name
1	A1

〈결과1 속성〉

ID	Name
1	A
2	B
3	C
4	D

〈결과2 속성〉

ID	Name
2	B
4	D

기능	적용	속성테이블

내부지우기 (Erase)

적용: 벡터/ 래스터

〈레이어A 속성〉

ID	Name
1	A
2	B
3	C
4	D

〈레이어B 속성〉

ID	Name
1	A1

〈결과1 속성〉

ID	Name
1	A
2	B
3	C
4	D

〈레이어B 속성〉

ID	Name
1	A
2	B
3	C
4	D
5	E

〈레이어B 속성〉

ID	Name
1	A1

〈결과2 속성〉

ID	Name
1	A
2	B
3	C
4	D

※ 지오프로세싱 예시는 벡터 기준이며 래스터의 경우 일부는 연산자를 사용해야 함.

1. 병합(merge)

병합은 분리되어 있는 벡터나 래스터의 인접도면을 하나의 레이어로 합치는 것이다. 벡터 병합은 합치면 각각 도면이 갖고 있는 경계 때문에 같은 속성정보를 갖고 있어도 분리되어 있어 속성 간 경계를 없애기 위해 속성합치기(dissolve)를 해야 한다.

1) 벡터

Add Data 클릭하여 Chapter6_Data 폴더에서 벡터레이어 land_left와 land_right를 불러온다. 두 개의 도면은 좌우 인접한 상태로 떨어져 있다. 이러한 경우는 벡터 병합으로 합칠 수 있다.

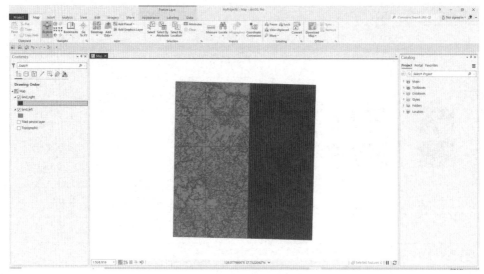

land_left, land_right: 토지이용도

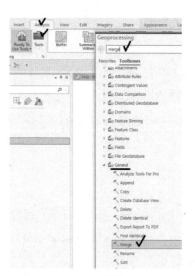

Merge 클릭

메인메뉴 Map → Tools → merge 검색 → General → Merge 클릭하여 실행한다. Merge 창에서 land_left와 land_right 선택 → Output Dataset(디폴트) → Run 실행. 그런데 결과를 보면 합쳐진 레이어에는 각 레이어가 갖는 외곽경계선(검은색)과 레이어 내에 경계선(붉은색) 때문에 같은 속성이지만 분리되어 있어 하나의 폴리곤으로 디졸브가 필요하다.

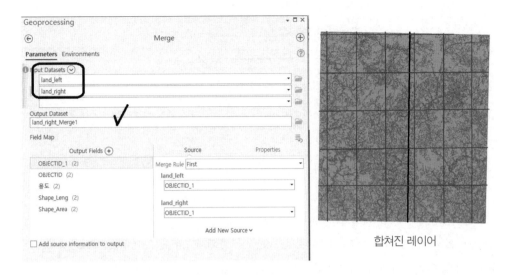

합쳐진 레이어

2) 속성정보

Add Data 클릭하여 Chapter6_Data 폴더에서 래스터레이어 dem_left와 right를 불러온다. 두 개의 도면은 좌우 인접한 상태로 떨어져 있다. 이러한 경우는 래스터 병합으로 합칠 수 있다.

dem_left, right: 고도

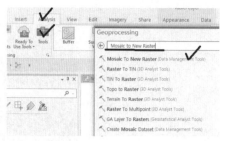

Mosaic to New Raster 클릭

메인메뉴 Map → Tools → Mosaic to New Raster 검색 → Mosaic to New Raster 클릭(해당 기능은 메인메뉴 Map → Tools → Raster → Raster Dataset → Mosaic to New Raster에 있음) → Mosaic to New Raster 창에서 Input Raster(dem_left, dem_right), Output Location(저장할 폴더), Raster Dataset Name with Extension (저장할 래스터명)

Cellsize(30, 해당 dem 해상도는 30m), Number of Bands(1개, 영상이 아니기 때문) 입력 선택 → Run

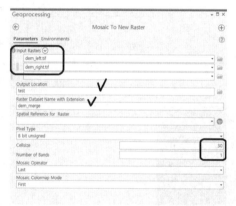

Mosaic to New Raster 창

래스터 병합 결과

2. 속성합치기(dissolve)

1) 벡터합치기

여러 개의 도서(섬지)지역을 포함하는 행정구역과 같이 한 개의 속성임에도 개별적으로 분리되어 있는 경우, 또는 속성이 같은 인접 폴리곤이 경계선으로 분리되어 있는 경우 속성합치기를 한다.

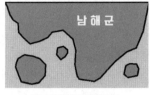

도서지역 개별 분리

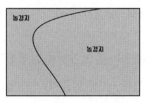

같은 분류 경계선 분리

여기에서는 앞서 병합한 land_left와 land_right 합친 레이어로 속성합치기한다.
메인메뉴 Map → Tools → Dissolve 검색 → Dissolve 클릭하여 실행한다. Dissolve
창에서

병합 결과   Dissolve 클릭

속성합치기 결과: 토지이용 항목별 색상 표현

Input Features(병합한 벡터레이어), Output Feature4s Class(저장 레이어), Dissolve Field(용도, 속성합치기 대상은 공통필드를 선택) → Run 실행

2) 그룹폴리곤, 포인트 to 싱글 변경 및 Silver, Hole 제거

❶ **(그룹 → 싱글 풀기)** 속성합치기하여 폴리곤이 그룹으로 묶여 있거나, 점자료의 Shape Geometry Type이 point가 아닌 multipoint인 경우 조인이나 점 위치 래스터값을 읽을 때 에러가 발생할 수 있다. 이런 경우 **(Multipart to Singlepart)**로 그룹을 분리하여, 점자료의 Shape Geometry Type multipoint → point로 변경해야 한다.

❷ **(sliver/holes 제거)** 속성합치기한 폴리곤은 경우에 따라 속성을 갖지 않은 미세한 sliver(폴리곤) 또는 폴리곤이 존재하지 않는 Holes(구멍) 에러 발생

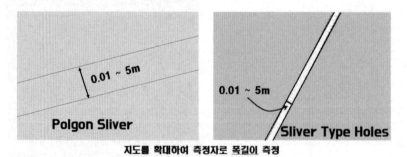

지도를 확대하여 측정자로 폭길이 측정

Tools → **(integrate)** 검색 → 레이어 선택 → Environments(Unit: meters, 측정거리보다 약간 크게 지정)하면 해결된다.

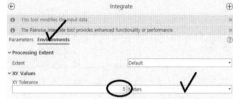

3. 교차(intersect)

교차는 대상지의 속성정보까지 삭제되는 외부지우기(clip)와 달리 교차지역 범위를 자르면서 공간정보와 속성정보가 함께 합쳐진다.

Add Data 클릭하여 Chapter6_Data 폴더에서 landuse와 outer_cl을 불러온다. 메인메뉴 Analysis → Tools → Intersect 검색 또는 지오프로세싱 원 부분 클릭하면 Intersect 아이콘 클릭 → Intersect 창에서 Input Features(landuse, outer_cl, 선택) → Run

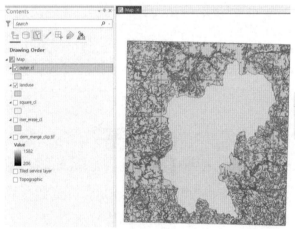

landuse, outer_cl

Intersect 클릭

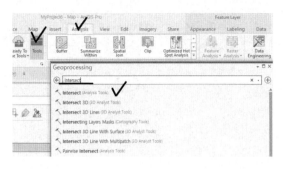

Intersect 클릭

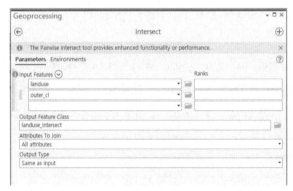

Intersect 창

Intersect 결과

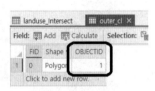

outer_cl 속성

	OBJECTID_12 *	Shape *	FID_landuse	OBJECTID	용도	FID_outer_c	OBJECTID	Shape_Length	Shape_Area
1	1	Polygon	150	151	활엽수림	0	1	41321.158363	17016665.223974
2	2	Polygon	974	975	활엽수림	0	1	78277.713581	17029875.370571
3	3	Polygon	1073	1074	교통시설	0	1	24469.021377	183380.625659
4	4	Polygon	1203	1204	활엽수림	0	1	41019.838819	9465190.920661
5	5	Polygon	1476	1477	혼효림	0	1	1743.861683	127303.937319
6	6	Polygon	1513	1514	활엽수림	0	1	340.680529	7212.910185

Intersect 결과 속성: outer_cl 추가됨

Intersect는 외관상 Clip의 결과와 같다. 하지만 속성정보에 대상지 범위 레이어 outer_cl의 속성정보가 추가된다.

교차(intersect)는 지오프로세싱 Clip보다는 사용빈도는 낮으나 각종 래스터, 벡터 모델링 처리 과정에 데이터를 재정리하고 군집할 때 효과적으로 사용된다.

4. 통합(union)

통합은 두 레이어 전체를 합치면서 공간정보와 속성정보가 모두 결합된다.

Add Data 클릭하여 Chapter6_Data 폴더에서 landuse_disolv와 square_cl을 불러온다. 메인메뉴 Analysis → Tools → Union 검색 또는 지로프로세싱 원 부분 클릭하면 Union 아이콘 클릭 → Union 창에서 landuse_disolv, square_cl 선택 → Run

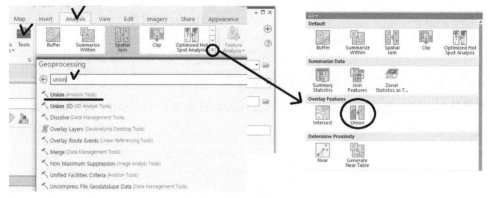

Union 검색

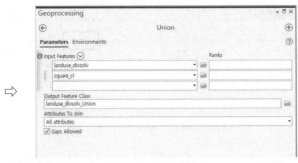

Union 창

결과를 보면 공간정보와 속성정보 square_cl의 속성이 결합된 것을 알 수 있다.

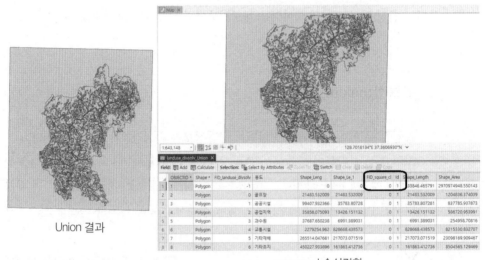

Union 결과

square_cl 속성결합

통합도 지오프로세싱 사용빈도는 낮으나 도단위 행정구역, 시군단위 행정구역, 읍면동 행정구역이 별도의 레이어로 되어 있을 때, 계층적으로 구성된 폴리곤을 하나의 레이어로 합쳐 속성정보 내에서 계층적으로 연결시키고 지도화가 가능하게 사용할 수 있다.

5. 완충(buffer)

완충(buffer)은 일정하게 정해진 값(물리적 거리, 영향범위 기준값, 가중치 등)의 기준에 따라 공간적 범위를 설정하는 것이다. 완충은 점, 선, 면 지표 사상(도로, 하천, 도시, 공장 등)에 따라 모두 적용 가능하다.

Add Data 클릭하여 Chapter6_Data 폴더에서 폐교 점자료를 불러온다. 메인메뉴 Analysis → Tools → buffer 검색 또는 지로프로세싱 원 부분 클릭하면 Buffer 아이콘 클릭 → Buffer 창에서 폐교 선택, landuse_disolv, Linear Unit(meters), ▼을 클릭하여 Linear Unit 대신 Field 선택할 수 있다. Distance(3000, 필드를 선택할 경우 속성정보 가중치, 중요도 값을 적용할 수 있음) → Run

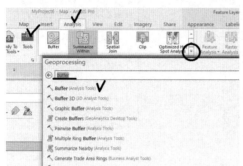

buffer 검색

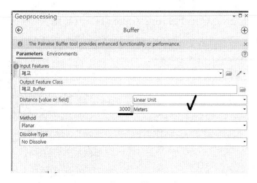

Buffer 창

Buffer 반원 3000m(지름 6km) 결과

6. 외부지우기(erase)

1) 벡터지우기

벡터지우기는 자르고자 하는 범위를 갖는 폴리곤 밖의 잘라져야 할 대상(점, 선, 면)을 잘라내는 것이다.

앞서 병합하여 속성합치기한 토지이용을 대상으로 잘라내려고 한다. 먼저 Add Data 클릭하여 Chapter6_Data 폴더에서 벡터레이어 landuse_disolv와 outer_cl 을 불러온다.

landuse_disolv, outer_cl

Clip 클릭

메인메뉴 Map → Tools → clip 검색 → Clip 클릭하여 실행 → Clip 창에서 Input Features or Dataset(landuse_disolv), Clip Features(outer_cl) → Run

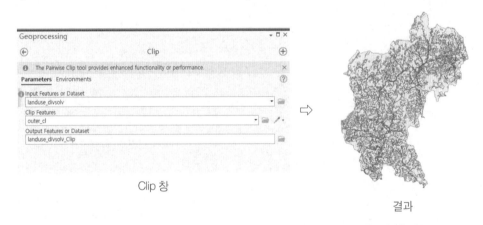

Clip 창

결과

2) 래스터지우기(위성영상)

래스터지우기는 자르고자 하는 범위를 갖는 폴리곤 밖의 잘라져야 할 래스터를 잘라내는 것이다. 위성영상과 RGB 이미지도 같은 방법을 적용하여 외부를 지울 수 있다.

앞서 병합하여 dem_merge를 대상으로 잘라내려고 한다. 먼저 Add Data 클릭하여 Chapter6_Data 폴더에서 벡터레이어 dem_merge와 outer_cl을 불러온다. 메인메뉴 Map → Tools → clip 검색 → Clip Raster 클릭 → Clip Raster 창에서 Input Raster(dem_merge), Output Extent(outer_cl, 자를 범위), Use Input Features for Clipping Geometry(반드시 체크) → Run

dem_merge, outer_cl   Clip Raster 클릭

7. 내부지우기(erase)

1) 벡터지우기

벡터 내부지우기는 자르고자 하는 범위를 갖는 폴리곤 내부로 잘라져야 할 대상(점, 선, 면)을 잘라낸다.

Add Data 클릭하여 Chapter6_Data 폴더에서 벡터레이어 iner_erase_cl과 landuse_disolv를 불러온다. 메인메뉴 Map → Tools → erase 검색 → Erase 클릭하여 실행 → Erase 창에서 Input Features(landuse_disolv), Erase Features(iner_erase_cl) → Run

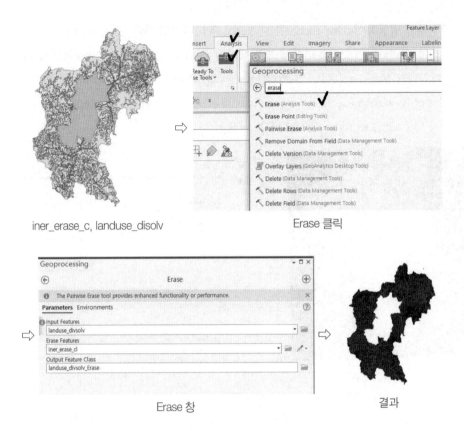

iner_erase_c, landuse_disolv

Erase 클릭

Erase 창

결과

2) 래스터지우기(위성영상)

래스터, 위성영상, RGB 이미지 내부지우기는 벡터와 같이 지우기툴 기능이 없다. 두 가지 방법을 적용할 수 있는데 Masking과 연산자를 적용하여 지우기를 할수 있다.

① Export로 지우기

(래스터) Export로 지우기는 Export Raster 저장 기능을 이용해 폴리곤을 이용한 저장 영역을 masking하여 외부와 내부 지우기를 할 수 있다.

Chapter6_Data 폴더에서 iner_erase_cl과 dem_merge_clip를 불러온다.

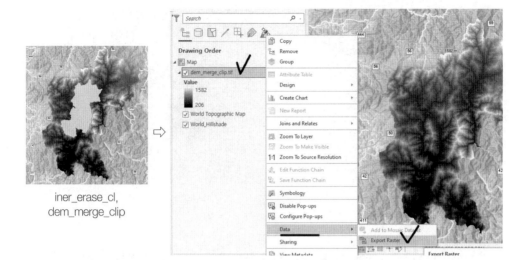

iner_erase_cl,
dem_merge_clip

래스터 레이어(dem_merge_clip) 오른쪽 마우스 → Data → Export Raster →
Clipping Geometry 창에서 iner_erase_cl 선택 → Use input features for clipping
geometry 체크 → 체크 **Outside(외부지우기)**, Inside(내부지우기) 옵션, 여기서는
안을 지우기 때문에 Inside → Export 클릭.

　　※ Outside(외부지우기) 옵션은 '6. 외부지우기(erase)'의 '2) 래스터지우기'와 같다.

Inside 옵션 결과   Outside 옵션 결과

(위성영상)

위성영상뿐만 아니라 RGB 영상도 래스터와 같은 방법으로 내부와 외부를 지울
수 있다.

Chapter6_Data 폴더에서 sentinel2_10_2348와 outer를 불러온다. outer 폴리
곤으로 유럽 위성인 sentinel2의 외부를 지우려 한다.

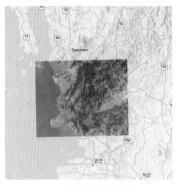
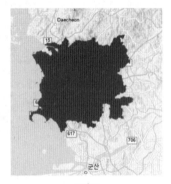

sentinel2_10_2348   outer

(외부지우기)

영상 레이어(sentinel2_10_2348) 오른쪽 마우스 → Data → Export Raster → Clipping
Geometry 창에서 outer 선택 → Use input features for clipping geometry 체크
→ 체크 **Outside(외부지우기)** → Export 클릭.

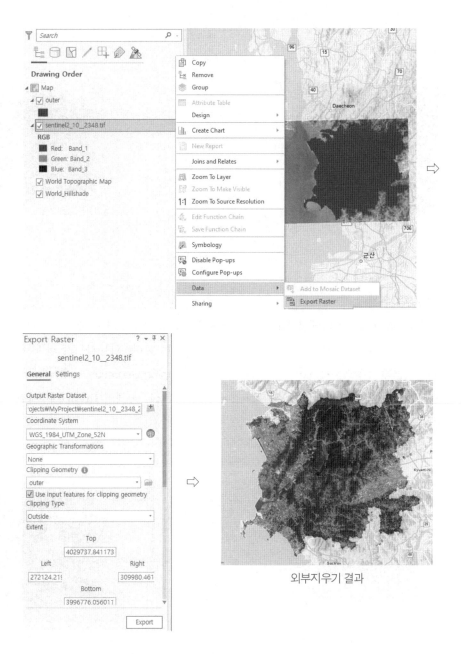

외부지우기 결과

※ 지워진 결과가 화면에 보일 때 검은색 부분은 Nodata 지역으로 Nodata를 안
   보이게 하려면 결과 레이어의 오른쪽 마우스 → Symbology → Mask →
   Display background value 체크하면 된다.

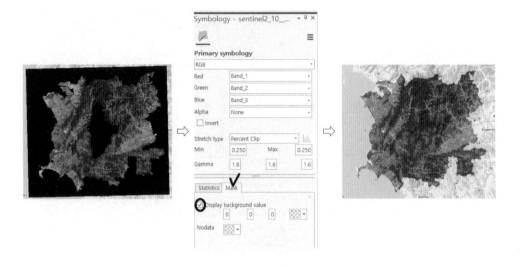

(내부지우기)

Chapter6_Data 폴더에서 inner를 불러온다. outer 폴리곤으로 유럽 위성인 sentinel2의 외부지우기 결과 이미지의 내부를 지우려 한다. 외부지우기 결과 이미지 오른쪽 마우스 → Data → Export Raster → Clipping Geometry 창에서 inner 선택 → Use input features for clipping geometry 체크 → 체크 **Inside(내부지우기)** → Export 클릭

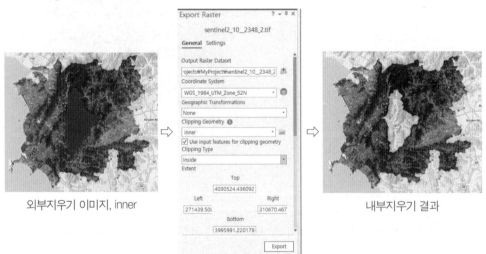

외부지우기 이미지, inner   내부지우기 결과

② 연산자로 지우기

연산자를 이용하여 래스터 내부지우기는 벡터지우기와는 다르다. 우선 ㉮ 자를 래스터값을 모두 0 또는 1로 바꾸고 ㉯ 폴리곤으로 전환 ㉰ 내부지우기 폴리곤과 union ㉱ union 벡터를 래스터로 전환 ㉲ 래스터 연산자를 적용하여 내부를 Nodata 처리하여 지우기를 한다. 래스터 자료 내부지우기에서 ㉮~㉱ 과정을 거치는 이유는 정방형인 아닌 다각형 지역의 외부 Nodata 지역은 결합이나 분석 시 데이터가 없는 지역이기 때문에 처리를 할 수 없고, 따라서 Nodata 지역을 데이터로 바꾸어 내부를 지우기 위함이다.

Add Data 클릭하여 Chapter6_Data 폴더에서 iner_erase_cl과 dem_merge_clip을 불러온다. ❶ 래스터(고도)값 전체 0으로 전환. 메인메뉴 Analysis → Tools → Raster Calculator 검색 → Raster Calculator(spatial analyst tool) 클릭 → Raster Calculator 창에서

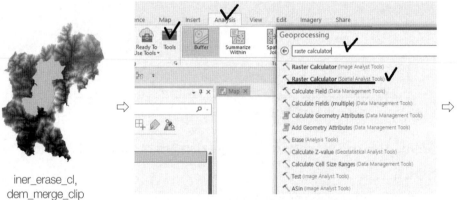

iner_erase_cl,
dem_merge_clip

Raster Calculator 클릭

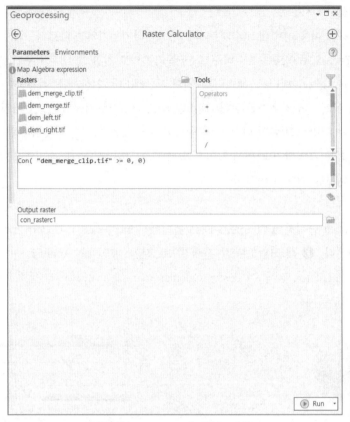

Con("dem_merge_clip.tif" >= 0,0)

래스터의 모든 값을 임의수로 바꾸는 작업이기 때문에 래스터의 최저값 0 이상을 선택한다.

연산자 적용 수식: Con("dem_merge_clip.tif" >= 0,0)

❷ 0으로 바뀐 래스터 벡터 전환. 메인메뉴 Analysis → Tools → Raster to Polygon 검색 → Raster to Polygon 클릭 → Raster to Polygon 창(Input raster(0으로 전환한 래스터), **Simplify Polygons(반드시 체크 해제)** → Run 실행(결과 벡터 폴리곤의 속성은 모두 0임)

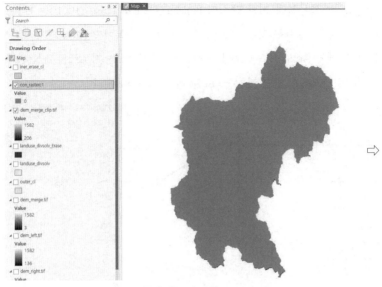

고도 0 래스터 변환

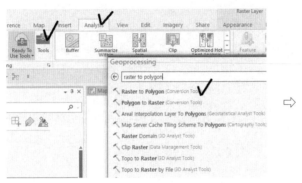

raster to polygon 검색

Raster to Polygon 창

벡터 전환 래스터

❸ iner_erase_cl와 벡터 전환 래스터 Union(현재 iner_erase_cl의 ID는 1이다. 즉 래스터를 0으로 전환한 것은 iner_erase_cl의 ID와 중복이 안 되게 하기 위해서이다). 메인메뉴 Analysis → Tools → Union 검색 또는 지로프로세싱 원 부분 클릭하면 Union 아이콘 클릭 → Raster to Polygon 클릭

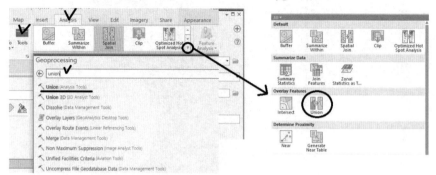

Union 검색

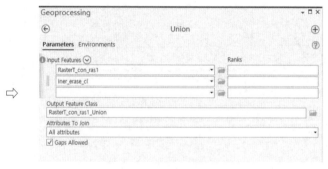

Union 창

Union 창에서 Input Features(RasterT_con_ras1, 벡터로 전환한 래스터 폴리곤, iner_erase_cl, 내부지우기 폴리곤)를 지정하고 Run. 주의사항은 Union된 벡터의 속성이 래스터 벡터 전환 속성과 내부지우기 속성이 어느 필드에서 구분되는지 열어서 반드시 확인해야 한다는 것이다. 해당 필드를 기준으로 다시 벡터로 전환해야 하기 때문에 Union 속성을 열어보면 0: 내부지우기 지역, 1:래스터, 나머지 지역에 해당하는 필드는 objectid_1, objectid 둘 중 하나를 선택하면 된다.

래스터 전환 시 선택 필드 검토
(0: 내부지우기 지역, 1:래스터 나머지 지역)

Union 결과

❹ Union 벡터 래스터로 전환. 메인메뉴 Analysis → Tools → Polygon to
  Raster 검색

→ Polygon to Raster 클릭 → Polygon to Raster 창 → Polygon to Raster 실행
창에서 Input Features(Union 레이어), Value field(OBJECTID_1, 앞서 확인한 속성필드)
Cellsize(30, 반드시 원래 래스터의 해상도를 확인하고 지정해야 함) → Run

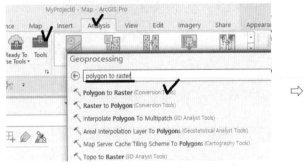

Polygon to Raster 검색

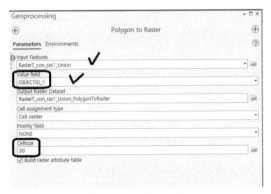

Polygon to Raster 창

래스터로 전환된 결과는 잘라낼 부분 값은 1이고 남길 부분이 0이다. ❺ 내부 지우기. 내부지우기는 Raster Calculator 실행 창에서 연산자를 적용하여 Nodata 처리로 잘라낸다.

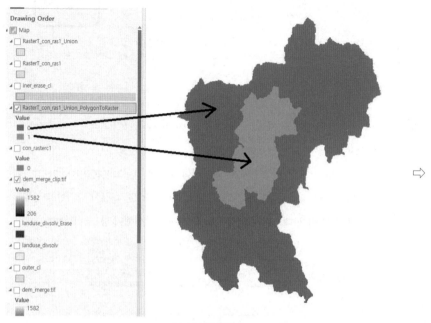

래스터 전환 결과

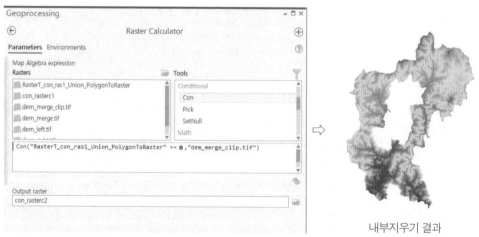

Raster Calculator : 래스터 내부지우기 연산자 적용

내부지우기 결과

자르는 수식은

Con("RasterT_con_ras1_Union_PolygonToRaster"==0, "dem_merge_clip.tif")

으로 식의 설명은

> RasterT_con_ras1_Union_PolygonToRaster: Union 벡터 래스터로 전환 자료에 대하여
>
> == 0: 전환 자료가 이면(외부 남기는 부분이 0이면)
>
> 해당지역 0을 dem_merge_clip.ti 당초 고도값으로 대체하고
>
> 나머지 지역은 Nodata 처리하여 내부를 잘라내게 된다.

제7장
샘플링 그리드

공간분석은 데이터 전체를 분석하기도 하지만 대상지 데이터를 샘플링하여 분석을 수행하기도 한다. 점, 선, 면, 래스터 자료 샘플링을 위한 레이어 제작은 공간정보의 분포에 따라 규칙적 분포 그리드, 랜덤(불규칙) 분포, 그리고 형태에 따라 점(규칙, 랜덤), 면(사각형, 6각형, 원)으로 나눌 수 있다.

대상에 대해 분석논리를 한층 높이고 심화된 연구를 추진할 경우 규칙적인 간격의 점자료, 불규칙적인 점자료, 6각형, 4각형, 원 군집형 폴리곤 샘플링 레이어를 제작하여 이들 각각에 통계 및 공간정보를 추가함으로써 분석에 사용할 수 있다. 점자료와 군집형 폴리곤은 나라 전체를 제작할 수 있지만 분석하고자 하는 대상지 기준으로 작성하는 것이 합리적이다. 이 장에서 제작한 샘플링 그리드 벡터 속성은 "제5장 조인" 방법에 따라 통계값을 조인하여 분석에 활용한다.

1. 격자그리드 샘플링

인구밀도, 소득수준, 범죄율, 오염, 미세먼지 등 분석자료 값에 대해 규칙간격 격자 점자료를 제작하여 분석 및 해석에 필요한 논리적 결과를 도출할 수 있다. 강원도를 대상으로 규칙적인 간격의 점자료를 제작하고자 한다.

메인메뉴 Map → Add Data → Chapter7_data → 강원시군_행정구역.shp를 불러온다.

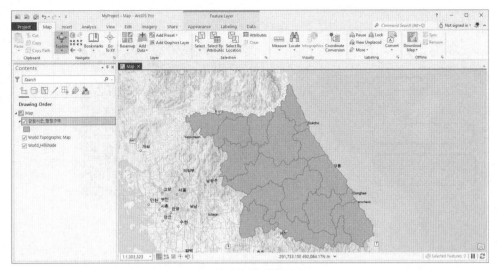

원시군_행정구역

fishnet 검색

메인메뉴 Analysis → Tools → fishnet 검색 → Create Fishnet 클릭 → Create Fishnet 창 → Output Feature Class(결과 파일 입력) → Template Extent(클릭하여 강원시군_행정구역 선택) → Cell Size(3000, 3000m 간격 점) → Create Label Points (반드시 체크함, 3000m 간격의 라벨포인트가 점자료가 됨) → Geometry Type(Polygon 선택, 3000m, 간격의 4각 폴리곤 만들어짐) → Run

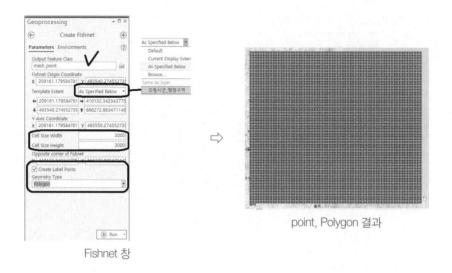

Fishnet 창

point, Polygon 결과

다음으로 강원시구_행정구역 범위 밖은 격자폴리곤과 점자료를 지워야 한다.

메인메뉴 Analysis → Tools → Clip 검색 → Clip 클릭

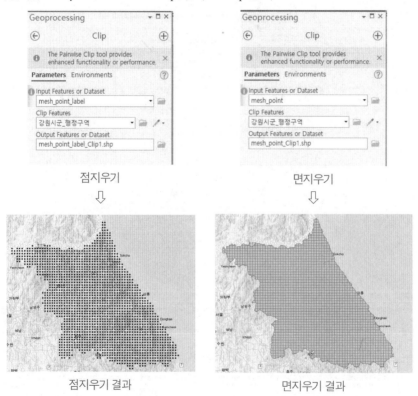

점지우기

면지우기

점지우기 결과

면지우기 결과

2. 랜덤 샘플링

불규칙 샘플링 점자료는 무작위로 점을 생성하는 것이다. 무작위 점자료는 예측 모델링이나 분석지역에 대한 무작위 검증 용도로 사용된다. 무작위 점자료 생성은 대상지 폴리곤이 있어야 한다. 대상지 폴리곤은 강원시구_행정구역 레이어를 사용할 것이다.

메인메뉴 Analysis → Tools → Random 검색 → Create Random Points 클릭 → Create Random Points 창 → Output Location(저장위치 지정), Output Point Feature Class(저장파일명) → Constraining Features Class(경계 레이어, 강원시군_행정구역), Number of Points(value or field)(long 정수형 생성 수지정(30), Field(속성정보 값을 적용할 경우), Minimum Allowed Distance(500, 점간 최소거리 500m 간격), unit(meters) → Run 클릭

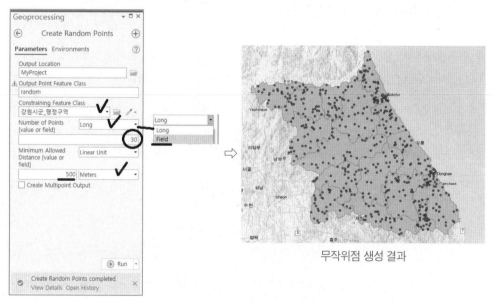

무작위점 생성 결과

※ 시군행정구역과 같이 폴리곤이 1개로 구성된 경계가 아니고 여러 개 구성되어 있을 경우 생성개수 50은 폴리곤별로 만들어지고 폴리곤이 1개이면 전체가 50개로 만들어진다.

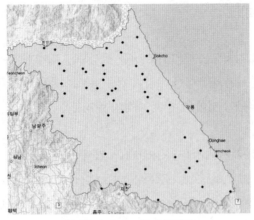
폴리곤 수 1개 + 50개 포인트

3. 6각형(hexaPolygon) 샘플링

면샘플링은 대상지역 안을 6각형폴리곤으로 채워 만드는 샘플링이다. 메인메뉴 Map → Add Data → Chapter7_data → 강원도경계.shp를 불러온다.

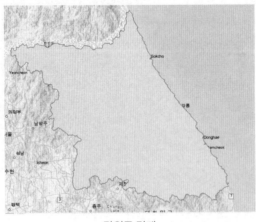
강원도 경계

메인메뉴 Analysis → Tools → generate tesselation 검색 → Generate Tesselation 클릭 → Generate Tesselation 창에서 Extend(강원도 경계, 선택) Shape Type(Hexagon), Size[80, Square Kilometers, 4각경계 내에 1개 6각형 면적이 80km², 지역 규모에 따라 6각형 샘플링의 크기는 km²(Square Kilometers) 또는 m²(Square Meters)로 결정] → Run

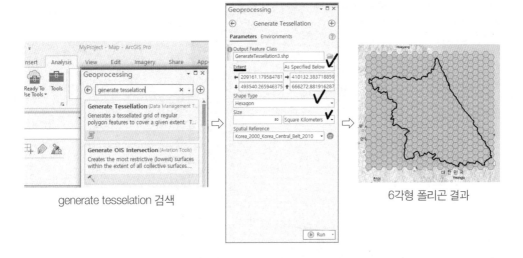

generate tesselation 검색   6각형 폴리곤 결과

결과를 보면 6각형 폴리곤 작성 범위는 지도의 형태에 관계없이 X(최소), Y(최소), X(최대), Y(최대) 정방형으로 만들어지기 때문에 불필요 지역은 삭제한다.

메인메뉴 Analysis → Tools → 검색 → Select by Location 클릭 → Select by Location 창에서 Input Features(6각형 폴리곤) Relationship(intersect), Selecting Features(강원도 경계) → Run

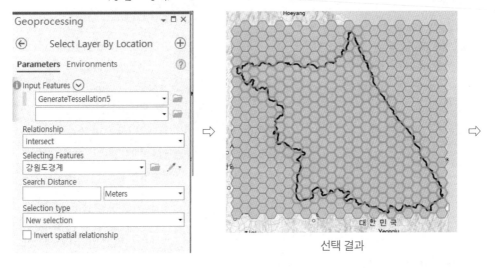

선택 결과

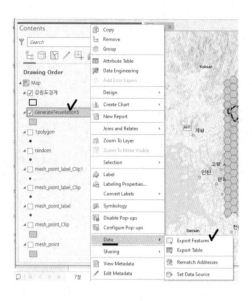

→ 선택 결과의 저장은 레이어명 오른쪽 마우스 → Data → Export Features →
저장하면 된다.

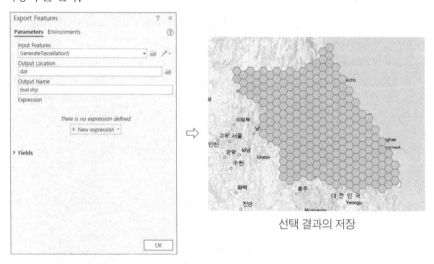

선택 결과의 저장

4. 원(circle)샘플링

원샘플링은 격자그리드의 점그리드 샘플링을 응용한 방법이다. 강원도를 대상
으로 규칙적인 간격의 원자료를 제작하고자 한다.

메인메뉴 Map → Add Data → Chapter7_data → 강원시군_행정구역.shp를 불러온다.

메인메뉴 Analysis → Tools → fishnet 검색 → Create Fishnet 클릭 → Create Fishnet 창 → Output Feature Class(결과 파일 입력) → Template Extent(클릭하여 강원시군_행정구역 선택) → Cell Size(10000, 10000m 간격 점) → Create Label Points (반드시 체크함, 10000m 간격의 라벨포인트가 점자료가 됨) → Geometry Type(Polygon 선택, 10000m, 간격의 4각 폴리곤 만들어짐) → Run

※ 여기서 생성되는 Label Points를 이용하여 buffer로 원샘플링을 제작하기 때문에 10000m 간격의 Label Points는 원반경은 5000m 또는 5000m 이하를 제작할 수 있다.

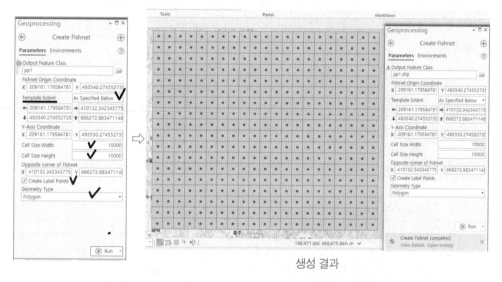

생성 결과

라벨포인트를 생성했으면 5000m buffer를 실시한다. 메인메뉴 Analysis → Tools → buffer 검색 → Buffer 실행창에서 Input Features(라벨포인트 선택), Output Feature Class(디폴트 지정, 결과 저장파일), Unit Unknown을 meters로, Distance를 5000으로 지정하고 Run

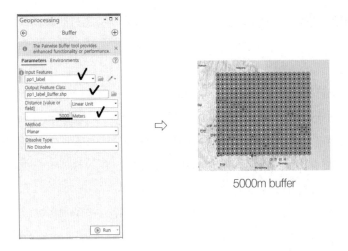

5000m buffer

만들어진 결과는 강원도 외곽을 중심으로 정방형으로 만들어지기 때문에 공간
선택으로 경계지역만 선택해 저장한다.

메인메뉴 Map → 하위 Select by Location을 클릭 →

Input Features(5000 버퍼 원 선택), Select Features(강원시군_행정구역 선택) →
Apply

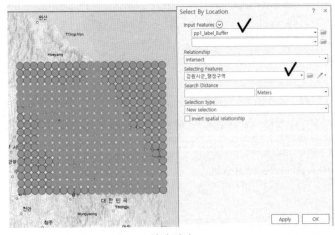

선택 결과

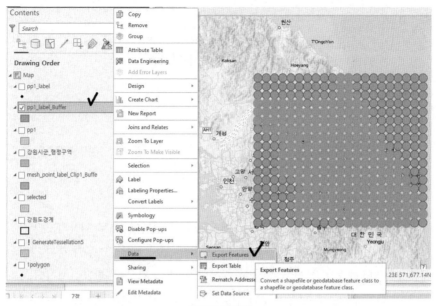

선택지 재저장

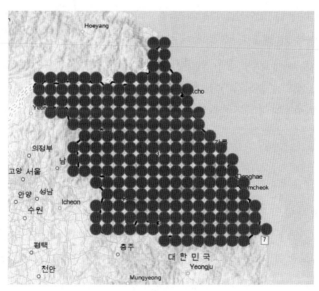

원샘플링 결과

마지막으로 선택 결과를 저장하면 된다. 선택된 원레이어 오른쪽 마우스 →
Data → Export Features 저장하면 원샘플링이 완성된다.

제8장

2D to 3D 시각화

공간정보 제작은 일반적으로 2D로 제작된다. 그렇지만 2D로 제작되는 공간정보 중에는 속성정보에 높이값을 저장하는 경우가 있다. 건물, 나무와 같이 각각의 지표에서부터의 높이를 정할 수 있는 대상이 있고, 공간분석 결과로 생성되는 래스터 자료나 수치고도모델(DEM)과 같이 그 자체값이 3D값을 갖고 있는 자료도 3D 시각화가 가능하다.

건물이나 나무와 같은 2D 속성자료에 높이값을 입력하는 경우는 일일이 높이를 조사해야 하기 때문에 제작에 어려움이 있다. 그렇지만 라이다(LiDAR: light detecting and Ranging)의 경우 레이저파로 지상정보를 3차원으로 스캔한 점운(point cloud) 자료는 높이값 정보 추출이 가능하다.

이 절에서 사용할 나무 점자료와 건물 폴리곤 자료는 라이다에서 추출하여 작성한 자료이다.

1. 2D 점자료의 3D 전환

높이나 고도값이 속성에 있어도 3차원 시각화를 위해서는 자료 구조를 바꾸어야 가능하다.

메인메뉴 Map → Add Data → Chapter8_data 폴더에서 tree_3891.shp를 불러온다. 속성정보 필드에는 높이(height), 이름(tree_name), 그리고 Shape* 필드를 보면 point 구조로 되어 있다. point 구조는 3D 시각화를 위해 전환해야 한다.

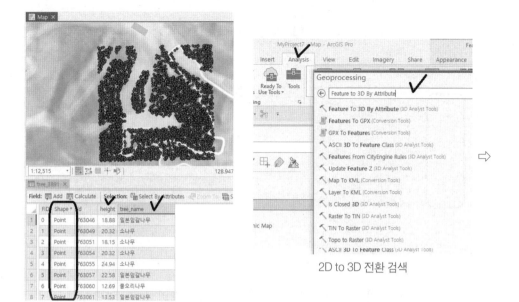

2D to 3D 전환 검색

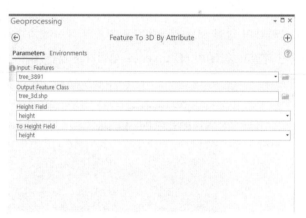

Feature to 3D By Attribute 실행창

메인메뉴 Analysis → Tools → Feature to 3D By Attribute 검색 → 클릭 → Feature to 3D By Attribute 실행창에서 Input Features(tree_3891 선택), Output Feature Class(tree_3d 입력), Height Field(height 선택), To Height Field(height 선택) → Run

3D로 전환된 tree_3d 속성을 열어 보면 Shape* 구조가 point → point ZM으로 변경된 것을 알 수 있다. 벡터자료에서 3D 시각화가 가능한 경우 파일 구조는 ~~~ ZM를 가져야 가능하다.

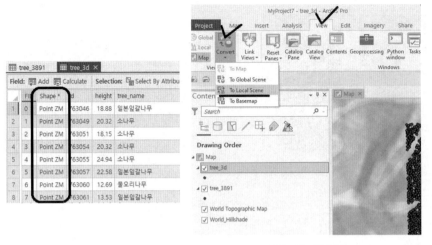

2D to 3D 창 전환

또한 지도보기 Map 창은 2D용으로 3D용 창(Map_3D2)으로 바꾸어야 한다. 3D 창은 메인메뉴 View → 왼쪽 하위 Convert 아이콘 → ▼ 클릭 → To Local Scene 클릭 → 3D 디스플레이 창이 새로 만들어지고 왼쪽의 레이어 2D와 3D가 분리된 다. 3D로 전환된 파일(tree_3d)이 3D Layers로 넘어가지 않은 경우는 마우스로 끌 어 이동시키면 된다.

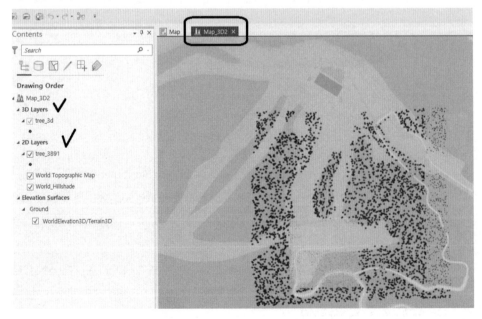

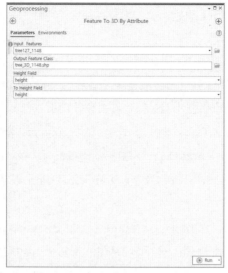

tree_3D_1148

이번에는 Map_3D3 디스플레이 창 클릭, 왼쪽 Contents 창에서 2D Layer 클릭
하고 Chapter8_data 폴더에서 tree127_1148(1148개 나무 점자료임)을 불러와 Feature
to 3D By Attribute 실행하여 tree127_3D_1148로 전환한다. 메인메뉴 Analysis →
Tools → Feature to 3D By Attribute 검색 → 클릭 → Feature to 3D By Attribute
실행창에서 Input Features(tree127_1148 선택), Output Feature Class(tree127_3D_1148
입력), Height Field(height 선택), To Height Field(height 선택) → Run. 3D로 전환
된 파일(tree127_3D_1148)이 3D Layers로 넘어가지 않은 경우는 마우스로 끌어 이
동시키면 된다.

두 개의 자료를 3차원으로 바꾸는 이유는 시각화 작업의 시각적 효과를 높이기
위해 추가한 것이다.

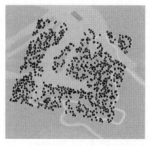

tree_3D_1148 결과

2. 2D 면자료의 3D 전환

건물과 같이 높이값을 갖는 면자료는 2D를 3D로 shapefile 구조를 변환하면 3차원 시각화가 가능하다. 라이다는 건물과 건물의 높이값 추출이 가능하기 때문에 본 자료는 라이다에서 추출한 건물자료를 이용하겠다.

이번에는 Map_3D3 디스플레이 창 클릭, 왼쪽 Contents 창에서 2D Layer 클릭하고 메인메뉴 Map → Add Data → Chapter8_Data 폴더에서 bld5186을 불러온다. 속성정보를 열어보면 shape*가 Polygon 구조로 되어 있고, 높이 height 필드를 포함하고 있다.

메인메뉴 Analysis → Tools → Feature to 3D By Attribute 검색 → 클릭 → Feature to 3D By Attribute 실행창에서 Input Features(bld5186 선택), Output Feature Class(bld5186_3d 입력), Height Field(height 선택), To Height Field(height 선택) → Run. 3D로 전환된 파일(bld5186_3d)이 3D Layers로 넘어가지 않은 경우는 마우스로 끌어 이동시키면 된다. 속성정보를 열어 Shape*를 보면 3차원 Polygon ZM 구조로 변경된 것을 확인할 수 있다.

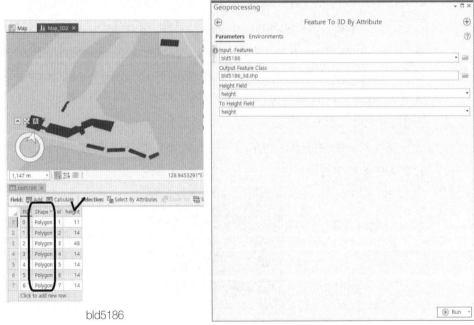

bld5186

Feature to 3D By Attribute 창

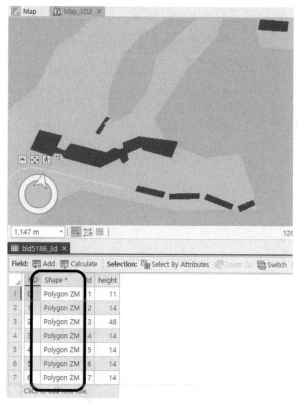

Polygon ZM 구조

같은 방법으로 이번에는 Map_3D3 디스플레이 창 클릭, 왼쪽 Contents 창에서 2D Layer 클릭하고 메인메뉴 Map → Add Data → Chapter8_Data 폴더에서 bldcl5186을 불러온다. 속성정보를 열어보면 Shape*가 Polygon 구조로 되어 있고, 높이 height 필드를 포함하고 있다.

메인메뉴 Analysis → Tools → Feature to 3D By Attribute 검색 → 클릭 → Feature to 3D By Attribute 실행창에서 Input Features(bldcl5186 선택), Output Feature Class(bldcl5186_3d 입력), Height Field(height 선택), To Height Field(height 선택) → Run. 3D로 전환된 파일(bld5186_3d)이 3D Layers로 넘어가지 않은 경우는 마우스로 끌어 이동시키면 된다. 속성정보를 열어 Shape*를 보면 3차원 Polygon ZM 구조로 바뀐 것을 확인할 수 있다.

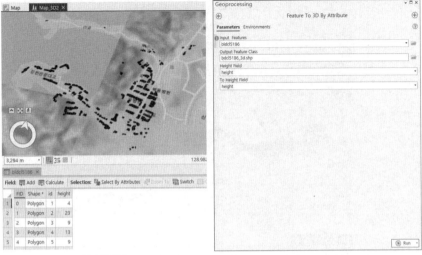

bldcl5186   Feature to 3D By Attribute 창

Polygon ZM 구조

3. 3D 시각화

3차원 시각화는 공간정보가 높이, 연속적인 현상이나 분석값(강수, 고도, 3D모델링 결과) 또는 비연속적이지만 일정한 단위(행정구역, 국가경계)의 점/선/면의 벡터

나 래스터 값을 이용하여 가능하다.

3차원 시각화는 Map 지도보기 2D 창을 3D 창으로 바꾸어야 한다. 3D 창은 메인메뉴 View → 왼쪽 하위 Convert 아이콘 → ▼ 클릭 → To Local Scene 클릭 → Map_3D2 창에서 가능하다.

앞절에서 이미 Map_3D2 창을 열어놓고 작업한 상태이기 때문에 시각화를 진행하도록 하겠다.

3차원 shapefile 구조로 전환한 tree_3D_1148, tree_3d, bld5186_3d, bdcl_5186_3d 을 이용하여 시각화를 진행한다.

1) 3D 점자료 시각화

먼저 tree_3D_1148 시각화를 진행한다. 3차원 점자료의 시각화를 위해 다음 몇 가지 옵션을 설정해야 한다.

❶ 레이어(tree_3D_1148) 오른쪽 마우스 클릭 → Properties 또는 레이어 더블클릭 → Layer Properties 창 → Display 클릭 → Display 3D symbols in real-world units 체크 → Ok

Layer Properties 창

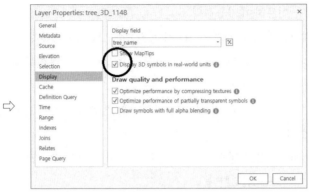

Display 3D symbols in real-world units 체크

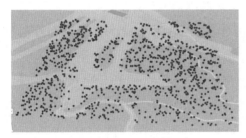

Display 3D Symbols 체크 전

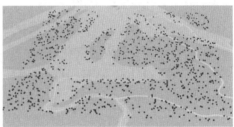

Display 3D Symbols 체크 후

(3차원 지도 방향 조절)은 왼쪽 하단의 ∧ 클릭 → 회전 및 상하보기로 변경 → 보는 방향(360도), 상하(90)를 조절하여 보면 됨

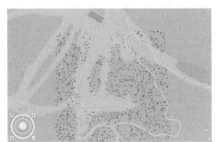

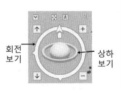

회전보기   상하보기

(줌인줌아웃 확대 축소) 화면에 마우스 오른쪽 마우스를 누른 상태로 드래그하면 확대 축소됨
(이동) 화면에 마우스 왼쪽 마우스를 누른 상태로 밀면 이동

❷ 레이어명(tree_3d_1148) 오른쪽 마우스 → Symbology 클릭 → Symbology 창에서 Vary Symbology by attribute 아이콘 클릭 → Size 클릭 → Field(height 선정) →

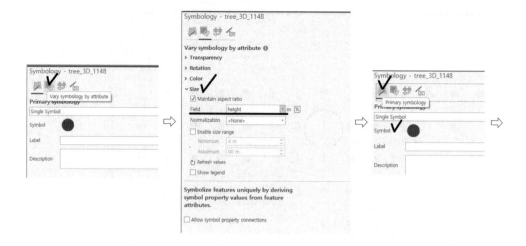

Primary Symbology 클릭 → Primary Symbology(단일 심볼 또는 속성 심볼 결정, 여기서는 단일 심볼) → Symbol 클릭[현재 단일 심볼(Single Symbol)로 변경] → Gallery 선택 → Project styles에서 All styles 선택 → 검색창에 trees 입력하고 엔터 → 나무 심볼 선택 → 필자는 Date Palm 선택 → Vary Symbology by attribute 아이콘 클릭 → Size 선택 Maintain aspect ratio 체크 → Field에서 height 선택(나무 실제 높이로 표현됨) → 우측상단 모서리의 ⌐□× × 클릭하여 Map_3D2 창으로 나온다.

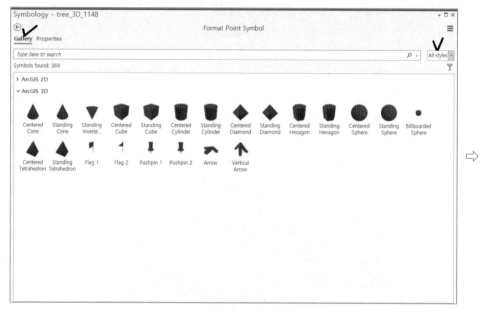

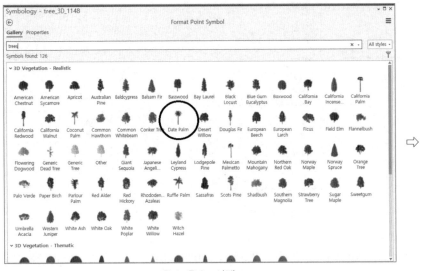

Date Palm 선택

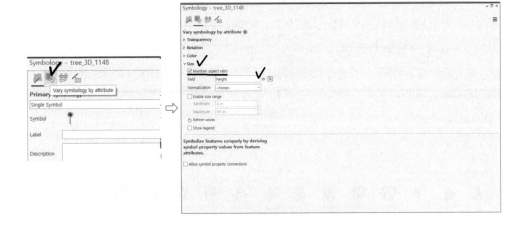

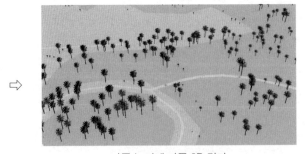

나무 높이에 따른 3D 결과

❸ 그런데 나무의 실제 높이로 표현하면 화면상에서 시각적으로 잘 드러나지 않아 현실삼이 떨어져 과장할 필요가 있다.

Primary Symbology 클릭 → Vary Symbology by attribute 아이콘 클릭 → Size 선택 Maintain aspect ratio 체크 → Field에서 height 선택 유지하고 → Enable size range 체크 Minimum(최소, 4), Maximum(최대, 90) → 우측상단 모서리의 ▾ㅁ× × 클릭하여 Map_3D2 창으로 나온다.

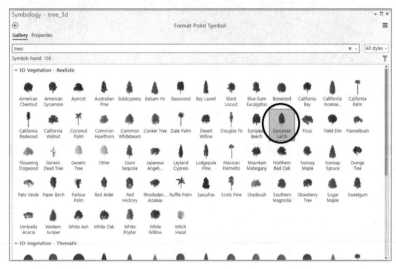

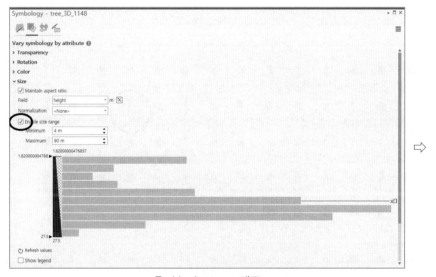

Enable size range 체크

현실감 있는 3D 결과

❹ 전체적으로 보면 숲의 밀도가 낮아 보이기 때문에 tree_3d를 불러와 ❶~❸ 과정으로 3차원 시각화를 한다. 나무 심볼은 European Larch를 선택하고 Size 선택 Maintain aspect ratio 체크 → Field에서 height 선택 유지 → Enable size range 체크 Minimum(최소, 4), Maximum(최대, 50)으로 지정 → 우측상단 모서리의 ▾□× × 클릭하여 Map_3D2 창으로 나온다.

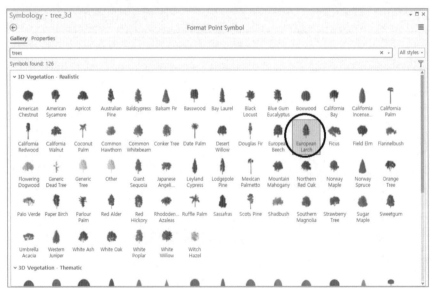

European Larch 선택

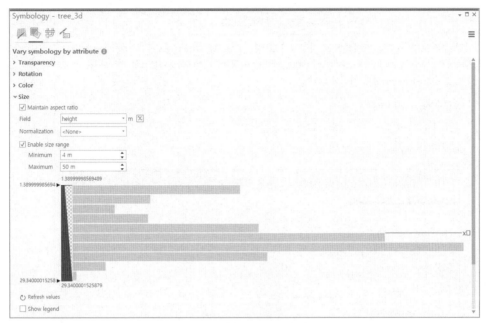

Minimum(4), Maximum(50)

숲 3차원 시각화 결과

속성별 심볼 지정 방법

단일 심볼 보기 → 속성별(이름별)로 바꾸고자 할 때는 Primary Symbology에서 Single Symbol → Symbolize your layer by category → Unique Values 지정하고 항목 속성이름으로 지정한 후 각 이름별 심볼을 나무 종류별로 지정하면 된다.

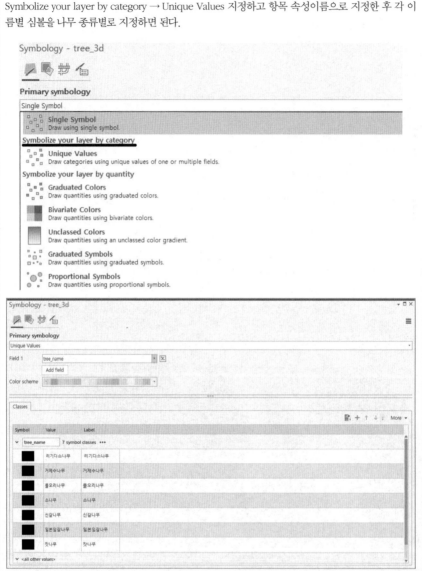

2) 3D 면자료 시각화

앞서 진행한 점자료 3차원 시각화를 유지한 채 Map_3D2창으로 Map 메뉴 → Add Data → Chapter8_data 폴더에서 bld5186_3d를 불러온다.

Map_3D2 창에 bld5186_3d 불러온 결과

❶ 레이어(bld5186_3d) 더블클릭 → Layer Properties 창 → Display 클릭 → Display 3D symbols in real-world units 체크 → Ok → 메인메뉴 Appearance → 하위 Type ▼ 클릭

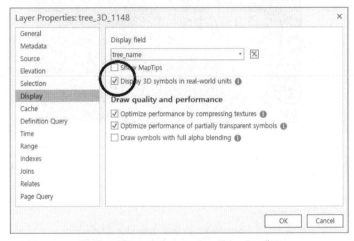

Display 3D symbols in real-world units 체크

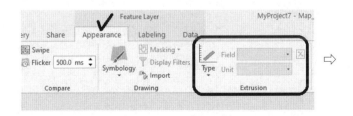

→ Max Height 선택 → Field(height, 건물 높이값이 있는 속성필드)

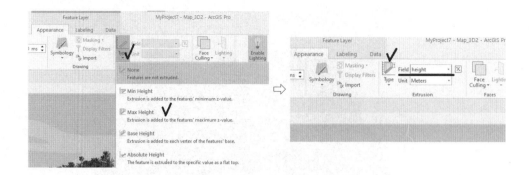

3차원 시각화 결과를 보면 입체 심볼의 모서리와 각진 부분이 선으로 보인다.
이 부분은 심벌의 외곽선을 내부 채움 색과 같은 색으로 바꾸면 된다.

건물 3차원 시각화

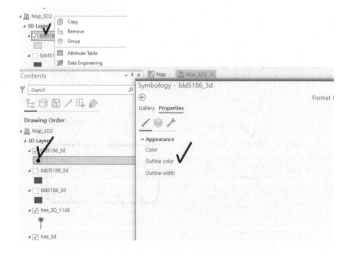

레이어(bld5186_3d)의 단일 심볼 색 부분을 더블클릭 → Symbol 창에서 Color
와 Outline color를 같은 색으로 지정 → Apply 하면 된다.

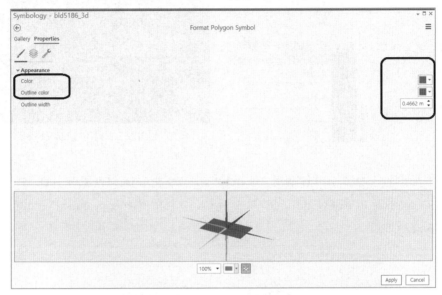

❷ 다른 지역의 건물에 대해 Map_3D2 창에서 브이월드 영상에 건물 3차원 시
각화를 하려고 한다. 먼저 메인메뉴 Map → Add Data → ▼ 클릭 → Data From
Path 클릭하여

브이월드 영상 주소: http://xdworld.vworld.kr:8080/2d/Satellite/201710/{z}/{x}/
{y}.jpeg를 입력하여 불러온다. 다음으로

Map 메뉴 → Add Data → Chapter8_data 폴더에서 bdcl5186_3d를 불러온다.

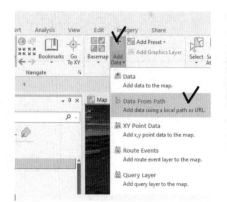

브이월드 영상 + bdcl5186_3d

레이어(bdcl5186_3d) 더블클릭 → Layer Properties 창 → Display 클릭 → Display 3D symbols in real-world units 체크 → Ok → 메인메뉴 Appearance → 하위 Type ▼ 클릭

Display 3D symbols in real-world units 체크

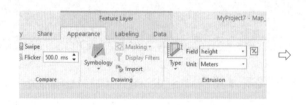

→ Max Height 선택 → Field(height, 건물 높이값이 있는 속성필드)

다음으로 3차원 시각화 결과를 보면 입체 심볼의 모서리와 각진 부분이 선으로 보인다. 이 부분은 심벌의 외곽선을 내부 채움 색과 같은 색으로 바꾸면 된다. Symbol 창에서 Color와 Outline color를 같은 색으로 지정 → Apply 하면 된다.

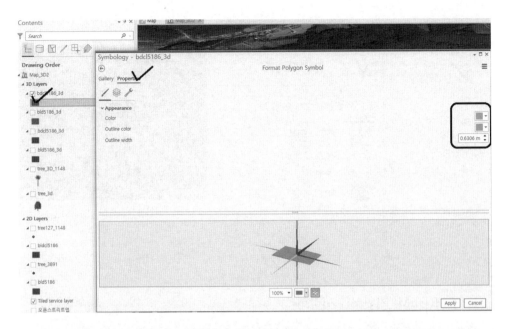

브이월드 + 건물 3차원 시각화

(건물 심볼 선택) 건물의 모서리 부분을 없애는 또 다른 방법은 자체 건물 심볼
을 선택하는 것이다. bdcl5186_3d의 단일 심볼 색 부분 더블클릭 → Gallery →
building 검색 →ArcGIS 2D → Building Footprint 선택하면 된다.

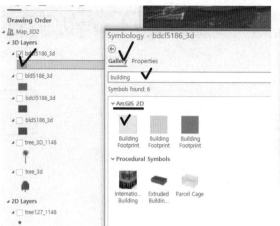

브이월드 + 건물 심볼 3차원

4. DTM(DEM) 기반 3D 시각화

앞서 진행한 시각화는 3D 점, 면 자료 자체의 높이값을 이용한 3차원 시각화이다. 이번에는 수치고도(DTM, DEM)모델 표면고도 위에 3차원의 자체 높이값에 따라 표현하는 3차원 시각화이다.

먼저 Map_3D 디스플레이 창을 만들면 Contents 하단에 자동으로 생성되는 Elevation Surface에서 ground 하위의 WorldElevation3D/Terrain3D에 오른쪽 마우스 → Remove 하여 제거 → Ground 오른쪽 마우스 → Add Elevation Surface → Chapter8_data 폴더 → DTM 선택 → 불러들인다.

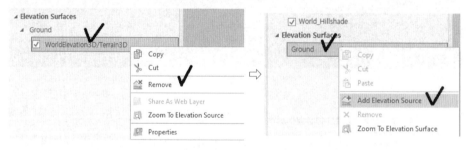

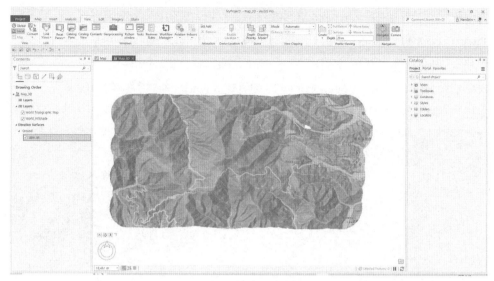

DTM 불러온 결과

❶ 레이어(tree_3D_1148) Map_3D 창에서 불러와 오른쪽 마우스 클릭 → Properties 또는 레이어 더블클릭 → Layer Properties 창 → Display 클릭 → Display 3D symbols in real-world units 체크 → Ok

❷ tree_3D_1158 레이어 더블클릭 → Elevation 선택 → Features are On the ground 선택 → Ok

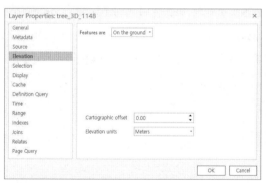

❸ 나머지 과정은 앞서 진행한 순서와 같다. 레이어명(tree_3d_1148) 오른쪽 마우스 → Symbology 클릭 → Symbology 창에서 Vary Symbology by attribute 아이콘 클릭 → Size 클릭 → Field(height 선정) →

❹ Primary Symbology 클릭 → Primary Symbology(단일 심볼 또는 속성 심볼 결

정, 여기서는 단일 심볼) → Symbol 클릭(현재 단일 심볼로 변경) → Gallery 선택 →
Project styles에서 All styles 선택 → 검색창에 trees 입력하고 엔터 → 나무 심볼
선택 → 필자는 Date Palm 선택 → Vary Symbology by attribute 아이콘 클릭 →
Size 선택 Maintain aspect ratio 체크 → Field에서 height 선택(나무 실제 높이로 표
현됨) → 우측상단 모서리의 ▼□× 클릭하여 Map_3D 창으로 나온다.

지표고도 + 나무 실제 높이   지표고도 + 과장

❺ 현실감을 높이기 위해 과장하면 Primary Symbology 클릭 → Vary Symbology
by attribute 아이콘 클릭 → Size 선택 Maintain aspect ratio 체크 → Field에서
height 선택 유지하고 → Enable size range 체크 minimum(4), maximum(90) →
우측상단 모서리의 ▼□× 클릭하여 Map_3D 창으로 나온다.

❻ 여기에 건물을 올리면

레이어(bld5186_3d) 불러와 더블클릭 → Layer Properties 창 → Display 클릭
→ Display 3D symbols in real-world units 체크 → bld5186_3d 레이어 더블클릭
→ Elevation 선택 → Features are On the ground 선택 → Ok

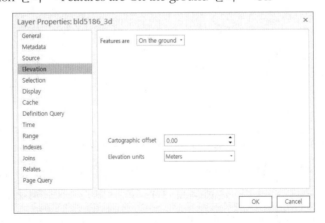

메인메뉴 Appearance → 하위 Type ▼ 클릭 → Max Height 선택 → Field(height)
건물의 모서리 부분을 없애는 또 다른 방법은 자체 건물 심볼을 선택하는 것이
다. bdcl5186_3d의 단일 심볼 색 부분 더블클릭 → Gallery → building 검색 →
ArcGIS 2D → Building Footprint 선택하면 된다.

❼ 브이월드 영상도 Map → Add Data → ▼ 클릭 → Data From Path 클릭하여
브이월드 영상 주소: http://xdworld.vworld.kr:8080/2d/Satellite/201710/{z}/{x}/
{y}.jpeg를 입력하여 불러온다. 다음으로

영상 레이어 더블클릭 → Elevation 선택 → Features are On the ground 선택
→ Ok

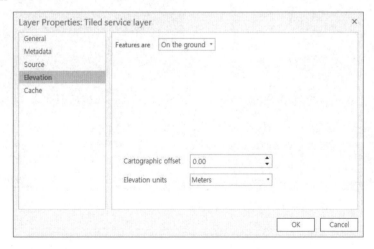

브이월드 영상 + 건물, 나무 결과

마찬가지로 bdcl5186_3d를 불러와 지표고도 포함한 브이월드 영상과 3차원 시각화는 다음과 같다.

브이월드 영상 지표면 고도 + 건물 높이 3차원 시각화

제9장
지오코딩

지오코딩(geocoding)은 주소, 지명과 같이 공간적인 위치를 갖는 텍스트 자료에 좌표(경위도)를 부여하는 기법이다. 주소는 명백히 위치를 지시한다. 지명은 그 자체만으로 저장하기도 하지만 일반적으로 현황 설명자료에 지역의 지명이 포함되는 경우가 있다. 이런 경우는 설명자료에서 지명만 필터링하는 작업을 선행하고 지오코딩을 해야 한다. 주소도 "~시 ~ 구 ~동 ~번지 행복건물"과 같이 주소 외에 건물명("행복건물"), 기관명("행복시청")이 명시될 경우도 필터링이 필요하다.

학교, 학원, 음식점, 병원 등과 같이 현황 조사에 위치를 표현하는 주로를 포함하고 있어 지오코딩으로 공간정보화가 가능하다.

지오코딩은 서버개발사에서 주소시스템을 개발하여 서비스(구글, ESRI 등)를 제공하고 있으며 회원가입 시 테스트 정도 외에는 유료화되어 있다. ESRI사에서 개발한 ArcGIS Pro의 지오코딩 기능도 유료 서비스가 없으면 에러가 발생한다.

빅데이터는 유료화되어 있지만 우리나라 주소 정보에 대해 어느 정도 처리가 가능한 구글과 R package를 이용한 지오코딩도 소개하기로 한다. 구글 서버 지오코딩은 국내 및 전 세계 어느 나라(공산권 포함)나 가능하기 때문에 주소나 지명정보의 지역적 제약이 없다. 다만 구글 서버로부터의 좌표정보 리턴에 시간이 걸리기도 하고 지오코딩 서버에 신청해 KEY API 인증키를 받아야 한다(KEY는 월 사용량에 따라 무료/유료 결정).

또한 주소 → 좌표 변환 툴을 사용하여 지오코딩과 지도화를 소개하기로 한다. GeocodingTool은 IP당 하루 1만 개 처리가 가능하기 때문에 일반사용자 용도로 가능하고 전문적 용도로 자료량이 1만 개를 넘을 시 일별로 구분하여 처리할 것을 추천한다.

1. 주소 정제

주소 정제는 주소에 불필요 항목이 있을 경우에만 한다. 주소에 추가자료가 있는 경우 해당 항목 때문에 좌표를 읽지 못하기 때문에 정제가 필요하다. 먼저 Chapter9_data 폴더에서 서울시음식점 현황을 엑셀로 열어보자(참고로 제공한 전국초중고, 전국학원은 정제가 필요 없음).

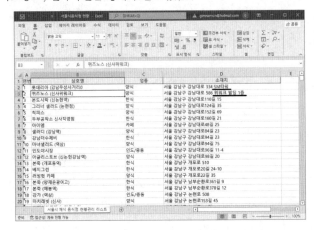

서울^강남구^강남대로^334^SM타워
서울^강남구^강남대로^^586 ^위워크
빌딩 1층

예를 들어 서울^강남구^강남대로^334^SM타워, 서울^강남구^강남대로^^586^ 위워크 빌딩 1층 주소의 구성은 단위 간 한 칸씩 띄어쓰기와 추가로 〈SM타워〉, 〈위워크 빌딩 1층〉으로 되어 있다.

추가항목은 좌표를 읽는 데 에러요인이기 때문에 삭제를 해야 한다.

불필요 부분 정제는 ArcGIS Pro에 엑셀을 불러와 처리한다.

Add Data를 클릭하여 Chapter9_data 폴더의 서울시음식점을 ArcGIS Pro에서 불러온다.

서울시음식점

불러온 자료의 정제 과정은 엑셀 Export → 정제 결과 필드 생성 → 정제 → 저장의 순서로 진행한다.

데이터 Export 저장은 서울시음식점 오른쪽 마우스 → Data → Export Table → 파일명 filter로 저장

Data Export 저장   저장

필드 생성은 filter 속성 열기 → Add 클릭 → 필드생성창(필드명: refine, Data type: text) → 저장한다.

저장된 속성정보   새필드 작성

추가된 refine 필드

정제는 Calculator에서 한다. 속성테이블 Calculator 아이콘 클릭 → Calculator 창에서 Field Name(refine 선택), Expression Type(Python 3을 → Arcade로 바꿈) → 수식창에 다음 식 Concatenate(Split($feature.소재지," ",4), " ")를 입력 → Apply 한다(필터식 구문 Chapter9_data에 필터구문.txt 참조).

Concatenate(Split($feature.소재지," ",4), " ")를 설명하면 Split 주소 문장에서 4번째 항목을 분리하고 Concatenate 다시 4번째를 제외한 것을 문장으로 바꾼다.

결과는 메인메뉴 Analysis → Tools → table to excel 검색 → 엑셀로 저장한다 (Chapter9_data\filter.xls). 엑셀로 저장하는 이유는 R Package에서 지오코딩 시 사용하기 위함이다.

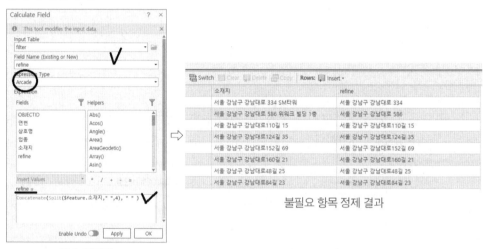

주소 필터링

불필요 항목 정제 결과

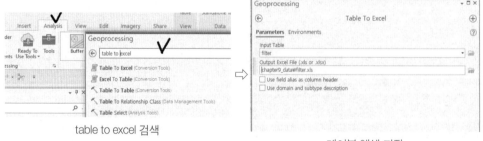

table to excel 검색

테이블 엑셀 저장

2. 구글 이용 R 지오코딩

1) R 인스톨

R 지오코딩은 세계적으로 잘 알려진 무료 공개버전 통계처리 프로그램 R Package를 다운(https://cran.r-project.org/)받아 설치하면 된다. 그런데 R은 계속 개발되고 있어 새로운 버전이 수시로 업로드된다. R에서 지오코딩을 하려면 추가로 ggmap 라이브러리 package를 인스톨해야 하는데 익숙한 사용자는 잘하지만 처음 사용자는 R의 버전에 따라 ggmap 추가 인스톨 에러에 대해 대처가 힘들 수 있다.

(R과 ggmap 인스톨) Chapter8_data\r 폴더에 R-4.0.3-win.exe를 인스톨할 수 있도록 준비했다. 해당 버전은 ggmap 라이브러리 인스톨에 문제가 없다.

먼저 Chapter8_data\r 폴더에 R-4.0.3-win.exe를 클릭하여 인스톨한다. 인스톨 후 윈도우 시작 프로그램 → R → 실행 → install.packages("ggmap")를 입력하여 추가 인스톨한다.

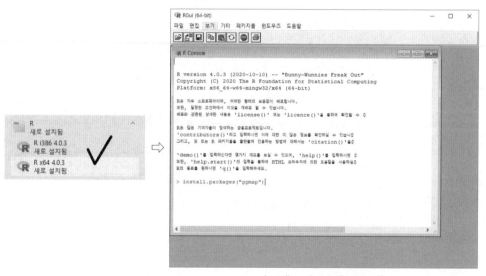

install.packages("ggmap")

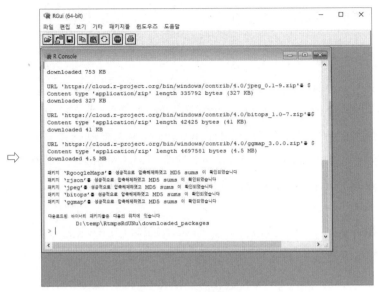

ggmap 인스톨 완료

2) 구글 API KEY 인증받기

구글키 인증은 사용자가 가입하고 등록하여 인증받으면 된다.

https://console.developers.google.com/apis/dashboard?pli=1

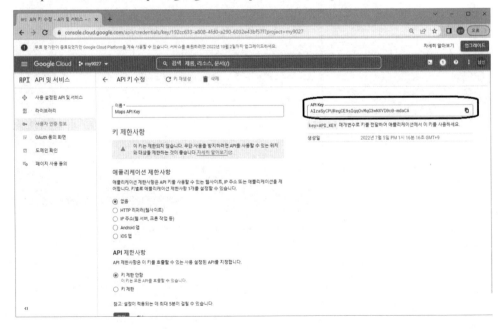

구글에서 인증받은 키는 아래와 같이 R 코드의 해당 부분에 복사해 넣으면 된다.

```
library(ggmap)
ggmap::register_google(key = "사용자의 구글 등록키 복사 넣기 부분")
data <-read.csv("G:/geocode/address/add.csv")
data$address <-as.character(data$refine) 첫 번째 주소 칼럼 이름
data$address <-enc2utf8(data$refine) 첫 번째 주소 칼럼 이름
data_longlat <-mutate_geocode(data,address,source='google')
write.csv(data_longlat,"G:/geocode/address/result.csv")
```

3) 주소 좌표변환

주소를 지오코딩으로 좌표변환하기 위해 앞에서 정제하여 저장한 서울시음식점 filter를 엑셀로 불러온다. 해당 파일의 refine 필드를 잘라내기 하여 → 첫 번째 칼럼으로 이동(정제된 주소를 첫 칼럼으로 이동함) → 결과를 다른 이름으로 저장하기 CSV로 저장(add.csv).

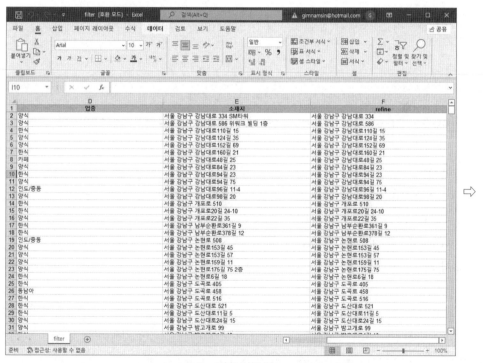

refine 필드 이동 전

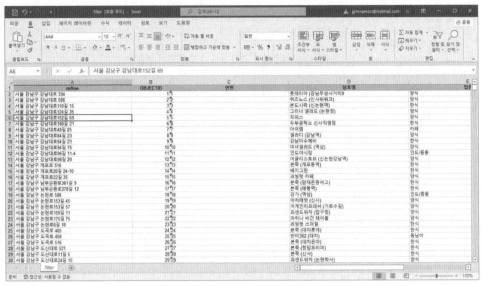

refine 필드 이동 후

이어 R에서 지오코딩을 위한 R 코드를 작성한다(Chaper9_Data 폴더에 R 코드.txt 첨부).

library(ggmap)

ggmap::register_google(key = "사용자의 구글 등록키 복사 넣기 부분")

data <-read.csv("G:/geocode/address/add.csv") // 주소 엑셀 CSV 파일 위치

data$address <-as.character(data$refine) // **주소 엑셀 CSV의 첫 번째 주소 필**

드 refine

data$address <-enc2utf8(data$refine) // **주소 엑셀 CSV의 첫 번째 주소 필드 refine**

data_longlat <-mutate_geocode(data,address,source='google')

write.csv(data_longlat,"G:/geocode/address/result.csv") // 주소정보 좌표결

과 저장위치

사용자 등록키를 복사해 넣고 csv 저장한 파일 폴더 위치, 결과 저장파일 폴더 위치를 정확히 지정하고 전체를 복사하여 R에 넣고 엔터를 치면 실행된다. 해당 자료는 840개 업소 주소로 자료 양에 따라 걸리는 시간에 차이가 있다. 지오코딩 결과는 result.csv로 저장되고 항목으로는 경위도 좌표가 포함된다.

R 지오코딩 진행

3. 주소좌표 변환 툴

주소좌표 변환 공개 프로그램은 ㈜비즈GIS에서 개발한 GeocodingTool32/64 프로그램을 이용한다. 해당 프로그램은 http://www.biz-gis.com/에 접속해 다운받아 압축을 풀어 사용하면 된다(처리건수 IP당 1일 1만 개 제한).

다운로드

압축을 풀어 → GeocodngTool64 클릭하여 실행 → Chapter9_Data 정제 결과 refine을 불러들인다.

이름	수정한 날짜
db	2022-09-05 오전
ini	2022-09-05 오전
add2shp	2022-08-11 오전
GeocodingTool64	2022-08-11 오전
libxl.dll	2018-12-18 오후

: 로컬 디스크 (G:) › GeocodingTool64_20220811

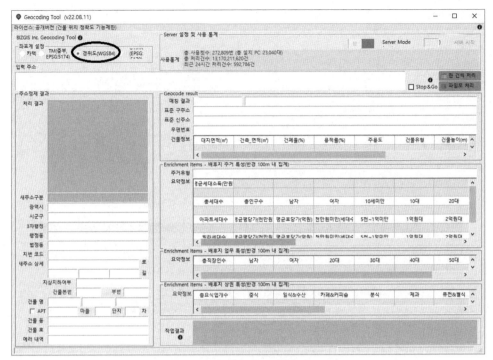

GeocodingTool 실행 결과

→ GeocodingTool 실행 결과에서 먼저 경위도(WGS84) 체크 → 탐색기에서 마우스 filter 파일을 그림 위치에 끌어 놓음 → 동시에 파일주소 칼럼 설정 창이 뜨고 → 주로 문자열 생성에 사용할 칼럼에서 refine 선택 → 확인 → 계산 완료된 후 알림창이 뜨는데 → 경위도 좌표값 테이블 확보: 취소 선택, shapefile 생성: shp 만들기 클릭하면 된다.

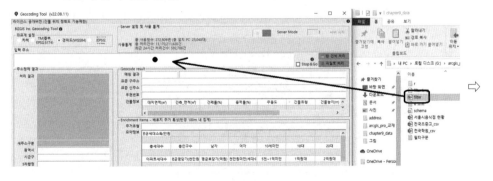

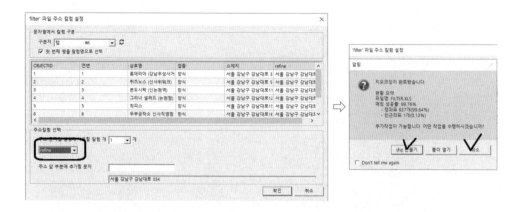

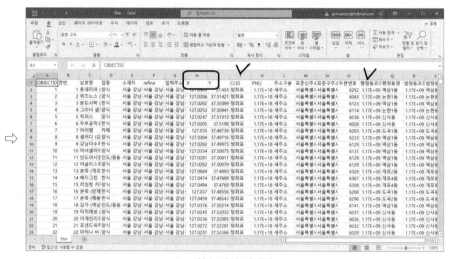

취소 결과 테이블

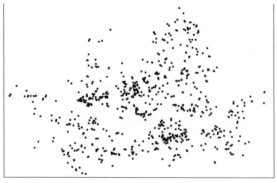

shp 선택 결과 지도

결과는 당초 filter 파일이 속한 폴더인 Chapter9_data 폴더에 filter.add(취소 선택 시), filter.shp(shp 선택 시) 만들어진 좌표계는 경위도 WGS84이다.

filter.add(취소 선택 시) 경우는 테이블을 불러와 shapefile을 만드는 절차를 거쳐야 하는데 평면직각좌표 EPSG 5186으로 재투영해야 하고, shp 선택 시 만들어진 좌표계는 경위도 WGS84로 EPSG 5186으로 재투영한다.

※ 취소 선택하는 이유는 엑셀로 불필요한 필드와 좌표값 없는 레코드를 수정하기 위함이다.

4. 주소좌표 테이블 지도화

구글어스와 R, 공개 좌표변환 툴을 이용한 주소테이블에는 경위도 좌표가 생성되어 있다. 좌표는 경위도 WGS84이기 때문에 지도작업 후 평면직각좌표인 중부원점 EPSG 5186(Korea 2000 Korea Central Belt 2010)으로 변환한다.

Chapter9_Data 폴더 내에는 GeocodingTool로 생성된 서울시음식점 현황의 filter.add과 필자가 구글어스와 R로 좌표값을 미리 준비한 전국초중고, 전국학원을 이용하기로 한다.

1) 툴변환 테이블

filter.add은 ArcGIS Pro에서 불러오기 들어가면 확장자가 .add로 되어 있어 보기에 나타나지 않는다. 탐색기 오른쪽 마우스를 눌러 이름바꾸기 선택하고 filter.add → filter_add.csv로 바꾼다.

Add Data 클릭 → filter_add 선택 → filter_add.csv 오른쪽 마우스 → Display XY Data → Display XY Data 실행창에서 X Field(X, 경도 필드명), Y Field(Y, 위도 필드명 Y), Coordinate System(WGS84) 선택 → Ok

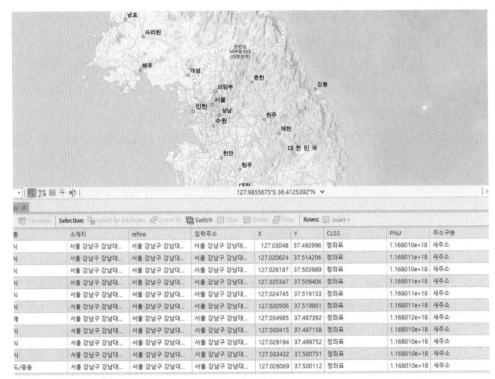

종	소재지	refine	입력주소	X	Y	CLSS	PNU	주소구분
식	서울 강남구 강남대...	서울 강남구 강남대...	서울 강남구 강남대...	127.03048	37.492996	정좌표	1.168010e+18	새주소
식	서울 강남구 강남대...	서울 강남구 강남대...	서울 강남구 강남대...	127.020624	37.514206	정좌표	1.168011e+18	새주소
식	서울 강남구 강남대...	서울 강남구 강남대...	서울 강남구 강남대...	127.026187	37.503989	정좌표	1.168010e+18	새주소
식	서울 강남구 강남대...	서울 강남구 강남대...	서울 강남구 강남대...	127.025347	37.509406	정좌표	1.168011e+18	새주소
식	서울 강남구 강남대...	서울 강남구 강남대...	서울 강남구 강남대...	127.024745	37.519133	정좌표	1.168011e+18	새주소
식	서울 강남구 강남대...	서울 강남구 강남대...	서울 강남구 강남대...	127.020506	37.519801	정좌표	1.168011e+18	새주소
폐	서울 강남구 강남대...	서울 강남구 강남대...	서울 강남구 강남대...	127.034985	37.487392	정좌표	1.168012e+18	새주소
식	서울 강남구 강남대...	서울 강남구 강남대...	서울 강남구 강남대...	127.030415	37.497158	정좌표	1.168010e+18	새주소
식	서울 강남구 강남대...	서울 강남구 강남대...	서울 강남구 강남대...	127.029194	37.499752	정좌표	1.168010e+18	새주소
식	서울 강남구 강남대...	서울 강남구 강남대...	서울 강남구 강남대...	127.033422	37.500751	정좌표	1.168010e+18	새주소
도/중동	서울 강남구 강남대...	서울 강남구 강남대...	서울 강남구 강남대...	127.028069	37.500112	정좌표	1.168010e+18	새주소

filter_add 불러온 결과

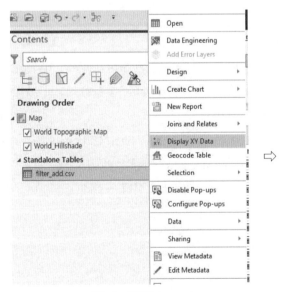

Display XY Data

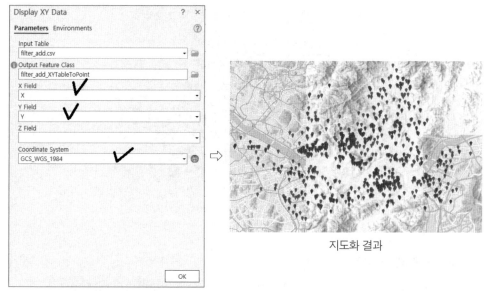

Display XY Data 실행창

지도화 결과

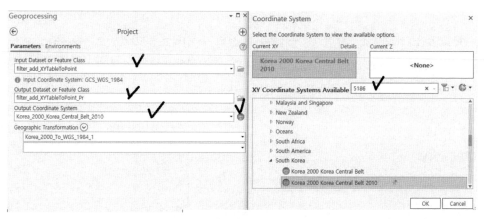

재투영 Project

이어 재투영은 Analysis 메뉴 → Tools → project 검색 → Project 실행창에서 Input Dataset or Feature Class(입력 경위도로 만든 레이어), Output Dataset or Feature Class(저장, 폴더와 파일명 지정), 지구본 아이콘 클릭 5186 검색 선택 → Ok → Run

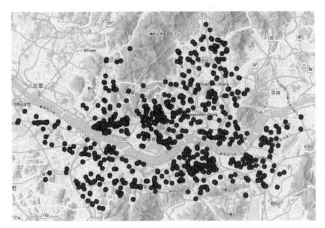

중부원점 5186 재투영 결과

2) 구글 지오코딩 테이블

구글과 R로 주소를 좌표로 변환하여 저장한 전국초중고, 전국학원에 대해 지도 작업을 한다. 방법은 툴변환 테이블의 진행 절차와 동일하다.

(학교 주소) Add Data 클릭 → 전국초중고 선택 → 전국초중고csv$ 오른쪽 마우스 → Display XY Data → Display XY Data 실행창에서 X Field(long), Y Field(lat), Coordinate System(WGS84) 선택 → Ok

	초중고현황_학교명	초중고현황_학교급구	초중고현황_소재지지	long	lat	ObjectID ▲
1	보람초등학교	초등학교	세종특별자치시 보람	127.293292	36.479658	1
2	복흥중학교	중학교	전라북도 순창군 복	126.9255	35.432795	2
3	개림초등학교	초등학교	부산광역시 부산진구	129.016172	35.156337	3
4	배곧해술중학교	중학교	경기도 시흥시 정왕	126.717431	37.35986	4
5	서울은빛초등학교	초등학교	서울특별시 은평구	126.91908	37.642662	5
6	누원고등학교	고등학교	서울특별시 도봉구	127.049933	37.685569	6
7	정관중학교	중학교	부산광역시 기장군	129.172949	35.323903	7
8	창원남산고등학교	고등학교	경상남도 창원시 성	128.7003	35.203477	8
9	부산서여자고등학교	고등학교	부산광역시 서구 동	129.021316	35.113402	9
10	화랑초등학교	초등학교	서울특별시 노원구	127.088992	37.628783	10
11	인창고등학교	고등학교	서울특별시 서대문구	126.964023	37.564885	11
12	해남제일중학교	중학교	전라남도 해남군 해	126.596517	34.576558	12

전국초중고_csv 테이블, 총 2만 3943개

Display XY Data 실행창

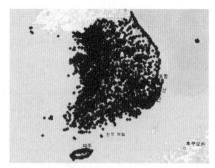

초중고 지도작업 결과(WGS84)

재투영: wgs84 → 5186

이어 재투영은 Analysis 메뉴 → Tools → project 검색 → Project 실행창에서 Input Dataset or Feature Class(입력 경위도로 만든 레이어), Output Dataset or Feature Class(저장, 폴더와 파일명 지정), 지구본 아이콘 클릭 5186 검색 선택 → Ok → Run

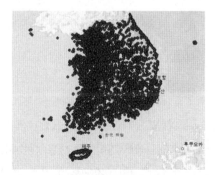

5186 투영 결과

(학원 주소) Add Data 클릭 → 전국학원 선택 → 전국학원csv$ 오른쪽 마우스 → Display XY Data → Display XY Data 실행창에서 X Field(long), Y Field(lat), Coordinate System(WGS84) 선택 → Ok

	field_1	address	학원_시도교육청명	학원_정원	long	lat	ObjectID *
14	14	서울특별시 강남구...	서울특별시교육청	106	127.039979	37.522803	14
15	15	서울특별시 강남구...	서울특별시교육청	3180	127.061918	37.494214	15
16	16	서울특별시 강남구 학원	서울특별시교육청	24	127.037763	37.510937	16
17	17	서울특별시 강남구 도곡	서울특별시교육청	20	127.040008	37.491782	17
18	18	서울특별시 강남구 역삼	서울특별시교육청	70	127.053429	37.501051	18
19	19	서울특별시 강남구 개포	서울특별시교육청	45	127.06732	37.488717	19
20	20	서울특별시 강남구 압구	서울특별시교육청	16	127.02129	37.523247	20
21	21	서울특별시 강남구 개포	서울특별시교육청	21	127.078124	37.492341	21
22	22	서울특별시 서초구 바우	서울특별시교육청	4	127.034074	37.474067	22
23	23	서울특별시 강남구 역삼	서울특별시교육청	9	127.046439	37.498551	23
24	24	서울특별시 강남구 압구	서울특별시교육청	24	127.021843	37.521338	24
25	25	서울특별시 강남구 압구	서울특별시교육청	24	127.021843	37.521338	25

전국학원 테이블, 총 13만 1672개

Display XY Data 실행창

학원 지도작업 결과(WGS84)

이어 재투영은 Analysis 메뉴 → Tools → project 검색 → Project 실행창에서 Input Dataset or Feature Class(입력 경위도로 만든 레이어), Output Dataset or Feature Class(저장, 폴더와 파일명 지정), 지구본 아이콘 클릭 5186 검색 선택 → Ok → Run

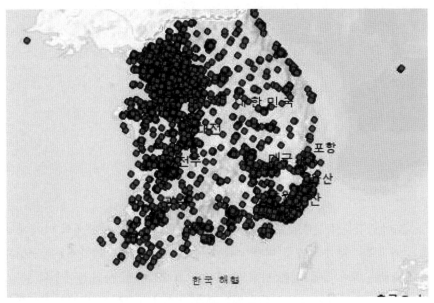

5186 투영 결과

제10장
레이아웃

　지도나 공간분석 결과로 보고서를 작성하거나 도면 출력 시 도형의 의미 파악을 효과적으로 할 수 있도록 디자인하는 것이 레이아웃이다. 레이아웃을 구성하는 요소로는 범례, 라벨, 심볼, 방위, 스케일바, 그래프 차트, 사진 등이 있다.

　구성요소 중 가장 중요한 역할을 하는 것이 범례와 심볼이다. 범례는 공간요소가 같고 정성적·정량적 정보의 경향과 특징을 효과적으로 판독할 수 있도록 자료 유형과 범위에 따라 구분하여 색상 또는 심볼로 표현한다. 기호는 지도화된 공간 데이터의 실제 의미에 부합하도록 선택하고 표현하는 것이다. 범례와 기호는 어떻게 선택·결정하여 표현되느냐에 따라 지도를 통해 전달하고자 하는 공간해석 의미가 결정된다고 볼 수 있다.

　GIS는 기법과 처리 도구인 소프트웨어의 발전이 빠르게 진행되어 공간분석과 지도화가 만능처럼 보지만 여전히 개선해야 할 여지는 남아 있다. GIS의 가장 큰 역할은 시각화인데 표현하고자 하는 변수를 기호로 표현하는 데 한계가 있다. 이를 보완하기 위해 3차원으로 제작하기도 하지만 여전히 극복하지 못하고 있다. 그렇다고 변수별 기호가 늘어나면 지도가 복잡해져 알아보기 힘들게 된다. 이러한 문제점을 보완할 수 있는 대안 중에 하나가 Herman Chernoff(1973년)가 제시한 다변인 통계자료 시각화 방법인 Chernoff face이다. 이 장에서는 Chernoff face 기호 제작과 사용 방법을 제시하고자 한다. 일부 통계처리 프로그램(R)에서 Chernoff face 기호를 제공하기는 하지만 가독력이 낮은 편이다.

1. 라벨링

토지이용, 지질도, 식생도, 임상도 행정구역도와 같이 특정한 주제에 따라 작성되는 주제도는 분류 이름, 분류 기호, 또는 통계값을 포함하고 있다. 범례로 표현하기도 하지만 경우에 따라 텍스트와 숫자 라벨로 지도에 직접 표시할 수도 있다.

1) 단일 항목 라벨링

속성정보에 포함된 분류 이름과 같이 단일한 항목을 라벨로 표현하는 것이다. 메뉴 Map → Add Data 폴더에서 강원시군_행정구역을 불러와 강원시군_행정구역 오른쪽 마우스 → Attribute Table 속성테이블을 연다. 속성테이블에는 시군 이름, 인구통계 정보가 들어 있다.

시군 이름을 지도상에 라벨로 표시하도록 한다.

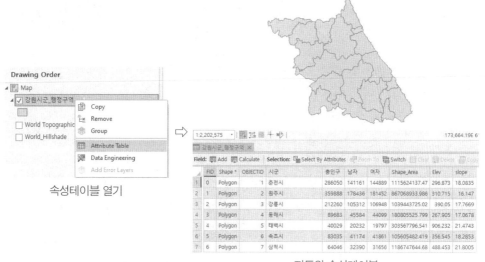

속성테이블 열기

지도와 속성테이블

메인메뉴 Labeling 클릭 → 하위메뉴가 라벨링으로 바뀐다. ❶ Label Feature In This Class: 체크, Field:시군 선택, ❷ 글자 폰트(Gulim), 크기(22), 색상(검정) 선택, ❸ 라벨의 배치 형태 결정 → 강원시군_행정구역 오른쪽 마우스 → Label 선택하면 글자가 지도에 나타난다.

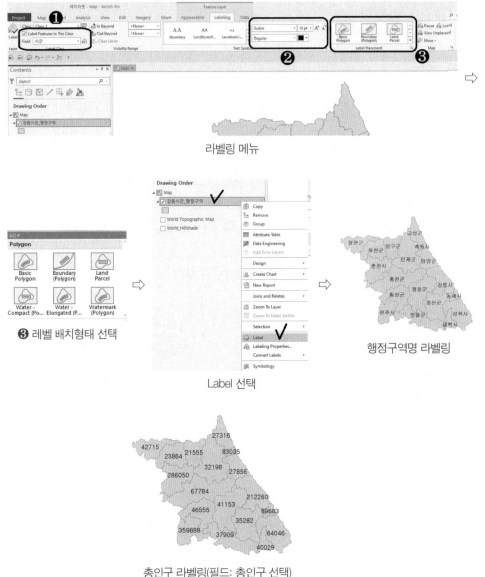

라벨링 메뉴

❸ 레벨 배치형태 선택

Label 선택

행정구역명 라벨링

총인구 라벨링(필드: 총인구 선택)

2) 복수 항목 라벨링

복수 항목 라벨링은 2개 이상 필드를 라벨로 표시하는 것이다. 레이어의 단일
항목 라벨 설정과 같은 조건에서 강원시군_행정구역 오른쪽 마우스 → Labeling
Properties → 라벨 Class 창 → Expression 창에서 복수 항목 라벨링 식을 적용하
면 된다(라벨식 적용 시 Language는 Acade 선택).

Label Properties 선택

라벨 Class 창

복수항목 라벨링 식
- $feature.시도: 단일 항목 라벨링 - $feature.시도+$feature.총인구: 시도와 총인구 항목 수평 라벨링 - +: 라벨 항목 간 연결 - " ₩r ": 수평 항목 한 줄 내려 표현 - "구분": " " 안에 사용자 지정 글자를 넣기 - " ": 수평 라벨링 시 한 칸 띄어쓰기

❶ 수평표시: $feature.시도+$feature.총인구 → 춘천시286050와 같이 표현됨

수평 연결

수평 한 칸 띄어쓰기

❷ 수평항목 띄어쓰기: $feature.시군+" "+$feature.총인구 → 춘천시 286050와
   같이 표현됨

❸ 수평항목 한 줄 내려쓰기: $feature.시군+"₩r"+$feature.총인구 →

춘천시

286050와 같이 표현됨

❹ 글자 넣기: "행정구역명: "+$feature.시군 → 행정구역명: 춘천시와 같이 표
현됨

한 줄 내려쓰기

글자 넣기 표시

선자료 라벨링

메뉴 Map → Add Data 폴더에서 road를 불러와 road 오른쪽 마우스 → Attribute Table 속성테이블을 연다. 속성테이블에는 name. rd_type 정보가 들어 있다.

rd_type을 지도상에 라벨로 표시하도록 한다.

메인메뉴 Labeling 클릭 → 하위메뉴가 라벨링으로 바뀐다. ❶ Label Feature In This Class: 체크, Field:rd_type 선택, ❷ 글자 폰트(Gulim), 크기(10), 색상(검정) 선택, ❸ 라벨의 배치 형태 결정 → road 오른쪽 마우스 → Label 선택하면 글자가 지도에 나타난다.

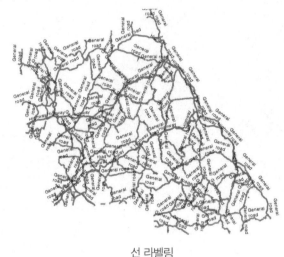

선 라벨링

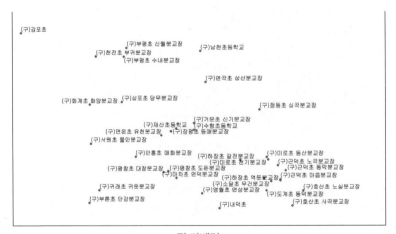

점 라벨링

점자료 라벨링

메뉴 Map → Add Data 폴더에서 폐교를 불러와 폐교 오른쪽 마우스 → Attribute Table 속성테이블을 연다. 속성테이블에는 폐교명, 주소, 부지면적 정보가 들어 있다.

rd_type을 지도상에 라벨로 표시하도록 한다.

메인메뉴 Labeling 클릭 → 하위메뉴가 라벨링으로 바뀐다. ❶ Label Feature In This Class: 체크, Field:폐교명 선택, ❷ 글자 폰트(Gulim), 크기(12), 색상(검정) 선택, ❸ 라벨의 배치 형태 결정 → road 오른쪽 마우스 → Label 선택하면 글자가 지도에 나타난다.

2. 범례 설정

범례 기호 설정은 벡터와 래스터에 따라 선택 사항에 차이가 있다. 벡터는 점, 선, 면 그리고 데이터가 속성테이블의 문자, 숫자에 따라 기호 기준 선택이 다르다. 래스터는 값에 따라 값의 레인지 분류 기호 선택이 결정된다.

1) 벡터

① 점

Chapter10_Data 폴더에서 Map → Add Data 클릭 →폐교, 행정구역별폐교를 불러온다. 폐교 레이어 오른쪽 마우스 → Attribute Table 클릭 → 속성을 열면 학교이름, 주소, 폐교년, 부지면적이 포함되어 있다.

폐교, 행정구역별폐교

id	주소	폐교명	폐교년	부지면적
1	강원도 춘천시 북산면 부귀리 433-1	(구)천전초 부귀분교장	1995-03-01	9203
2	강원도 원주시 부론면 단강리 1380	(구)부론초 단강분교장	2007-03-01	11540
3	강원도 원주시 귀래면 귀래리 1343	(구)귀래초 귀운분교장	2016-03-01	12310
4	강원도 강릉시 강동면 심곡리 57	(구)정동초 심곡분교장	1995-03-01	3900
5	강원도 강릉시 연곡면 삼산리 739	(구)연곡초 삼산분교장	1999-09-01	8795
6	강원도 양양군 현북면 도리	(구)남천초등학교	2008-03-01	58061
7	강원도 삼척시 도계읍 무건리 24	(구)소달초 무건분교장	1994-03-01	8919
8	강원도 삼척시 원덕읍 사곡리 286-2	(구)호산초 사곡분교장	1997-03-01	5298
9	강원도 삼척시 미로면 동산리 49-1	(구)미로초 동산분교장	1998-03-01	11373

폐교 속성정보

불러온 자료의 심볼은 색이 디폴트로 자동 결정되며 단일 심볼이다. 디폴트 단일 심볼기호와 색은 사용자가 필요에 따라 바꾸어야 한다. 점 기호 선택 유형은 여러 가지가 있는데 사용빈도가 높은 유형 위주로 설명한다.

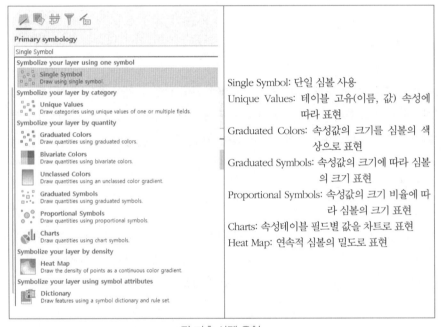

점 기호 선택 유형

Single Symbol

먼저 단일 기호 선택과 색을 바꾸기이다. 점기호 바꾸기는 Symbol 창을 열어야 한다.

Symbology 창은 메인메뉴 Appearance 하위 아이콘 Symbology의 ▼ 클릭 또는 폐교 레이어 오른쪽 마우스 → Symbology 선택하면 열린다.

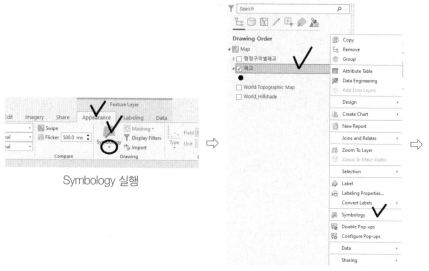

Symbology 실행

Symbology 실행

심볼 클릭

Symbology 실행창에서 Single Symbol 선택, 아래 Symbol 심볼 부분 클릭
Gallery 클릭 → School 입력 검색 → 학교 심볼 선택 → Properties 클릭 →
Color와 Size 선택 → Apply 하면 단일 심볼이 바뀐다.

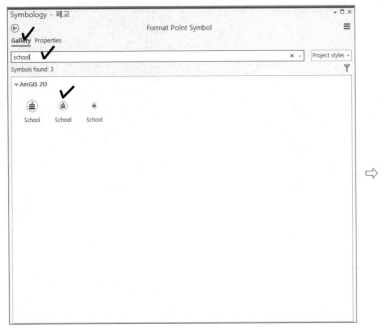

심볼 선택

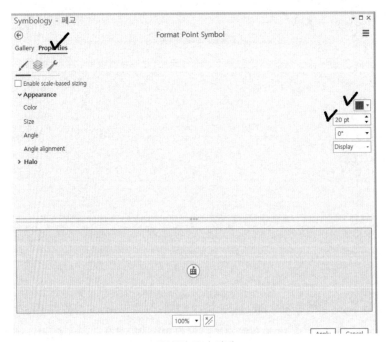

색상 및 크기 선택

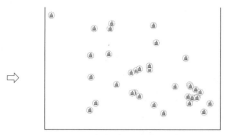

단일 심볼 선택 결과

Unique Values

이번에는 테이블 고유(이름, 값) 속성에 따라 표현하는 Unique Values로 기호화한다.

먼저 행정구역별폐교 자료를 Chapter10_data에서 불러온다. 해당 자료는 필자가 〈폐교〉와 〈강원시군_행정구역〉 지도로 폐교별로 속하는 행정구역을 공간조인(spatial jon)하여 그 결과 속성의 시군을 기준으로 Dissolve함으로써 만든 것이다(Analysis → Tools → 기능 검색하여 실행하면 됨). 당초 폐교는 35개인데 공간조인후 행정구역 시군별 디졸브하면 11개이다. Appearance 메뉴 하의 Symbology에서 Unique Values 선택, Field "시군" 선택, Add all Values 아이콘 클릭 → 개별 속성 심볼로 바뀐다.

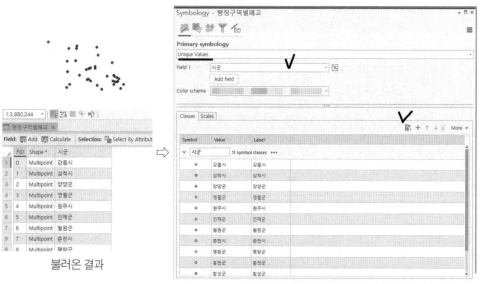

불러온 결과

Unique Values 선택창

개별 속성 심볼

그런데 개별 속성으로 바뀌기는 했지만 디폴트 무작위로 바뀌기 때문에 개별 선택하여 심볼, 색상, 크기를 지정해야 한다.

먼저 Unique Values 개별 심볼 클릭 → Gallery 클릭 → 심볼 선택하면 된다.

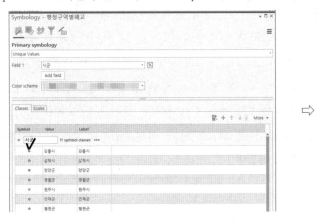

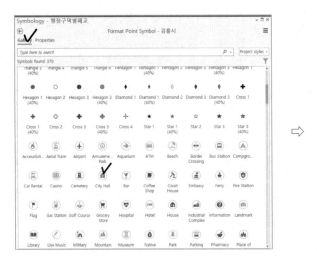

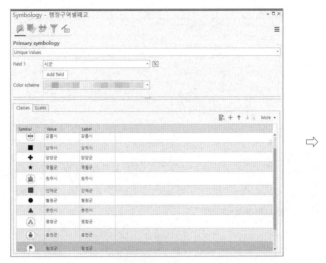

개별 심볼 선택

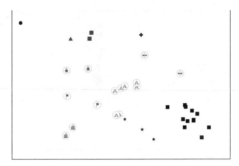

개별 심볼 기호 표현

Proportional Symbols

앞서 해본 것은 Single Symbol, Unique Values는 속성이 이름으로 구분된 자료이다. Proportional Symbols 심볼은 속성이 수치값을 갖는 것만 가능하다(Graduated Colors, Graduated Symbols, Charts, Heat Map 선택도 수치여야 함). Proportional Symbols 는 수치값의 크기를 그룹화여 크기로 나타내는 방법이다.

〈폐교〉의 속성을 열어보면 속성 부지면적이 수치이다. 부지면적으로 Proportional Symbols를 한다. Appearance 메뉴 → Symbology → Proportional Symbols 선택 → Field(부지면적), Template(아이콘 클릭 선택), Minimum size(4), Maximum size(20) → 다음으로 값을 그룹으로 나누는 Class 클릭하여 3개로 지정하면 된다. 점자료의 수가 많을 경우 Class 그룹은 4~6개 지정하면 적당하다.

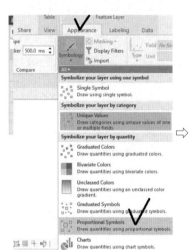

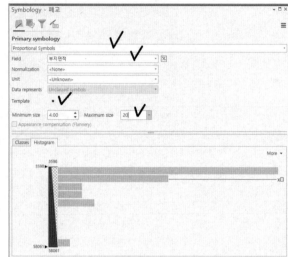

심볼, 크기 선택

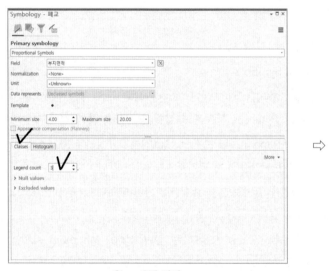

Class 3개 지정

Proportional Symbols 결과

② 선

선자료 기호화는 단일 심볼이나 속성별 심볼 적용에 사용빈도가 높다. Map →
Add Data → Chapter10_data 폴더에서 road를 불러와 → road 레이어 오른쪽 마
우스 → Attribute Table로 속성정보를 연다. 속성정보에는 도로명과 rd_type에
일반도와 고속도로로 구분되어 있다. 도로 선자료 불러온 심볼은 디폴트로 단선
과 무작위 색으로 불러온다.

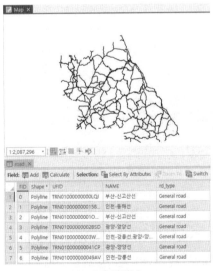

road 속성정보

Single Symbol

먼저 단일 기호 선택과 색을 바꾸기이다. 점기호 바꾸기는 Symbology 창을 열어야 한다.

Symbology 창은 메인메뉴 Appearance 하위 아이콘 Symbology의 ▼ 클릭 또는 road 레이어 오른쪽 마우스 → Symbology 선택하면 열린다.

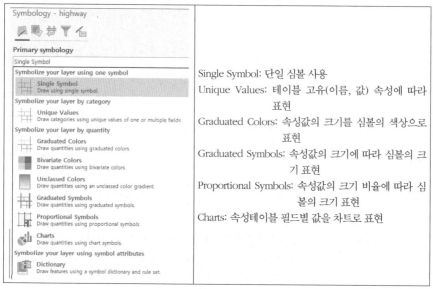

	Single Symbol: 단일 심볼 사용
	Unique Values: 테이블 고유(이름, 값) 속성에 따라 표현
	Graduated Colors: 속성값의 크기를 심볼의 색상으로 표현
	Graduated Symbols: 속성값의 크기에 따라 심볼의 크기 표현
	Proportional Symbols: 속성값의 크기 비율에 따라 심볼의 크기 표현
	Charts: 속성테이블 필드별 값을 차트로 표현

선 기호 선택 유형

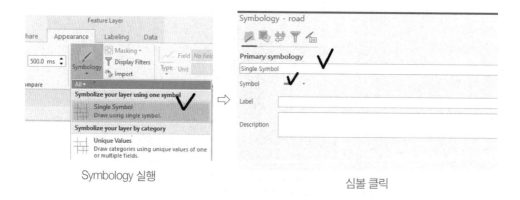

Symbology 실행   심볼 클릭

Symbology 실행창에서 Single Symbol 선택, 아래 Symbol 심볼 부분 클릭

Gallery 클릭 → road 입력 검색 → 도로 심볼 선택 → Properties 클릭 → Color 와 Size 선택 → Apply 하면 단일 심볼이 바뀐다.

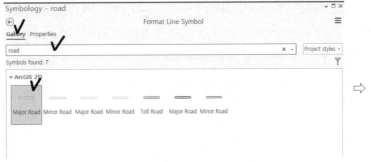

심볼 선택

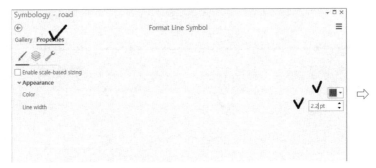

색상 및 크기 선택

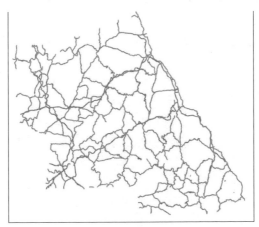

단일 심볼 선택 결과

Unique Values

이번에는 테이블 고유(이름, 값) 속성에 따라 표현하는 Unique Values로 기호화
한다.

먼저 폐교 자료를 Chapter10_data에서 불러온다. 해당 자료는 Appearance 메뉴 하의 Symbology에서 Unique Values 선택, Field "rd_type" 선택, Add all Values 아이콘 ![] 클릭 → 개별속성 심볼로 바뀐다.

불러온 결과

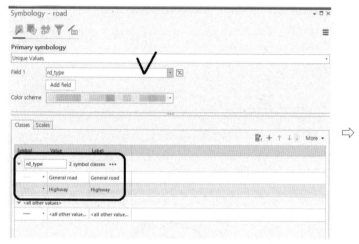

Unique Values 선택창

개별 속성 심볼

그런데 개별 속성으로 바뀌기는 했지만 디폴트 무작위로 바뀌기 때문에 개별 선택하여 심볼, 색상, 크기를 지정해야 한다.

먼저 Unique Values 개별 심볼 클릭 → Gallery 클릭 → 심볼 선택하면 된다.

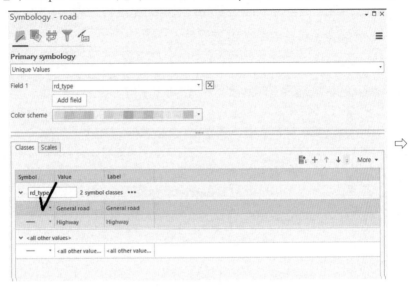

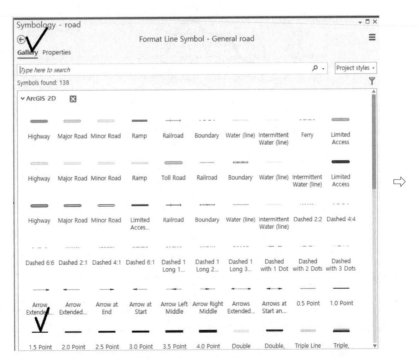

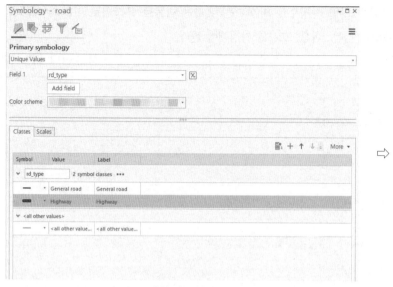

개별 심볼 선택

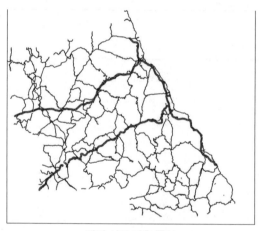

개별 심볼 기호 표현

③ 면

　면자료 기호화는 단일 심볼보다 이름에 의한 속성별 심볼, 속성값에 의한 그룹을 구분하는 Graduated Colors 단계구분도를 많이 사용한다.

　Map → Add Data → Chapter10_data 폴더에서 강원시군_행정구역을 불러와 → 강원시군_행정구역 레이어 오른쪽 마우스 → Attribute Table로 속성정보를 연다. 속성정보에는 시군(행정구역 구분명), 값으로 구분되는 총인구, 남자, 여자, 고

도, 경사도가 있다. 강원시군_행정구역 면자료에서 불러온 심볼은 디폴트로 단선
과 무작위 색으로 불러온다.

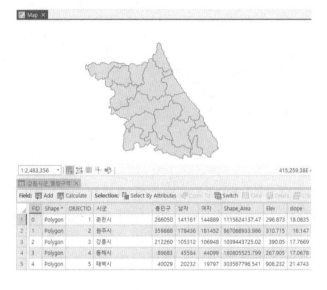

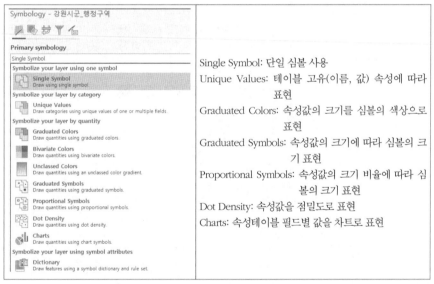

Single Symbol: 단일 심볼 사용
Unique Values: 테이블 고유(이름, 값) 속성에 따라 표현
Graduated Colors: 속성값의 크기를 심볼의 색상으로 표현
Graduated Symbols: 속성값의 크기에 따라 심볼의 크기 표현
Proportional Symbols: 속성값의 크기 비율에 따라 심볼의 크기 표현
Dot Density: 속성값을 점밀도로 표현
Charts: 속성테이블 필드별 값을 차트로 표현

면 기호 선택 유형

Single Symbol

먼저 단일 기호 선택과 색과 패턴을 바꾸기이다. 면 기호 바꾸기는 Symbology
창을 열어야 한다.

Symbology 창은 메인메뉴 Appearance 하위 아이콘 Symbology의 ▼ 클릭 또는 강원시군_행정구역 레이어 오른쪽 마우스 → Symbology 선택하면 열린다.

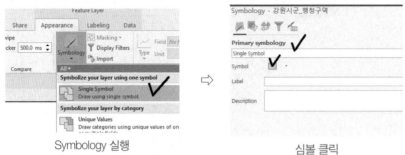

Symbology 실행   심볼 클릭

Symbology 실행창에서 Single Symbol 선택, 아래 Symbol 심볼 부분 클릭

Gallery 클릭 → 면 패턴 선택 → Properties 클릭 → Color, Outline color, Outline width 선택 → Apply 하면 단일 심볼이 바뀐다.

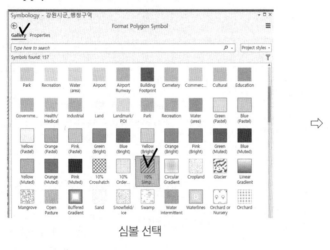

심볼 선택

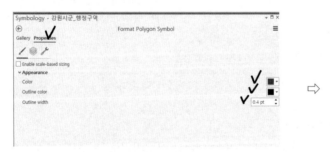

색상 및 선굵기 지정

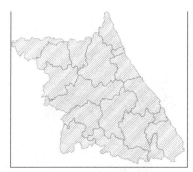

단일 심볼 선택 결과

Graduated Colors

이번에는 테이블값으로 면단위를 구분하는 단계구분도를 Graduated Colors로 기호화한다.

Appearance 메뉴 하의 Symbology에서 Graduated Colors 선택, Field(총인구), Method(Natural Breaks 선택), Classes(4 지정), Color Scheme(사용자가 연속색으로 지정).

Classes는 폴리곤 수가 많을 경우 4~6개 지정하고, Color Scheme의 자료 분포를 비교하는 것이기 때문에 반드시 연속색을 선택해야 한다.

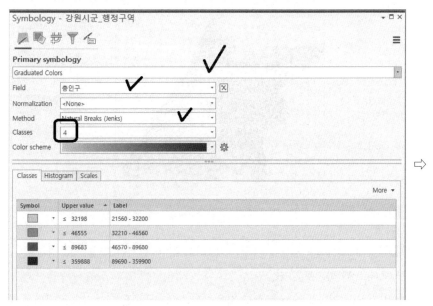

Graduated Colors 선택창

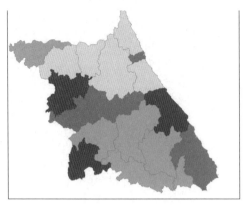

Graduated Colors 단계구분도

2) 래스터

래스터는 래스터 픽셀값으로 범례 시각화를 결정한다. 고도, 경사도, 강수량, 기온분포와 같이 값이 연속적인 자료 형태도 있고, 토지이용, 지질, 임상도, 토양도 등 폴리곤을 래스터로 전환하여 항목별로 래스터화한 자료도 있다.

Map → Add Data → Chapter10_data 폴더에서 dem30 불러온다. 해당 자료는 수치고도모델로 강원도의 고도분포 연속값이고 색상은 디폴트로 검은색 농담이 결정된다.

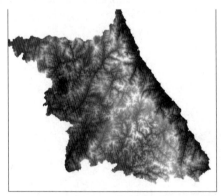

수치고도모델(dem30)

여기서는 래스터값의 색상을 바꾸기, 그리고 값을 일정한 그룹으로 나누어 구분하는 Classify를 하기로 한다.

래스터 기호는 연속값은 Stretch를 적용하고, 그룹 구분은 Classify, 토지이용 래스터와 같이 비연속값은 Discrete 또는 Unique Values를 적용한다.

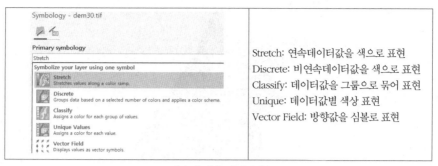

	Stretch: 연속데이터값을 색으로 표현
	Discrete: 비연속데이터값을 색으로 표현
	Classify: 데이터값을 그룹으로 묶어 표현
	Unique: 데이터값별 색상 표현
	Vector Field: 방향값을 심볼로 표현

래스터 기호 선택 유형

Stretch 색선택

Appearance 메뉴 하의 Symbology에서 Stretch 선택 → Symbology 창에서 Color Scheme 색상 선택(값이 연속이기 때문에 색상은 농담에 의한 색선택하되 값이 실제 인식되는 의미에 가까운 색 추천).

Stretch 선택

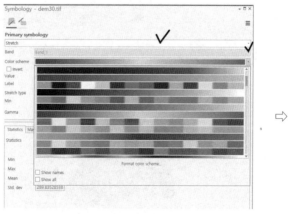

Symbology 창

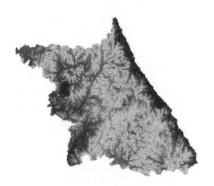

DEM 색상

Classify 분류 색선택

Appearance 메뉴 하의 Symbology에서 Classify 선택 → Symbology 창에서 Primary Symbology(Classify), Method(Natural Breaks), Classes(4), Color Scheme (색선택)하면 된다.

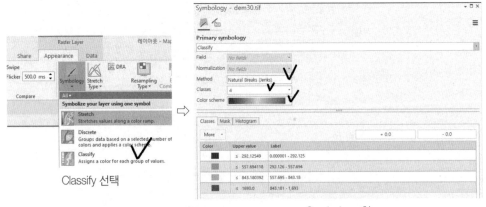

Classify 선택

Symbology 창

고도 4단계 구분 색상

레인지 조정

만약에 Natural Break에 의한 구분이 의도하는 바와 같이 구분이 안 될 경우 사용자가 값의 범위를 지정해 조정할 수 있다. 실제로 사용 시 조정을 하는 경우가 자주 있다. 값의 레인지 조정은 Symbology 창 하단의 Upper value, 색상 선택, Label을 조정하면 된다. 조정방법은 해당 Upper value, 색상 선택, Label을 클릭하고 입력한다.

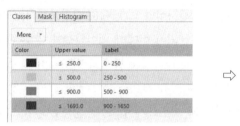

레인지값 범위 지정

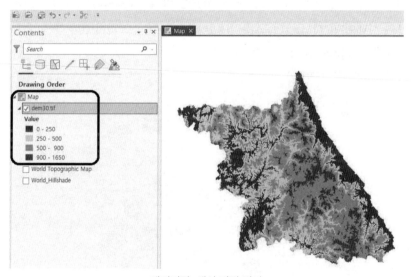

레인지값, 색상 지정 결과

3. 사용자 범례: 다변인 시각화 범례 제작(Chernoff face)

GIS 지도화에 아직까지도 시각적 전달력이 떨어지는 부분이 있다. 여러 변수, 즉 다변인 자료의 분석결과를 효과적으로 표현하지 못한다는 점이다. 이러한 문제에 대해 Herman Chernoff가 다변인 시각화 방안을 제시한 것이 본인의 얼굴형을 상징화하는 Chernoff face이다. 사람의 눈썹, 눈, 입술 등이 감정에 따라 비춰지는 모습에서 따온 것이다. Chernoff face는 다변인 대상에 따라 형상화하여 가능하다. 예를 들면 대기가스 오염정도에 대해 범례로 표현하고자 한다면 나무의 색상, 잎, 가지를 상징화하여 오염정도에 따라 표현할 수 있다.

　지도에서 범례와 기호를 사용하는 이유는 지도가 담고 있는 내용을 시각적으로 간단명료하고 쉽게 전달하기 위해서이다. 그럼에도 정형화된 범례와 기호 방식은 의미가 시각적으로 전달이 잘 안 되어 범례의 데이터값과 병행하여 봐가며 판단해야 하는 경우가 종종 있다. Chernoff face 방식의 지도 이미지 기호는 시각적으로 지도판독 능력을 향상시킬 수 있을 것으로 판단된다. Chernoff face 방식의 범례의 장점은 2D로도 3D 데이터 지도화가 쉽고, 공간정보 전달효과가 높다는 점이다.

　다음 그림은 필자가 서울시의 실제 지표로 다변인 Chernoff face를 제작하여 발표한 사례이다(「Chernoff faces를 이용한 다변인 자료 지도화에 관한 연구」, 『대한지리학회 학술대회논문집』, 2012, 388~391쪽).

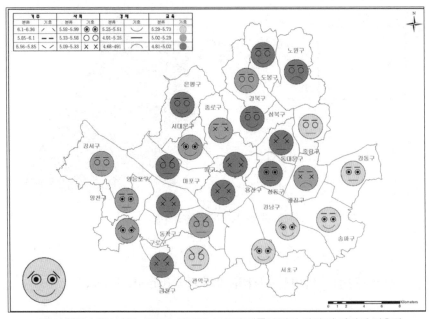

서울시 구별 4개의 거주, 사회적·경제적·교육적 지표에 따라 삶의 질 다변인 기호화

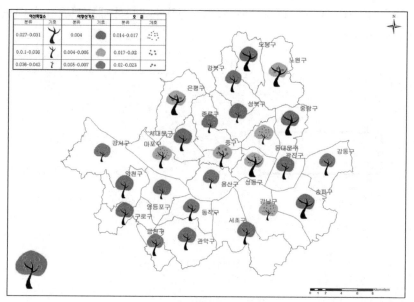

서울시 구별 대기오염(이산화질소, 아황산가스, 오존) 지표 정도 다변인 기호화

이러한 심볼은 프로그램에서 제공되는 것이 아니기 때문에 사용자가 제작해야 한다. 제작 절차는 ❶ 만들고자 하는 대상 이미지 상징화, 여기서는 사람의 얼굴 구성요소 개별 이미지 만들기, ❷ ArcGIS Pro 개별 형상 이미지를 심볼로 가져오기, ❸ ArcGIS Pro에서 개별 이미지를 하나의 형상으로 조합, ❹ 다변인 통계에 부합하도록 조합 형상의 개별 이미지 조정, ❺ Style 기호화 과정으로 진행한다.

1) Chernoff face 이미지 만들기

이 절에서는 사람의 감정을 표현할 수 있는 얼굴 상징화 그림을 제작하고자 한다. 우리에게 익숙한 다음의 그림을 얼굴 이미지 1개, 눈썹 3개, 입술 3개, 눈 3개 10개 이미지를 개별적으로 작성한다.

얼굴 이미지는 Adobe Photoshop으로 작성한다. File의 새로 만들기에서 다음과 같이 지정한다.

얼굴 이미지

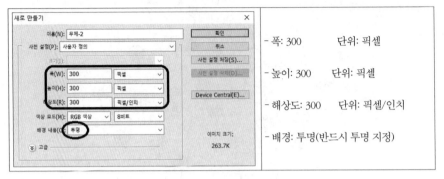

- 폭: 300 　　　단위: 픽셀

- 높이: 300 　　단위: 픽셀

- 해상도: 300 　　단위: 픽셀/인치

- 배경: 투명(반드시 투명 지정)

얼굴 구성요소(눈썹, 눈, 입)

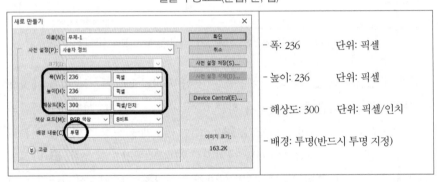

- 폭: 236 　　　단위: 픽셀

- 높이: 236 　　단위: 픽셀

- 해상도: 300 　　단위: 픽셀/인치

- 배경: 투명(반드시 투명 지정)

폭과 높이는 일반 그림처럼 크면 안 되고 작아야 하고, 얼굴 외관 형상 해상도는 300, 배경은 반드시 투명이어야 한다. 이렇게 만들어진 이미지는 포토샵에서는 투명인데 그림 보기 프로그램으로 열어 보면 배경이 투명하더라도 흰색으로 보인다.

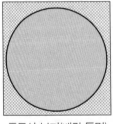

포토샵 보기(배경 투명)

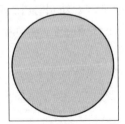

일반프로그램 보기(배경 흰색)

※ 포토샵을 이용한 이미지 심볼 제작은 사용자가 직접 작성해 보기 바란다. 다만 얼굴 이미지(다른 이미지도 마찬가지임) 제작은 반드시 배경을 투명하게 지정하여 작성하고 레이어별로 작성한 후 저장은 확장자 *.png로 하기 바란다(포토샵에 익숙지 않은 사용자를 위해 Chapter10_data\chernoff_face에 각각의 얼굴 이미지 파일을 준비했으니 제작 부분은 생략하고 다음 단계 "2) Chernoff face 이미지 심볼 임포트"를 진행하기 바란다).

Chernoff_face 이미지 설명

구분	이미지	파일명
얼굴		face_out.png
눈썹1(웃음)		eyebrow_smile.png
눈썹2(그저 그런)		eyebrow_soso.png
눈썹3(화난)		eyebrow_angry_left.png/eyebrow_angry_right.png
눈1(웃음)		eye_smile.png
눈2(그저 그런)		eye_soso.png
눈3(화난)		eye_angry.png
입술1(웃음)		lib_smile.png
입술2(그저 그런)		lib_soso.png
입술3(화난)		lib_angry.png

*.png 파일은 Chapter10_data/chernoff_face 폴더에 있으며 Chernoff face 이미지 기호 임포트 Marker layer로 사용함.

2) Chernoff face 이미지 심볼 임포트

메뉴 Map → Add Data → Chapter10_data 폴더에 있는 center를 불러와 속성정보를 연다. 속성정보에는 다변인 심볼을 위해 필자가 총인구, 남자, 여자, 고도 변수들을 종합하여 실제 다변인 분석이 아닌 임의로 구분하여 class(3개 그룹) 필드를 넣었다.

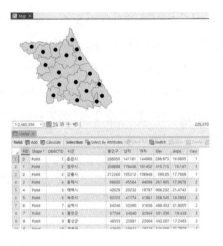

① 얼굴 심볼

Symbology 창은 메인메뉴 Appearance 하위 아이콘 Symbology의 ▼ Symbology 를 선택하면 열린다. Symbology 실행창에서 Single Symbol 선택, 아래 Symbol 심볼 부분 클릭 → Properties 클릭 → 🔧 클릭 → 심볼 부분 더블클릭 →

Add symbol layer 클릭 → Marker layer, Stroke layer, Fill layer 중 Marker layer 선택 → Appearance 클릭 →

심볼 클릭

Properties 클릭

● 클릭

Marker layer, Appearance 클릭

File 클릭(face_out 선택), Quality(Picture 선택), Tint(흰색 선택), Size(100) → Apply 클릭하면 1차적으로 얼굴 이미지가 심볼로 들어온다.

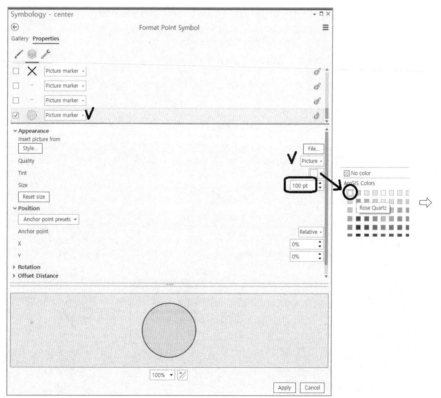

얼굴 이미지

② 눈썹 심볼

오른쪽 눈썹 웃는 심볼

🔧 클릭 → Add symbol layer 클릭 → Marker layer 선택 → File 클릭 (eyebrow_smile 선택), Quality(Picture 선택), Tint(흰색 선택), Size(26), Anchor point(Absolute 선택), X(-23), Y(-13) → Apply

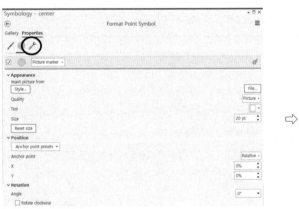

 클릭

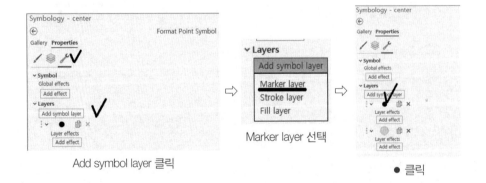

Add symbol layer 클릭   Marker layer 선택   ● 클릭

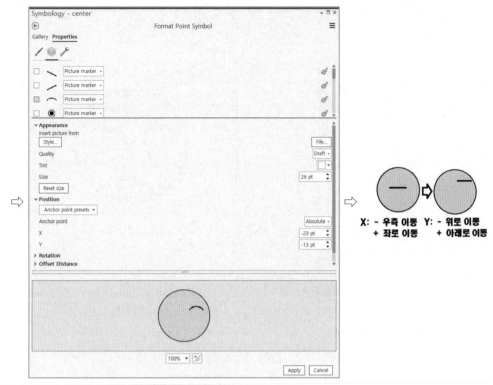

오른쪽 웃는 눈썹 조정

여기서 XY 조정 시 이동 방향은 다음과 같다. 절대값(absolute) 선택하고 X축값이 음수(−)이면 우측으로 이동, 양수(+)이면 좌로 이동하고, Y축값이 음수(−)이면 위로 이동, 양수(+)이면 아래로 이동한다. 따라서 사용자는 Size를 고려해 결정해야 한다.

왼쪽 눈썹 심볼

🔧 클릭 → Add symbol layer 클릭 → Marker layer 선택 → File 클릭 (eyebrow_smile 선택), Quality(Picture 선택), Tint(흰색 선택), Size(26), Anchor point(Absolute 선택), X(23), Y(-13) → Apply

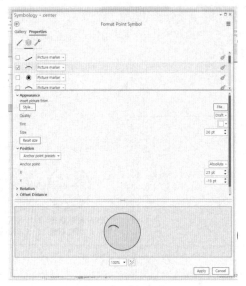

양 눈썹 웃는 심볼 제작 결과

왼쪽 웃는 눈썹 조정

오른쪽 그저 그런 눈썹 심볼

🔧 클릭 → Add symbol layer 클릭 → Marker layer 선택 → File 클릭
(eyebrow_sosoe 선택), Quality(Picture 선택), Tint(흰색 선택), Size(66), Anchor point
(Absolute 선택), X(-20), Y(-10) → Apply

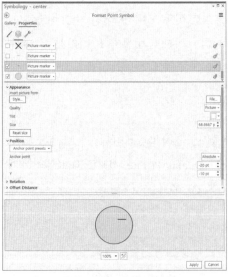

오른쪽 그저 그런 눈썹 조정

왼쪽 그저 그런 눈썹 심볼

🔧 클릭 → Add symbol layer 클릭 → Marker layer 선택 → File 클릭 (eyebrow_soso 선택), Quality(Picture 선택), Tint(흰색 선택), Size(66), Anchor point (Absolute 선택), X(20), Y(-10) → Apply

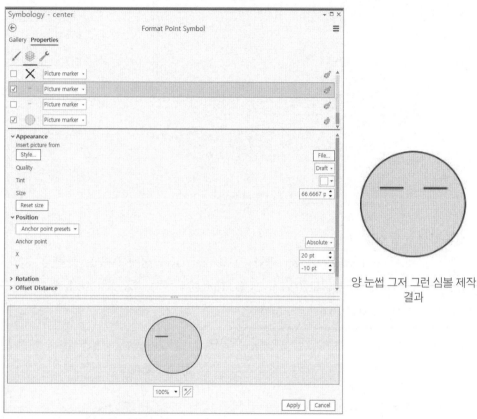

양 눈썹 그저 그런 심볼 제작 결과

왼쪽 그저 그런 눈썹 조정

오른쪽 화난 눈썹 심볼

🔧 클릭 → Add symbol layer 클릭 → Marker layer 선택 → File 클릭 (eyebrow_angry_right 선택), Quality(Picture 선택), Tint(흰색 선택), Size(22), Anchor point(Absolute 선택), X(-22), Y(-20) → Apply

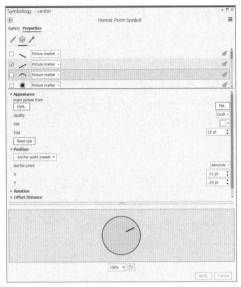

오른쪽 화난 눈썹 조정

왼쪽 화난 눈썹 심볼

🔧 클릭 → Add symbol layer 클릭 → Marker layer 선택 → File 클릭 (eyebrow_angry_left 선택), Quality(Picture 선택), Tint(흰색 선택), Size(22), Anchor point(Absolute 선택), X(22), Y(-20) → Apply

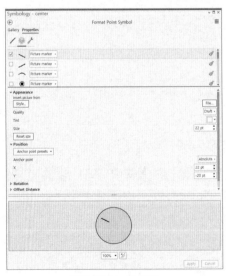

왼쪽 화난 눈썹 조정

양 눈썹 화난 심볼 제작 결과

③ 눈 심볼

오른쪽 웃는 눈 심볼

🔧 클릭 → Add symbol layer 클릭 → Marker layer 선택 → File 클릭 (eye_smile 선택), Quality(Picture 선택), Tint(흰색 선택), Size(25), Anchor point (Absolute 선택), X(-24), Y(0) → Apply

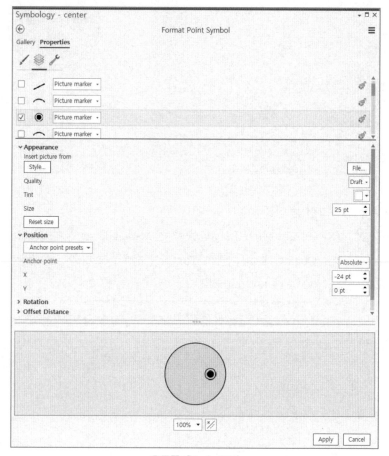

오른쪽 웃는 눈 조정

왼쪽 웃는 눈 심볼

🔧 클릭 → Add symbol layer 클릭 → Marker layer 선택 → File 클릭 (eye_smile 선택), Quality(Picture 선택), Tint(흰색 선택), Size(25), Anchor point (Absolute 선택), X(24), Y(0) → Apply

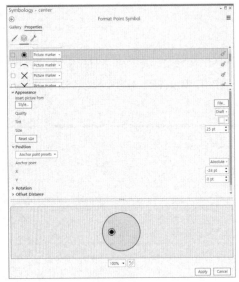

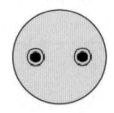

웃는 눈 제작 결과

외쪽 웃는 눈 조정

오른쪽 그저 그런 눈 심볼

→ 🔧 클릭 → Add symbol layer 클릭 → Marker layer 선택 → File 클릭
(eye_soso 선택), Quality(Picture 선택), Tint(흰색 선택), Size(66), Anchor point
(Absolute 선택), X(-20), Y(-10) → Apply

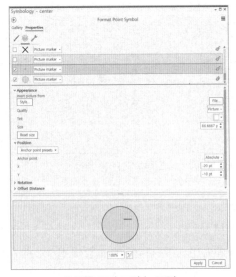

오른쪽 그저 그런 눈 조정

왼쪽 그저 그런 눈 심볼

🔧 클릭 → Add symbol layer 클릭 → Marker layer 선택 → File 클릭 (eye_soso 선택), Quality(Picture 선택), Tint(흰색 선택), Size(66), Anchor point (Absolute 선택), X(20), Y(-10) → Apply

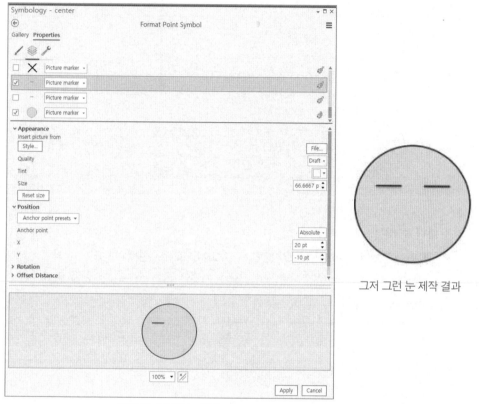

그저 그런 눈 제작 결과

왼쪽 그저 그런 눈 조정

오른쪽 화난 눈 심볼

🔧 클릭 → Add symbol layer 클릭 → Marker layer 선택 → File 클릭 (eye_angry 선택), Quality(Picture 선택), Tint(흰색 선택), Size(17), Anchor point (Absolute 선택), X(-22), Y(0) → Apply

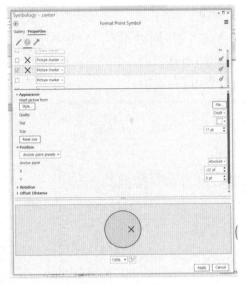

오른쪽 화난 눈 조정

왼쪽 화난 눈 심볼

🔧 클릭 → Add symbol layer 클릭 → Marker layer 선택 → File 클릭 (eye_angry 선택), Quality(Picture 선택), Tint(흰색 선택), Size(17), Anchor point (Absolute 선택), X(22), Y(0) → Apply

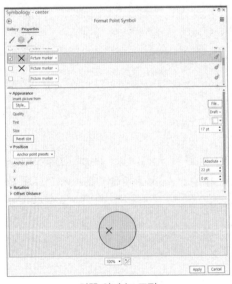

왼쪽 화난 눈 조정

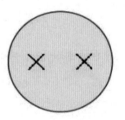

화난 눈 제작 결과

④ 입술 심볼

웃는 입술 심볼

🔧 클릭 → Add symbol layer 클릭 → Marker layer 선택 → File 클릭
(lib_smile 선택), Quality(Picture 선택), Tint(흰색 선택), Size(22), Anchor point
(Absolute 선택), X(0), Y(20) → Apply

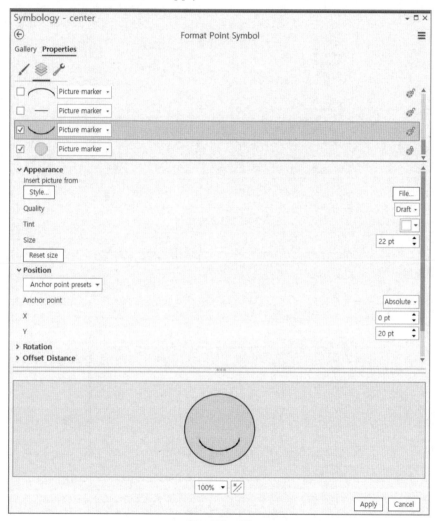

웃는 입술 조정

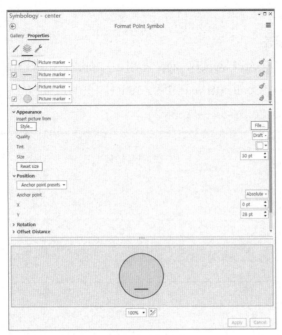
그저 그런 입술 조정

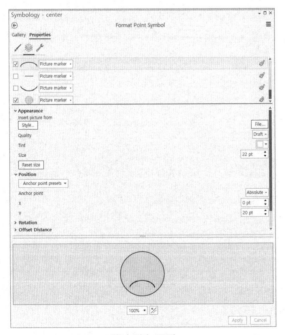
화난 입술 조정

⑤ 심볼 조합 기호 제작과 저장

심볼 조합

지금까지 다변인 범례 제작에 필요한 이미지 구성요소 개별 심볼을 작성했다. 다변인 형상화를 위한 심볼이기 때문에 개개 심볼로 사용은 안 된다. 다변인 통계 값들이 분석 결과 현상을 설명할 수 있는 조건에 따라 개별 심볼이 역할을 하기 때문에 요건에 적합해야 기호로서 역할을 한다.

다변인 Chernoff face용 얼굴 구성요소는 얼굴 바탕 이미지 1개, 눈썹 3개, 입술 3개, 눈 3개 모드 10개 파일들이다. 여기서 제시하는 이미지 심볼 개수 외에도 각각의 이미지 심볼은 색상, 크기, 위치, 방향 등을 조정하면 같은 많은 수의 심볼들을 만들 수 있을 것이다.

심볼의 조합은 Properties → 클릭 → 조합하고자 하는 이미지 심볼 체크 → Apply 한다.

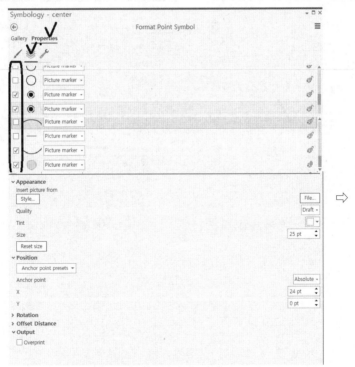

이미지 구성 조합 선택

만족도 최고 심볼　　　　　조금 불편한 심볼　　　　불만족스러운 심벌

심볼 저장

조합한 심볼은 stylx 파일로 저장하면 ArcGIS Pro 점자료 레이어의 Single Symbol 갤러리 기호로 사용할 수 있다.

조합 심볼의 저장은 먼저 ❶ 이미지 심볼을 저장할 파일을 만든다.

Catalog Panel → Styles 오른쪽 마우스 → New → New Style 클릭 → 저장 폴더 위치 정하고 파일명(필자는 chernoff_face) 입력 → Save 클릭

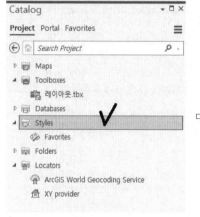
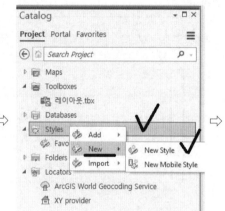

Catalog Panel　　　　　　　　　　　New Style 선택

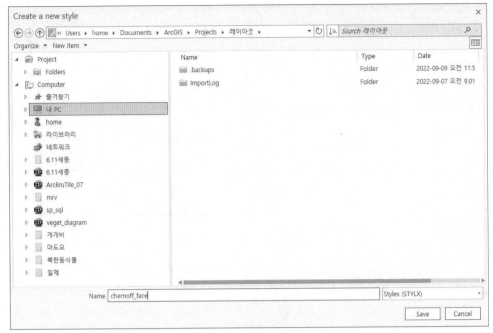

Style 저장파일 입력

❷ Symbology 창에서 조합조건을 만들어 적용하고 조합조건에 따라 개별 저장한다.

1️⃣ Symbology 창 → 조합(스마일) → Apply → 우측 상단의 ☰ 오른쪽 마우스 클릭 →

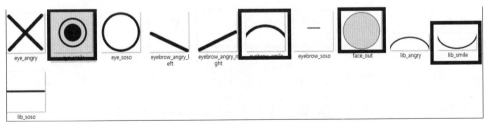

이미지 조합 선택은 4개 4각형 박스

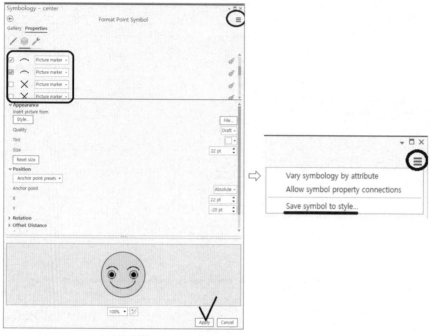

스마일 조합

Save Symbol to style 선택 → Name(smile), Category(chernoff), Style(앞서 저장한 파일 chernoff_face.stylx 선택) → Ok **2** smile 심볼 제작 완료됨

다음은 이미지를 조합하여 **1**~**2** 절차로 진행해 unsatisfy로 저장한다.

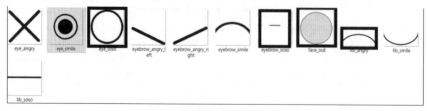

이미지 조합 선택은 4개 4각형 박스

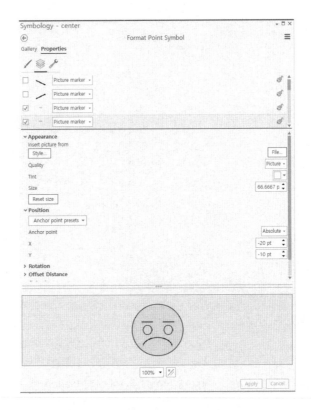

세 번째 조합은 화난 이미지를 조합하여 **1**~**2** 절차로 하여 angry로 저장한다.

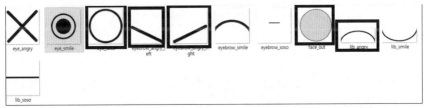

이미지 조합 선택은 5개 4각형 박스

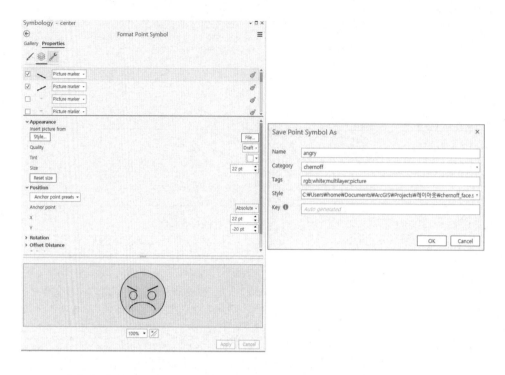

Style 저장한 파일은 Symbology 창 Single Symbol의 Gallery에 추가된 것을 알 수 있다.

심볼로 바뀐 이미지

새로 만든 기호를 Chapter10_data 폴더에서 center와 강원시군_행정구역을 불러와 center 속성정보 class 1,2,3을 기준으로 심볼 창의 Unique Values를 선택해 지정하고 크기를 조정하면 다음과 같이 나온다.

center 속성

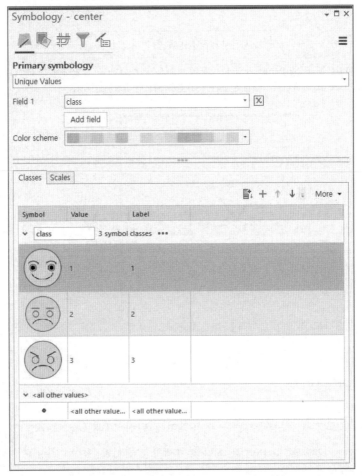

Field: class 선택, 값별로 Chernoff 기호 선택

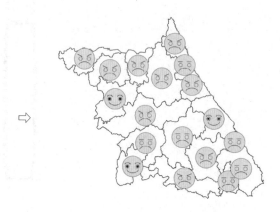

다변인 기호 시각화 결과 + 행정구역도

**저장한 파일은 Catalog Panel → Style 오른쪽 마우스 → Add Style 클릭하여 Chapter10_data/
chernof_face_style 폴더에 chernoff_face.stylx를 가져오면 심볼로 등록됨**

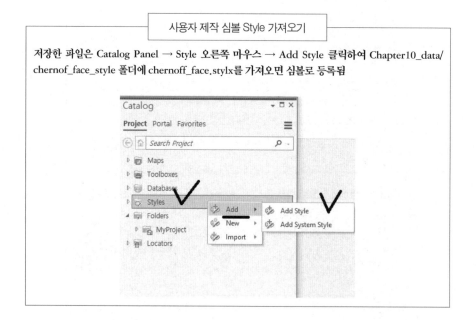

4. Chart 그리기

Chart 그리기는 속성테이블을 이용하여 간단한 그래프를 그리는 기능이다.
Map → Add Data로 Chapter10_data 폴더에서 강원시군_행정구역을 불러와 속성
정보를 연다.

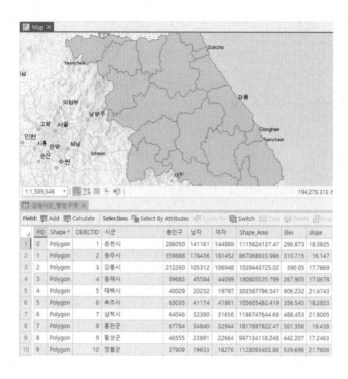

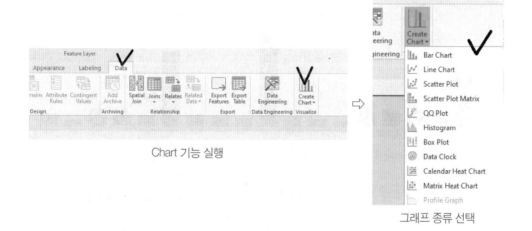

Chart 기능 실행

그래프 종류 선택

메인메뉴 Data → 하위 아이콘 Create Chart 클릭 → 그래프 종류 선택(Bar Chart) → Chart Properties 창에서 Data 메뉴 클릭 → Category or Date(시군 필드), Numeric field(+ select로 총인구 선택, 여러 변수를 추가할 수 있음), Series 메뉴 클릭 → 그래프 색상 지정

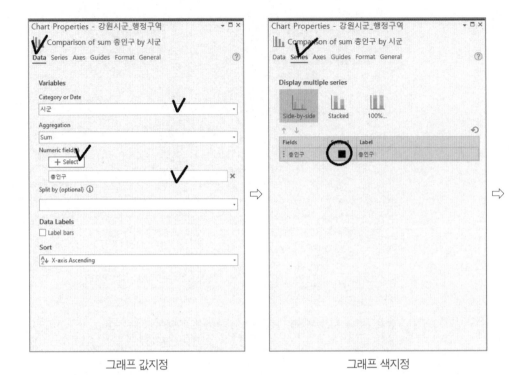

그래프 값지정   그래프 색지정

시군별 인구 그래프 결과

    이번에 그래프 변수를 총인구, 남자, 여자를 추가하여 그린다. Chart Properties 창의 Data 메뉴 + Select 클릭 → 총인구, 남자, 여자 체크 → Apply → Series 메뉴에서 그래프 색상을 지정한다.

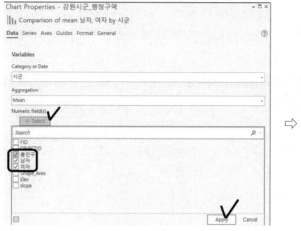

+ Select 변수 추가

그래프 색선택

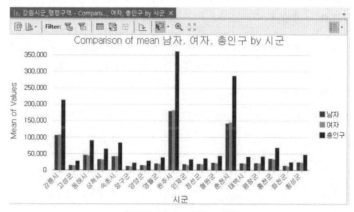

총인구, 남자, 여자 그래프

Chart 그리기 기능은 엑셀과 같은 다른 프로그램을 사용해도 된다. Shapefile 속성 dbf 파일은 엑셀로 불러올 수 있기 때문에 좀 더 정교한 그래프와 분석에 도움을 받을 수 있다.

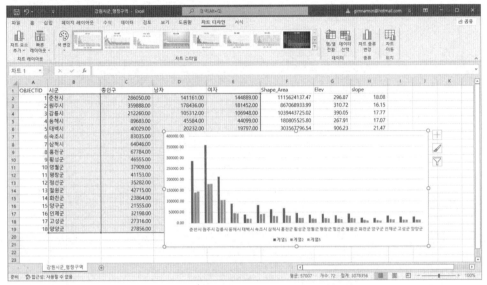

같은 통계를 엑셀로 그린 결과

5. 레이아웃

레이아웃은 도면 출력(A4, A0, A3 등)이나 보고서, 논문 등에 넣기 위해 파일로 제작한 디자인 그림이다.

지도 레이아웃 요소는 도면, 방위, 스케일바, 범례, 라벨, 그래프, 사진 등으로 구성된다. 레이아웃에 사용되는 레이어는 투영정의가 되어 있어야 스케일바 적용 시 문제가 발생하지 않는다.

Add Data → Chapter10_data 폴더에서 강원시군_행정구역을 불러오고 범례는 Graduated Colors로 지정하고 통계는 총인구, Normalization은 Shape_Area로 하여 단계구분도를 만든다.

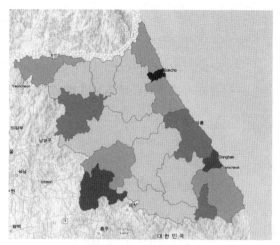

인구분포 단계구분도

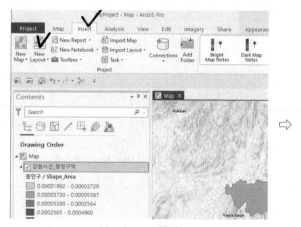

New Layout 클릭

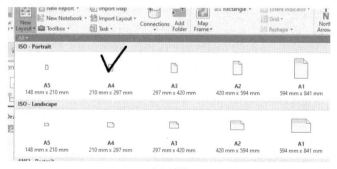

A4 선택

메인메뉴 Insert → 하위 아이콘 New Layout 클릭 → 출력 사이즈 결정(A4) →
Map Frame 클릭 → 행정구역 지도 선택 → 표현될 위치에 드래그 → 하위메뉴 아
이콘 North Arrow(방위), Scale Bar(축척), Legend(지도범례), Chart Frame(그래프),
Table Frame(속성정보) 등은 사용자가 하나씩 해보기 바란다.

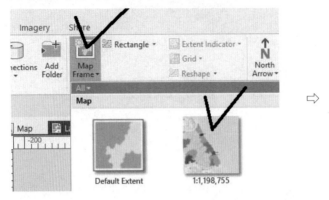

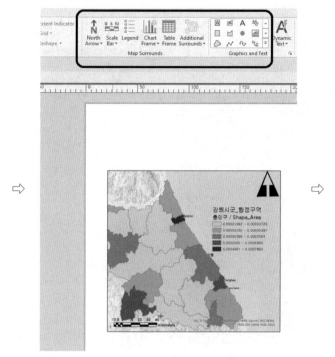

방위, 축척, 범례 등 메뉴 기능 위치

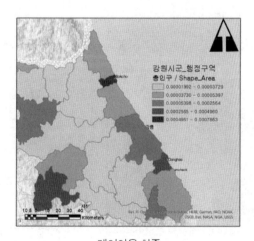

레이아웃 최종

레이아웃 경위도 그리드 넣기 Insert 메뉴 → Grid → 그리드 선택 → 레이아웃
에 그리드가 추가됨 → 필요 옵션(지도크기, 범례, 경위도, 글자 끄기, 색상 등) 조정
→ 완성

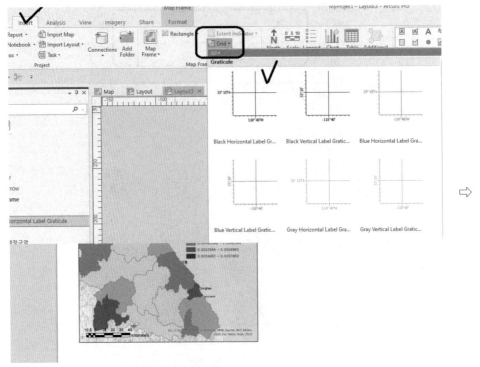

경위도 그리드 넣기

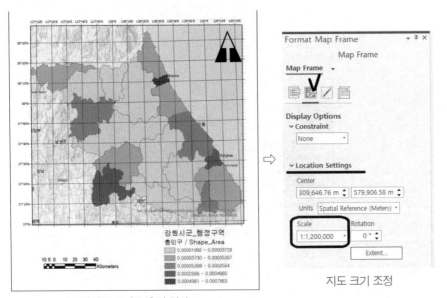

경위도 그리드 추가 결과

지도 크기 조정

레이아웃 내에 지도의 표현 크기 조정은 Format Map Frame의 Display Options → Location Settings → Scale(1:1,200,00) 스케일 축척값을 지정하면 조정된다.

경위도 간격조정

경위도 Grids 자동 생성 후 왼쪽 Contents 창에 Black Horizontal Label Graticule 클릭 → 오른쪽에 Format Map Grid 창이 활성화됨 → Options 아이콘 메뉴 클릭 → Interval의 Automatically adjust 체크 해제 → Components 아이콘 클릭 → Gridlines 클릭 → Interval의 Longitude(50′), Latitude(50′) 값지정 → Labels 클릭 → Interval의 Longitude(50′), Latitude(50′) 값지정한다.

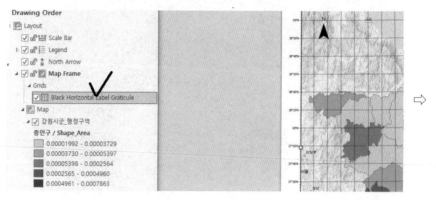

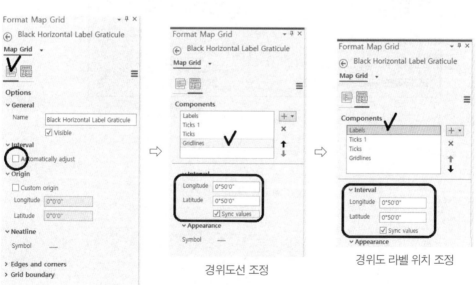

경위도선 조정

경위도 라벨 위치 조정

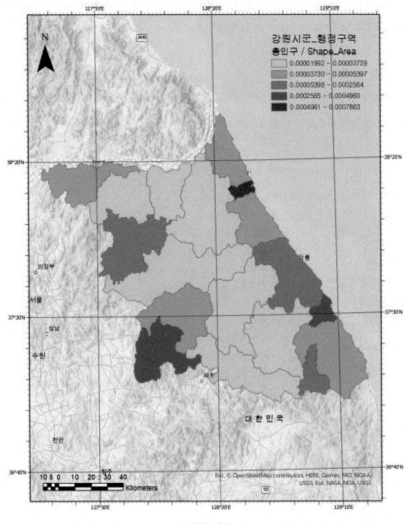

조정된 결과

제11장
드론 매핑

드론은 정밀지도 제작, 모니터링, 응급구조, 배송, 군사 등 활용 분야가 다양하기 때문에 현재는 물론 미래에도 전통적 방법들을 대체할 것으로 예상된다. 드론은 비행체이고 지상의 정보를 취득하는 목적에 따라 RGB 이미지, 적외선, 열적외선, 3D 지상 스캐너 LiDAR 센서 등을 탑재하여 정밀한 정보를 취득한다. 여기서는 RGB 촬영 이미지 처리를 사례로 설명한다.

드론 매핑은 드론영상을 합쳐 정사보정 영상을 만들어 지도를 제작하는 일련의 과정을 말한다.

전체 과정은 드론이미지를 불러와 영상정합을 하고, 지상GCP 기준점으로 위치정보 보정(GCP는 영상 또는 GCP 수신기로 X,Y,Z 수집)하고 정사보정 영상 제작순으로 진행된다. 여기서 지상GCP 기준점은 위성영상에서 취득하는 방법을 적용한다.

1. 영상정합 및 보정

1) 드론이미지 불러오기

지역이 작더라도 드론 촬영은 작게는 수십에서 수백, 수천 개의 중첩이미지 파일이 취득된다. 드론 비행체에 탑재된 GPS 수신기와 영상정보가 연동되어 있으면 이미지 EXIF(Exchangeable mage File Format) 경위도 위치정보가 저장되고 이 정보를 기반으로 영상정합이 가능하다. 드론 구입 시 판매사에서 제공하는 소프트웨어를 사용하여 영상정합도 할 수 있다.

※ 만약 위치정보를 수신할 수 없는 드론을 사용하여 대상지를 중첩하여 촬영

한 이미지라면 위치정보를 갖고 있지 않기 때문에 위치기반 영상정합이 불가하다. 이 경우 포토샵의 영상합성 기능을 이용하여 합친 후 합성 이미지로 GIS에서 정사영상 지오레퍼런싱을 하면 된다.

드론 중첩 촬영 이미지

이미지 좌표 정보

이미지 EXIF의 위치정보 확인은 Chapter11_data/drone_img의 파일을 클릭하여 오른쪽 마우스 → 속성정보 → 자세히 → 스크롤바로 찾으면 카메라정보, 위치정보, 초점거리 등을 확인할 수 있다.

메인메뉴 Imagery → 하위메뉴 아이콘 New Workspace → ▼ → New Workspace 클릭 → New Ortho Mapping Workspace 창에서 Name(drone_image 이름입력, **단**

어 사이 띄어쓰기 하면 에러 발생) → Basemap(imagery 선택) → Next → Add 클릭
→ Chapter11_data/drone_img 폴더 지정, Spatial Reference(wgs84, UTM_Zone_52N)
→ Next → Data Loader Options에서 Elevation Source(Average Elevation From
dem이 아닌 → **Constant Elevation, 0 선택**) → Finish

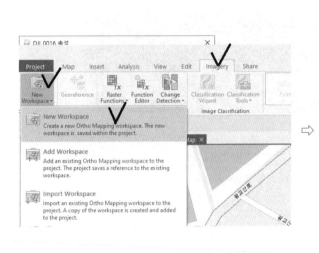

드론이미지 불러온 결과 Contents에는 Camera Location(촬영위치), Flight Path (촬영경로), Source Data(이미지 파일)이 나타난다.

불러온 결과

2) 드론이미지 보정

① 이미지 1차 보정(Adjust)

불러온 이미지들은 자체에 갖고 있는 위치정보를 이용하여 보정(Adjust) 및 배열을 해야 한다.

Ortho Mapping 메뉴 하위의 Adjust 아이콘을 클릭하여 위치정보에 따라 이미지를 재배열, 회전시킨다.

위치의 정확성을 위해 지상기준점 GCP 정보가 있으면 정확한 위치로 보정되면서 이미지가 자리잡게 된다. 여기서는 지상기준점 GCP 자료 없이 영상에서 취득하는 GCP 정보로 진행하기로 한다.

Ortho Mapping 메뉴 하위 Adjust 아이콘 클릭 → 선택 없이 디폴트로 Run을 실행한다. Adjust 전에는 이미지들이 자기 위치 자리를 못 잡은 것이 확인되고 후에는 원래 위치로 이동한 것과 회전한 것을 확인할 수 있다

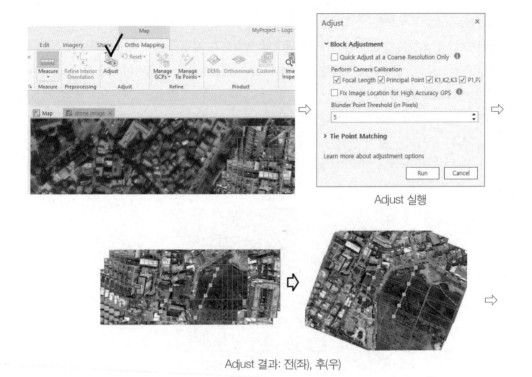

Adjust 실행

Adjust 결과: 전(좌), 후(우)

Adjust 실행하면 Contents에는 지상기준점 관련 GCP, Check, Tie Points와 오차에 관한 레이어가 새로 만들어진다. 그런데 지상기준점은 입력하지 않았기 때문에 빈 레이어로만 만들어진다.

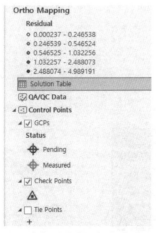

Adjust 후 지상기준점, 오차 정보

② 지상기준점 GCP 보정

영상정합을 위한 1차 보정을 했으면 위치의 정확도를 보정해야 한다. 위치는 지상기준점으로 측정된 좌표정보를 사용하지 않고 영상정보와 드론이미지를 사용해 보정하기로 한다.

정밀 매핑 목적의 지상기준점 측정에 대해 간단히 설명하면 도로나 건물 등과 같이 교차나 모서리 구분이 잘되는 대상은 측정하면 되고, 지형지물에 위치 파악이 어려운 경우는 그림과 같이 + 판을 지상에 놓고 측정 및 촬영하여 정보를 확보한다.

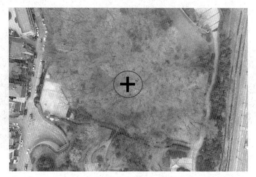

지상기준점 측정 방법

여기에서는 영상정보를 사용하는 방법을 설명한다.

Ortho Mapping 하위메뉴 아이콘 → Manage GCPs → Manage GCPs 클릭 → GCP Manager 창이 실행된다.

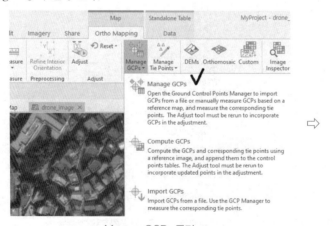

Manage GCPs 클릭

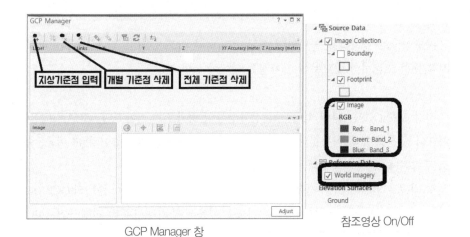

GCP Manager 창 　　　　　　　　　　　 참조영상 On/Off

　　GCP 입력은 실제 위치를 갖고 있는 참조영상(world imagery)과 GCP 위치 입력
후 나타나는 드론이미지에 기준점 위치를 지정해야 한다. 따라서 참조영상과 드
론 보정 영상에서 지상지물 위치를 비교하면서 진행해야 하기 때문에 드론이미지
레이어에 대해 체크를 On/Off 반복하며 진행한다. GCP Manager 창에서 영상 기
준 GCP 입력 절차는 그림과 같이 기준점들을 반복하여 입력한다. (1)번 드론이미
지는 참조영상과 같은 대상의 위치를 찾기 위한 것으로 확인하고 Off시킨다.

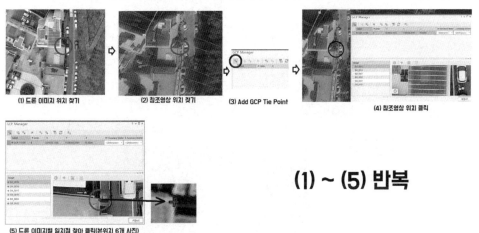

(1) 드론 이미지 위치 찾기　　(2) 참조영상 위치 찾기　　(3) Add GCP Tie Point　　(4) 참조영상 위치 클릭

(1) ~ (5) 반복

(5) 드론 이미지별 일치점 찾아 클릭(본위치 6개 사진)

　　참조영상을 클릭하면 GCP Manager 창에 좌표(XY)와 고도(Z)가 입력되는데 처
음에 이미지를 불러올 때 Spatial Reference(wgs84, UTM_Zone_52N)에서 wgs84,
UTM_Zone_52N는 투영은 경위도체계이지만 좌표계는 UTM_Zone_52N이기 때

문에 meter 단위 XY가 나타난다.

참조영상의 일치점을 클릭하면 자동으로 하단에 드론이미지가 나타나는데 불러 나오는 드론이미지 모두에 일치점을 찍어야 한다.

지상 기준 GCP는 많이 찍을수록 정사영상의 정확도가 높아진다. GCP 입력 시 지도나 사진을 확대 이동할 경우 Map 메뉴 → Explore를 클릭하여 확대 이동, 축소 후 입력을 진행하면 된다.

※ 참고로 일일이 GCP 연습을 하기가 어렵다면 Chapter11_data 폴더의 GCP.csv를 GCP Manager 창의 임포트 기능을 이용해 불러와 ③부터 진행하면 된다.

GCP 파일 임포트 기능

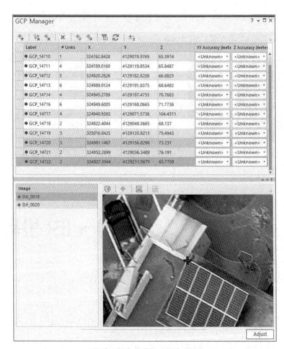

12개 지점 GCP 입력 결과

참조영상 GCP 위치   **드론이미지 GCP 위치**

참조영상과 Adjust 영상 GCP 위치

③ 지상기준점 GCP 2차 보정(Adjust)

인지해야 할 것은 참조영상은 GCP 위치가 지형지물과 일치하지만 드론이미지는 대상이 좌표의 차이로 편차가 있어 다시 GCP Manager 창에서 2차 보정 Adjust를 수행해야 한다는 것이다.

2차 Adjust 실행

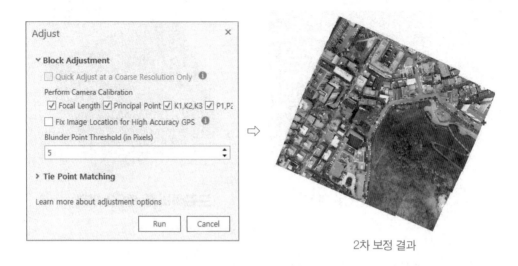

2차 보정 결과

2차 보정 결과는 1차 보정 때와 달리 참조영상과 일치하도록 바뀐 것을 알 수 있다.

참조영상+ 보정된 드론이미지

2차 보정 결과 GCP 위치가 드론이미지에 일치하여 편차가 줄어든 것을 알 수 있다. GCP 파일은 영상 정위치를 정밀하게 수정 보완할 때 다시 사용해야 하기 때문에 저장이 필요하다. GCP Manager 창의 export 아이콘을 클릭하여 저장한다. 저장 형식은 csv로 저장되어 엑셀이나 메모장으로 열어 수정하고 다시 Manager 창의 import를 실행하여 보정작업에 사용할 수 있다.

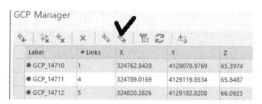

GCP 파일 저장

2. 정사영상 제작

1) 평면정사영상

2차 보정 결과 이상이 없으면 정상영상을 만들 수 있다. 평면정사영상은 이 책에서 편의상 쓰는 용어로 고도값으로 정사보정된 이미지들을 평면상의 하나의 이미지로 바꾸는 작업이다.

Ortho Mapping 메뉴 하위 Orthomosaic 아이콘을 클릭하여 진행한다. Ortho Mapping Products Wards 실행 → **Elevation Source(선택하지 않음)** → 이어 선택사항 없이 진행하면 된다.

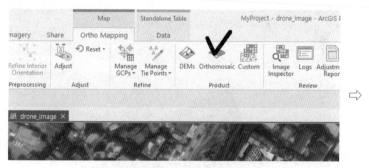

정사영상 만들기 기능

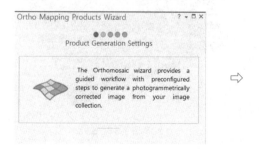

평면정사영상 결과

Orthomosaic 오른쪽 마우스 - › Export Raster → tif 형식 저장 → Chapter11_data 에서 Drone_cl을 불러와 자른다. 자르기는 Analysis 메뉴 Tools 클릭 → clip 검색 → Clip Raster 실행

저장

Clip Raster 실행창에서 Input Raster(2nd_ortho_image, 2차 보정 저장파일), Output Extent(drone_cl), Use output for Clipping Geometry 반드시 체크

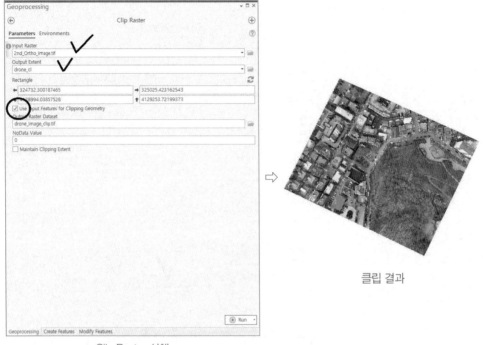

Clip Raster 실행

클립 결과

2) 입체정사영상

입체정사영상은 이미지에 고도정보를 이용하여 정사보정한 영상을 말한다. 정사보정에는 수치고도모델(DEM)이 필요하다. 드론이미지의 기본 좌표체계는 지구곡면 WGS84이면서 좌표단위는 UTM52의 미터단위이다. 따라서 평면직각 중부원점5186을 WGS84로 재투영하여 사용하면 에러가 난다. WGS84이면서 좌표미터단위는 EPSG 32652로 재투영해야 한다.

여기서는 투영된 dem_wgs84_utm52 수치고도모델을 제공하지만 다른 지역에 적용하는 이들을 위해 투영방법을 제시한다. XY Coordinate System을 32652로 검색하여 WGS84로 재투영하면 된다.

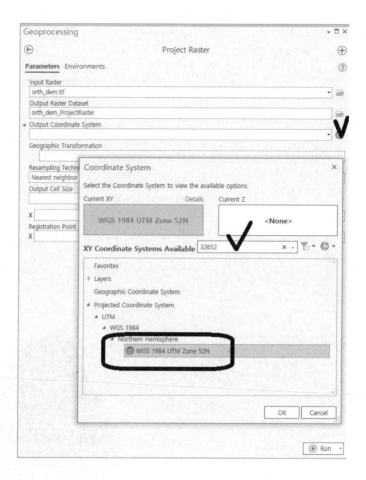

Ortho Mapping 메뉴 하위 Orthomosaic 아이콘을 클릭하여 진행한다. Ortho Mapping Products Wards 실행 → **Elevation Source(Chapter11_Data 폴더의 dem_ wgs84_utm52 선택)** → 이어 선택사항 없이 진행하면 된다.

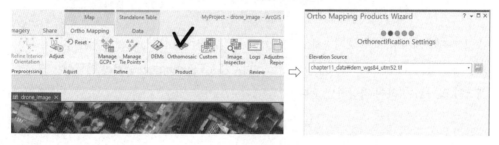

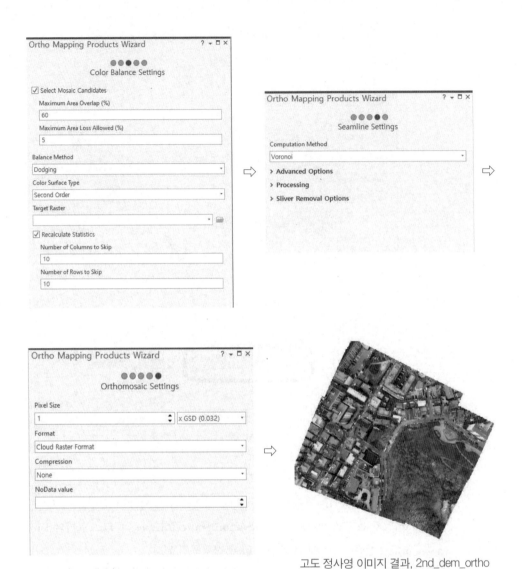

고도 정사영 이미지 결과, 2nd_dem_ortho

　입체 정사영 이미지는 재저장하고 Clip Raster 실행창에서 Input Raster(입체 정
사영 이미지), Output Extent(drone_cl), Use output for Clipping Geometry 반드시
체크하고 자르기 하여 저장하면 된다.

입체정사 이미지 클립, 2nd_dem_ortho_clip

마지막으로 평면정사 이미지와 입체정사 이미지를 지면에서 비교하면 비슷해 보이지만 컴퓨터 화면에서는 입체정사 이미지가 입체감이 확연히 드러나 비교된다.

평면정사영상, 2nd_Ortho_image

입체정사영상, 2nd_dem_ortho

제12장
지역통계

　지역특성 파악을 위해 실시하는 통계분석에서 선행되어야 하는 작업은 기초통계 자료의 수집이다. 전통적으로 통계분석에서 기초통계 자료 수집은 필수적인 요소로 여러 분야에서 일반화된 절차이다.

　그러나 공간정보에서 지역(폴리곤)에 포함된 점정보에 대해 지역 내에 포함된 점들의 종류와 전체 수를 계산하거나, 또는 지역 내 점들의 종류별 개별개수를 추출하는 방법은 사용자에 따라 간단하면서도 어려울 수도 있다.

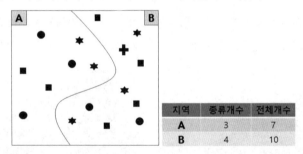

지역	종류개수	전체개수
A	3	7
B	4	10

지역 내 점들의 종류와 전체개수

지역	대상	개별개수
A	●	3
	■	2
	★	2
B	●	2
	■	4
	★	3
	✚	1

지역 내 점들의 종류별 개수

지역 내 점들의 기초통계 정보 추출은 대상이 행정구역별 공장, 가구, 문화재, 학교 등 인문사회적 데이터와 행정구역별 식물, 동물 등 자연적인 데이터 모두에 적용할 수 있다. 여기서는 식물을 대상으로 추출하는 방법을 알아보기로 한다.

1. 지역 내 점의 종류수와 전체개수

폴리곤과 점레이어가 있을 때, 폴리곤에 속하는 점들이 갖는 속성별 종류수와 전체개수를 계산할 때가 있다. 이를테면 폴리곤 내에 식물이 소나무 2개, 구상나무 5개, 상수리나무 3개 또는 공장이 제조업 3곳, 생수 2곳, 음료 1곳이 있을 때, 각각 식물은 종류가 3개, 전체개수는 10개이고 공장은 3곳, 전체개수는 6곳이 된다.

1) 면과 점의 공간조인

면 내에 포함된 점들의 수를 계산하기 위해 먼저 면과 점자료의 공간조인이 필요하다. Map 메뉴의 Add Data를 클릭하여 Chapter12_data 폴더에서 강원도식물, 강원시군_행정구역을 불러온다. 해당 자료는 강원도 시군별 식물종과 개체수 통계를 추출하기 위해 사용한다.

이를 위해 행정구역 시군명 정보를 식물 각각에 조인해야 한다.

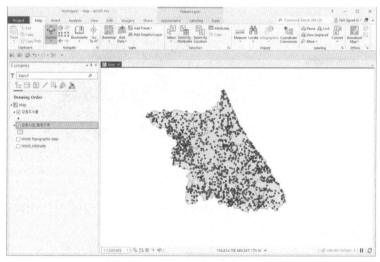

식물 + 행정구역

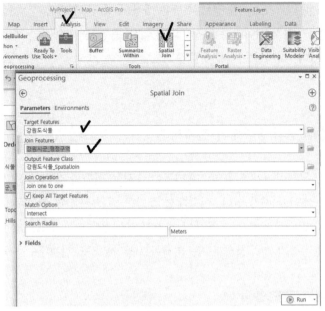
Spatial Join 창

Analysis → Spatial Join 아이콘 클릭 → Spatial Join 창에서 Target Features(강원도식물), Join Features(강원시군_행정구역) → Run. Target Features은 결합대상, Join Feature 기준이 되는 레이어로 식물정보에 행정구역을 결합한다.

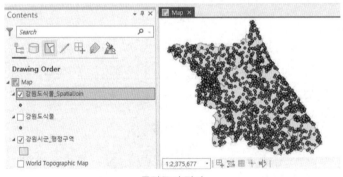
공간조인 결과

조인결과의 속성정보를 열어보면 강원도 개별 식물별로 행정구역 이름이 결합된 것을 알 수 있다.

강원도식물 속성필드는(FID, 국명), 강원시군_행정구역 속성필드는 (OBJECTID, 시군)이 공간조인으로 결합되어 속성은 Join_count이 새로 생성되고 Target_FID

(식물 필드, 식물 id임), 국명(식물 필드, 식물명임), OBJECTID(행정구역 필드, 행정구역 id임), 시군(행정구역 필드, 행정구역명임) 필드가 만들어진다.

식물 필드   행정구역 필드

조인된 필드

2) 종류수와 전체개수 계산

식물 점자료에 대해 시군별 전체 식물종수와 전체 개체수를 계산하려 한다. 메뉴 Analysis → Tools 아이콘 클릭 → 검색창에서 Summary Statistics를 입력하여 검색 → 클릭하여 실행

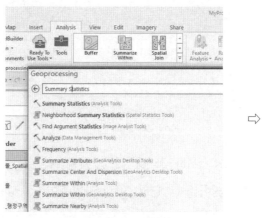

Summary Statistics 검색

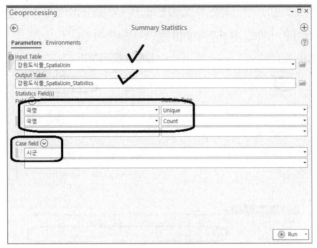

Summary Statistics 창

Summary Statistics 창에서 Input Table(강원도식물_SpatialJoin, 공간조인 레이어 선택), Output Table(결과 저장 디폴트), Statistics Field(국명), Statistic Type(Unique, 종류 계산), Field(국명), Statistic Type(Count, 전체개수 계산), Case field(시군, 시군 행정구역별 계산함) → Run 클릭한다.

Summary Statistics 실행 결과는 테이블로 만들어진다. 속성보기로 열면 OBJECTID_1 (행정구역 id), Unique_국명(식물 전체종수), Count_국명(식물 전체개수) 필드가 만들어진다.

OBJECTID_1	시군	FREQUENCY	UNIQUE_국명	COUNT_국명
1	강릉시	5810	1108	5810
2	고성군	3316	1271	3316
3	동해시	711	338	711
4	삼척시	3958	936	3958
5	속초시	2445	598	2445
6	양구군	1381	558	1381
7	양양군	5671	979	5671
8	영월군	3852	1042	3852

Summary Statistics 결과

그런데 테이블로 만들어지기 때문에 종수와 개체수를 지도로 볼 수 없어, 행정 구역에 OBJECTID와 테이블의 OBJECTID_1를 기준으로 속성을 조인해야 한다 (주의사항 이름, 즉 행정구역명으로 조인할 경우 중복이름이 있을 시 결합이 안 되는 경우 발생).

강원시군_행정구역 레이어 오른쪽 마우스 → Join and Relates → Add Join →

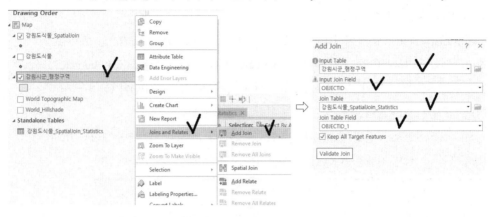

Add Join 창에서 Input Table(강원시군_행정구역), Input Join Field(OBJECTID), Join Table(Summary Statistics 실행 결과 테이블 선택), Join Table Field(OBJECTID_1) → Ok 클릭하면 조인된다.

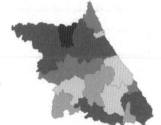

행정구역에 조인 결과

행정구역별 전체 개체수
(Graduated Colors)

지금까지 지역 내 종류의 수와 전체개수를 계산하는 방법을 알아보았다. 이 방법은 지역 내에서 어떤 종류가 얼마만큼 있는지 알 수 없다. 이를 해결하려면 지역 내 점의 종류별 개수를 계산하는 방법을 사용해야 한다.

2. 지역 내 점의 종류별 개수

시군별 분포하는 식물 종별 개수를 계산하고자 할 때 지역 내 점의 종류별 계산은 Summary Statistics 창에서 선택항목을 조정하면 가능하다.

메뉴 Analysis → Tools 아이콘 클릭 → 검색창에서 Summary Statistics를 입력하여 검색 → 클릭하여 실행

Summary Statistics 창에서 Input Table(강원도식물_SpatialJoin, 공간조인 레이어 선택), Output Table(결과 저장 디폴트), Statistics Field(시군), Field(시군), Statistic Type(Count, 전체개수 계산), Case field(OBJECTID, 행정구역 아이디별)와 (국명, 국명별)을 입력 → Run 클릭한다.

Summary Statistics 실행 결과는 테이블로 만들어진다. 속성보기로 열면 OBJECTID (행정구역 id), 국명(식물종명), Count_국명(식물 전체개수) 필드가 만들어진다.

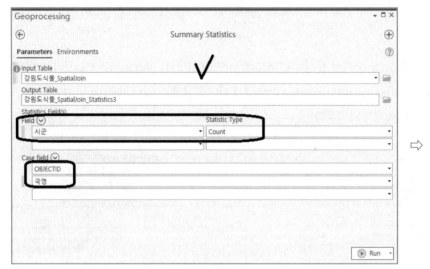

Summary Statistics 창

시군 식물별 개체수 결과

테이블을 보면 행정구역 구분은 OBJECTID로만 나오기 때문에 알 수 없어 행정
구역의 시군을 조인한다. 조인하기 앞서 테이블을 행정구역에 조인했기 때문에
새로운 조인을 위해 강원시군_행정구역 오른쪽 마우스 → Join and Relates →
Remove All Joins를 실행하여 해제해야 한다.

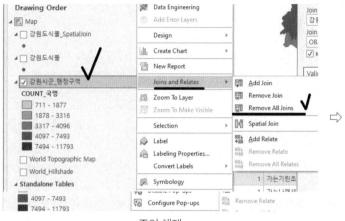

조인 해제

Summary Statistics 실행 결과 테이블 오른쪽 마우스 → Join and Relates →
Add Join → Add Join 창에서 Input Table(강원도식물_SpatialJoin_Statistics1), Input
Join Field(OBJECTID), Join Table(강원시군_행정구역), Join Table Field(OBJECTID)
→ Ok 클릭하면 조인된다.

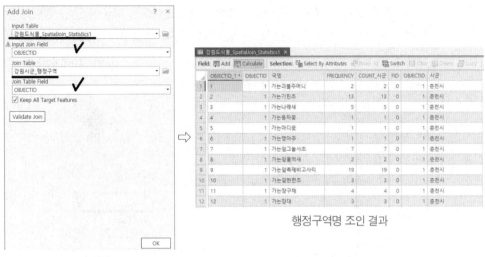

조인 선택

행정구역명 조인 결과

조인 결과 재저장하여 엑셀로 불러와 불필요한 필드(OBJECTID_1, OBJECTID, FREQUENCY, FID, OBJECTID)를 지우고 그래프나 통계분석에 사용하면 된다.

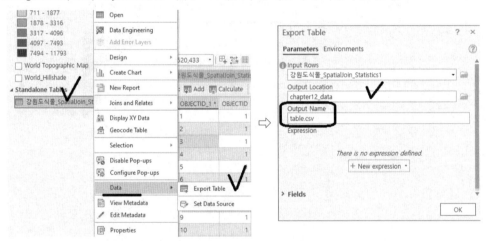

Export Table에서 Output Location(Chapter12_data, 저장위치 지정), Output Name **(table.csv 반드시 CSV로 확장자 지정)** → Ok 하면 Table.csv로 저장된다. 해당 파일을 탐색기에서 클릭하여 열면 된다. 그림은 엑셀로 불러와 필드명을 조정하고 춘천시 식물종별 개체수를 그래프로 나타낸 것이다.

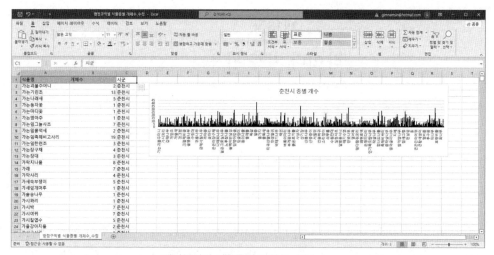

행정구역별 식물종별 개체수_수정.xlsx

지금까지 벡터 자료의 통계 계산을 했다. 벡터는 고도, 경사, 강수 등 래스터값을
추출하여 통계분석에 활용할 수 있다. 벡터로 래스터값을 추출하는 방법은 제5장
"4. 래스터 공간조인"에서 다루기 때문에 참고하기 바란다.

제13장

라이다 자료 활용

라이다(LiDAR: Light Detection And Ranging)는 레이저파를 발사하여 반사되는 정보를 3차원으로 스캔하는 방식이다. 라이다 자료는 지상의 대상물에 대해 3차원의 점운(point cloud) 상태로 공간상에 점들이 떠 있는 형상을 유지한다. 라이다 센서는 드론이나 항공기, 자동차 등에 탑재하여 정보를 확보하거나 실시간 3차원 정보를 분석하는 목적으로 사용할 수 있다.

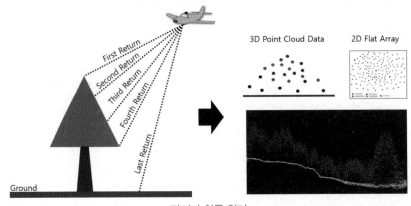

라이다 취득 원리

라이다는 지상 정보에 따라 분류코드 정보를 갖고 있는데 미국 원격탐사 사진 측량협회(ASPRS) 제시 기준에 따라 LAS Format은 예를 들어 표고 1, 2, 식생은 3(저층), 4(중간층), 5(상층), 6(건물), 9(수체), 10(철도)로 분류하고 있다. LiDAR 데이터 포맷은 *.las 또는 *.laz(압축) 형태이다.

1. 라이다

1) 불러오기

라이다 자료 벡터나 래스터 자료 불러오기와는 조금 다른 방식을 따른다. 메인 메뉴 Analysis → 하위 Tools 클릭 → Create LAS Dataset 클릭 → Create LAS Dataset 실행창에서 Chapter13_data 폴더에서 Input Files(building.las), Output LAS DatasetI(build.lasd, 저장파일), Coordinate System(5187 검색 선택, 해당 지역은 강원도 지역으로 129도 동부원점 지역임) 선택하고 Run 실행하여 불러온다.

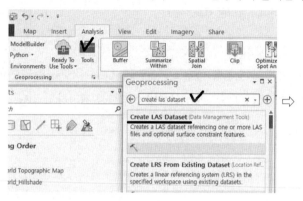

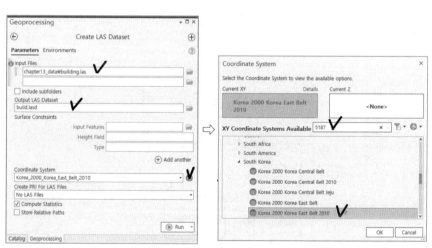

처음 불러온 자료는 데이터는 안 보이고 박스만 표시되는 경우가 자주 있는데 많은 수의 모든 점자료를 표시할 수 없기 때문이고 확대하면 보이게 되거나 분류 코드를 추출하여 분석하면 보이게 된다.

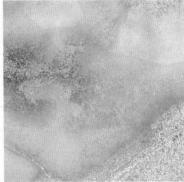

라이다 불러온 결과   확대한 결과

지상 지물별로 보기는

레이어(Build.lasd) 오른쪽 마우스 → Properties → Layer Properties 창 → LAS
Filter → Classification Code에서 선택대상 코드를 체크하면 된다.

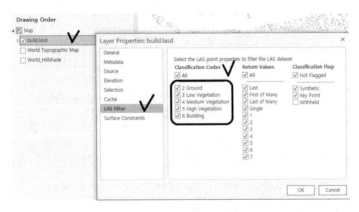

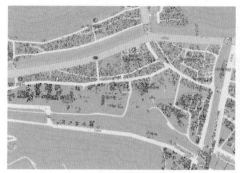

건물 6번 선택 결과

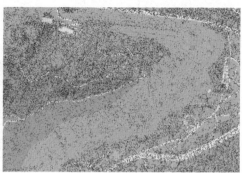

표고 2번 선택 결과

식생 3, 4, 5 선택 결과

2) DTM 제작

라이다 자료는 정밀하게 지상의 3차원으로 정보를 취득하기 때문에 수치표고모델(DTM: digital terrain model) 및 수치표면모델(DSM: digital surface model)을 제작할 수 있다. 먼저 수치표고모델은 Layer Properties 창에서 표고 1 또는 2를 선택 → Analysis 메뉴 → Tools 클릭 → LAS Dataset to Raster를 검색하여 제작한다. 마찬가지로 수치표면모델은 Layer Properties 창에서 표고 1, 2, 3, 4, 5, 6을 선택한 후 Analysis 메뉴 → Tools 클릭 → LAS Dataset to Raster를 검색하여 제작한다.

먼저 수치표고모델을 위해 레이어(Build.lasd) 오른쪽 마우스 → Properties → Layer Properties 창 → LAS Filter → Classification Code에서 선택 대상 2 코드를 체크(해당 자료코드는 2만 있음) → Analysis 메뉴 → Tools 클릭 → LAS Dataset to Raster 검색

LAS Dataset to Raster 창에서 Input LAS Dataset(Build.lasd, 코드 2 선택하고), Output Raster(build_lasdat, 사용자 저장파일명 입력), Value Field(Elevation 선택), Sampling Type(Cell Size), Sampling Value(1, 래스터 해상도 지정) → Run

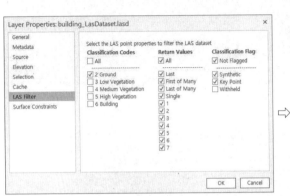

2 코드 선택

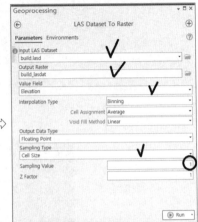

LAS Dataset to Raster

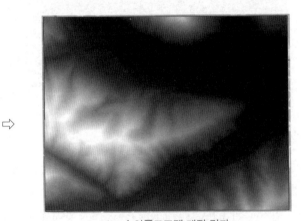

1m 수치표고모델 제작 결과

작성된 수치표고모델을 이용하여 음영기복도를 만든다. 음영기복도는 Analysis 메뉴 → Tools 클릭 → Hillshade 검색, HillShade 창에서 Input raster(Build_ladat 선택), Output raster(결과 저장파일) → Run 클릭하여 실행한다.

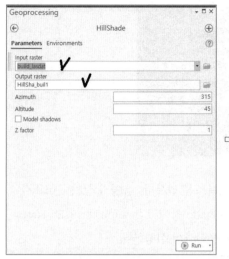

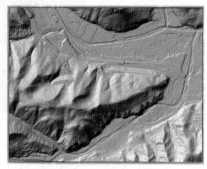

음영기복도 제작 결과

음영기복도 실행창

3) DSM 제작

이번에는 건물(6)의 수치표면모델을 제작하기 위해 레이어(Build.lasd) 오른쪽
마우스 → Properties → Layer Properties 창 → LAS Filter → Classification Code
에서 선택 대상 2, 6을 선택하고 Analysis 메뉴 → Tools 클릭 → LAS Dataset to
Raster 검색

LAS Dataset to Raster 창에서 Input LAS Dataset(Build.lasd), Output Raster
(build_lasdat1, 사용자 저장파일명 입력), Value Field(Elevation 선택), Sampling Type
(Cell Size), Sampling Value(1, 래스터 해상도 지정) → Run

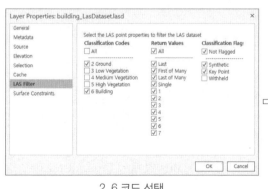

2, 6 코드 선택

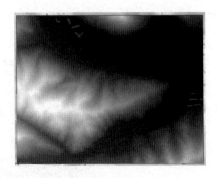

작성된 수치표면모델을 이용하여 음영기복도를 만든다. 음영기복도는 Analysis 메뉴 → Tools 클릭 → Hillshade 검색, HillShade 창에서 Input raster(Build_ladat1 선택), Output raster(결과 저장파일) → Run 클릭하여 실행한다.

음영기복도 실행창

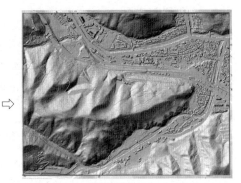

수피표면모델 음영기복도 제작 결과

4) 지상지물 높이 계산

그림을 보면 수치표면모델은 고도기반 수치표고모델에 지상에 실재하는 건물 높이값이 추가된 것을 알 수 있다. 따라서 DSM – DTM을 빼면 수목높이, 건물높이 값을 갖게 된다. 지상지물의 표고 높이 계산은

Analysis 메뉴 → Tools 클릭 → minus 검색, Minus 창에서 Input raster or constant value 1(build_las, DSM에 해당), Input raster or constant value 2(build_lasdat, DTM에 해당) → Run 클릭하여 실행한다.

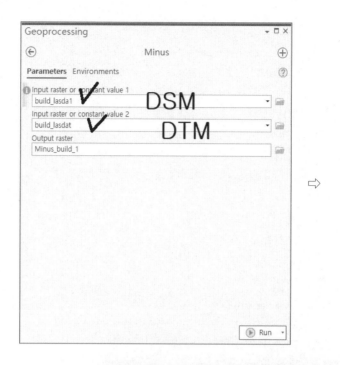

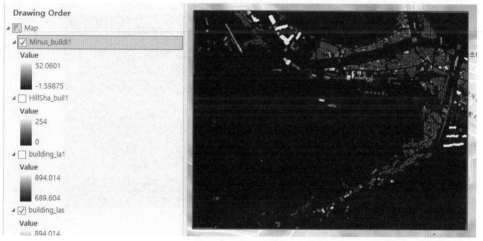

지상물 높이 계산 결과

결과의 높이값 레전드를 보면 음수값이나 비정상 높이값이 발생한다. 이는 라이다 취득 시 발생하는 노이즈로 보정 처리하면 된다. 계산 방법은 Analysis 메뉴 → Tools 클릭 → raster calculator 검색 실행하여 계산식 Con("Minus_build_1") = 0, "Minus_build_1", 0) 0 이상 지역은 자체값을 적용하고 0 미만은 0으로 대체한다.

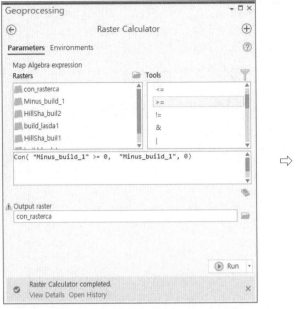

Con("Minus_build_1" >= 0, "Minus_build_1", 0)

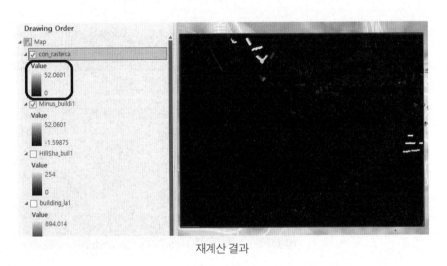

재계산 결과

결과를 보면 건물의 높이는 0~52m로 정리되었는데 대상지에서 건물이 높은 곳은 아파트로 45m 정도가 최고이다. 따라서 45m 이상 건물을 45m로 대체한다. Analysis 메뉴 → Tools 클릭 → raster calculator 검색 실행하여 계산식 Con("con_rasterca" >= 45, 45, "con_rasterca") 45 이상 지역은 45로 대체하고 그 이하는 자체값을 적용한다.

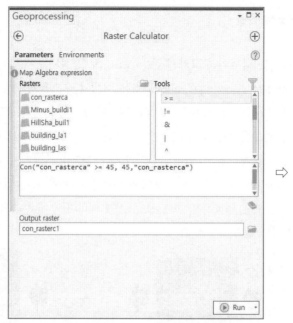

Con("con_rasterca" ⟩= 45, 45, "con_rasterca")

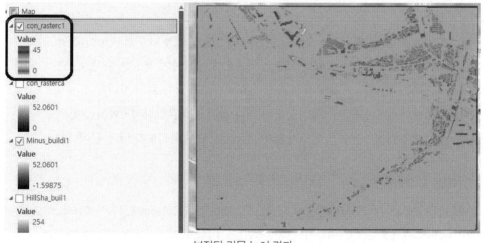

보정된 건물 높이 결과

보정된 래스터 결과로 해당 지역 벡터 건물지도에 건물높이 값을 조인하면 3차원 시각화가 가능하다(제8장 참조).

2. 식생 캐노피모델

캐노피(canopy)는 식생의 수고와 수관(crown)으로 형성되는 층위들의 집합체이다. 캐노피모델(CHM: Canopy Digital Model)은 식생의 수고를 연속수치의 높이값으로 표현한 것이다. 캐노피모델은 식생의 수관 단위인 캐노피를 추출할 수 있고, 나무위치와 수고정보를 추출할 수 있다. 그뿐 아니라 식생밀도, 식생층위구조, 바이오매스, 수령 등을 계산할 수 있다. 다만 라이다 추출에 의한 나무위치, 수고 등은 계산이 가능하지만 수종정보를 추출하여 나무를 구분할 수는 없다. 수종정보는 고해상도 영상(드론, 항공사진, 고해상도 초분광 이미지)에서 추출하여 캐노피분석 결과와 결합하면 된다.

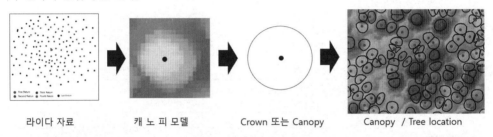

라이다 자료　　　캐 노 피 모델　　　Crown 또는 Canopy　　　Canopy / Tree location

라이다를 이용한 캐노피모델 제작의 원리는 지상의 고도와 나무의 수고를 결합한 수치표면모델(DSM)에서 지상의 고도를 연속으로 계산하여 작성한 수치고도모델(DTM)을 빼는 것이다. 이렇게 작성된 모델은 노이즈가 많아 보정 처리를 거쳐야 된다. 특히 한랭지역의 수형구조를 갖는 지역과 달리 온대혼합림지역에서는 숲의 층위구조가 복잡하고, 수종 간 밀도가 높아 캐노피모델의 완성도가 낮은 편이다.

1) DTM 및 DSM

메인메뉴 Analysis → 하위 Tools 클릭 → Create LAS Dataset 클릭 → Create LAS Dataset 실행창에서 Chapter13_data 폴더에서 Input Files(forest.las), Output LAS Dataset(forest_lasdataset.lasd, 저장파일), Coordinate System(5187 검색 선택, 해당 지역은 강원도 지역으로 129도 동부원점 지역임) 선택하고 Run 실행하여 불러온다.

처음 불러온 자료는 데이터는 안 보이고 박스만 표시되는데 많은 수의 모든 점 자료를 표시할 수 없기 때문이고 확대하면 보이게 되거나 분류코드를 추출하여 분석하면 보이게 된다.

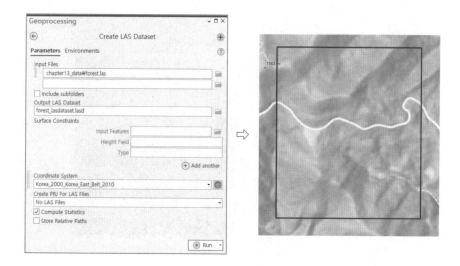

DTM 제작

먼저 수치표고모델은 레이어(forest_lasdataset.lasd) 오른쪽 마우스 → Properties → Layer Properties 창 → LAS Filter → Classification Code에서 선택대상 코드 2 를 체크한다.

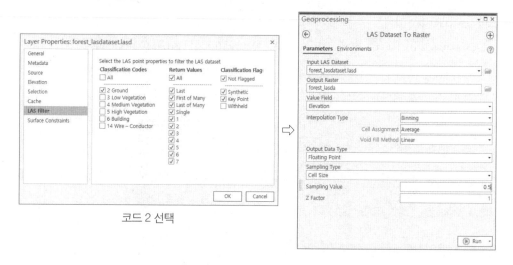

코드 2 선택

다음으로 Analysis 메뉴 → Tools 클릭 → LAS Dataset to Raster 검색 → LAS Dataset to Raster 창에서 Input LAS Dataset(forest_lasdataset.lasd), Output Raster(forest_lasda, 사용자 저장파일명 입력), Value Field(Elevation 선택), Sampling Type(Cell Size), Sampling Value(0.5, 래스터 해상도 지정) → Run

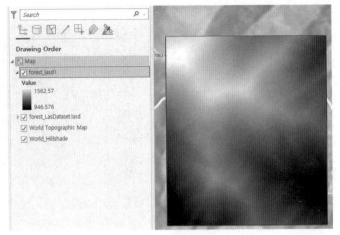

해상도 0.5m DTM 결과

DSM 제작

이번에는 수치표면모델을 제작하기 위해 레이어(forest_lasdataset.lasd) 오른쪽 마우스 → Properties → Layer Properties 창 → LAS Filter → Classification Code 에서 선택 대상 2, 3, 4, 5 모두 선택하고 Analysis 메뉴 → Tools 클릭 → LAS Dataset to Raster 검색

LAS Dataset to Raster 창에서 Input LAS Dataset(forest.lasd2), Output Raster (build_lasdat1, 사용자 저장파일명 입력), Value Field(Elevation 선택), Sampling Type (Cell Size), Sampling Value(0.5, 래스터 해상도 지정) → Run

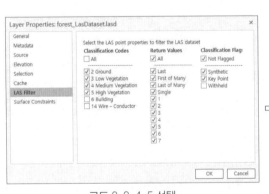

코드 2, 3, 4, 5 선택

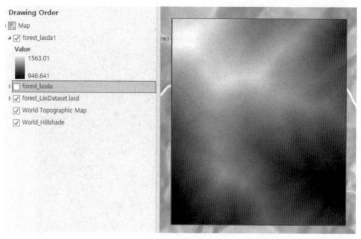

0.5m DSM 결과

2) 캐노피모델 제작

1차 캐노피모델

이론적으로 DSM - DTM을 빼면 식생 수고 높이 캐노피모델이 된다. 계산은 Analysis 메뉴 → Tools 클릭 → minus 검색 Minus 창에서 Input raster or constant 1(forest_lada1, DSM에 해당), Input raster or constant 2(forest_lada, DTM에 해당) → Run 클릭하여 실행한다.

DSM - DTM 계산

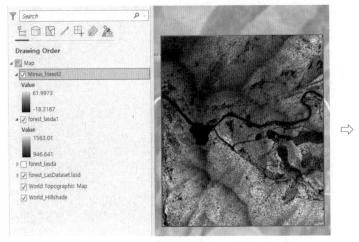

1차 CHM 결과

Export 재저장

1차로 생성된 캐노피모델은 생성 레이어 오른쪽 마우스 → Data → Export Raster
로 dchm_1st.tif(확장자 입력) 저장한다.

2차 캐노피모델

수고값 분포를 보면 −18~61m로 계산되었다. 라이다 노이즈로 발행하는 문제로 음수값과 우리나라 수고가 60m 이상인 나무는 존재하기 힘들어 보정이 필요하다. 분석 대상지는 실제 수고가 30m 이하의 분포를 갖는 지역이다.

계산 방법은 Analysis 메뉴 → Tools 클릭 → raster calculator 검색 실행하여 계산식 Con("dchm_1st.tif" >= 0,"dchm_1st.tif") 0 이상 지역은 자체값을 적용하고 0 미만은 Nodata로 처리한다.

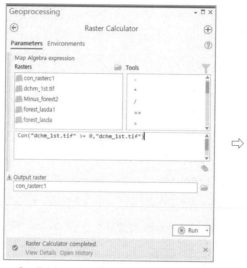

Con("dchm_1st.tif" >= 0,"dchm_1st.tif")

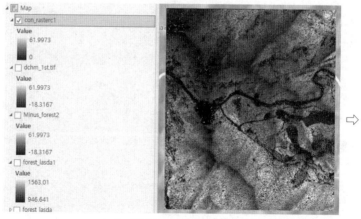

0 미만 Nodata 처리 결과

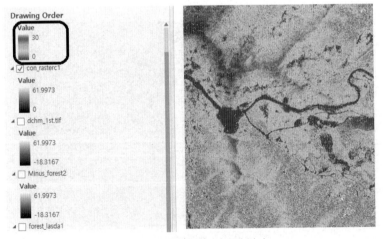

Con("con_rasterc1" >= 30, 30, "con_rasterc1")

처리 결과는 30 이상 지역이 남아 있어 raster calculator로 30 이상은 30으로 대체하는 계산을 한다. 계산식 Con("con_rasterc1" >= 30, 30, "con_rasterc1") 실행하면 30 이상은 30으로 대체하고 나머지는 자체값으로 대체한다. 완성된 캐노피모델은 생성 레이어 오른쪽 마우스 → Data → Export Raster로 dchm_tif(확장자 입력) 저장한다.

수고 0 – 30m의 캐노피모델 결과

3. 식생 캐노피 제작

1) 캐노피모델 전처리

캐노피모델이 완성되면 식생 군집이나 개별나무에 대한 크라운, 캐노피, 나무 위치와 수고를 분석하여 추출할 수 있다. 캐노피모델 원자료를 그대로 사용하면 수고 표면 노이즈로 비정상적인 나무위치와 캐노피들이 생성된다. 따라서 캐노피 모델 원자료에 대한 수고 표면 보정과 수형 중앙으로 데이터들을 집중하도록 조정 작업을 해야 한다.

방법은 필터링과 캐노피 중앙 최대값 중심으로 데이터를 처리해야 한다는 것이다. 필터링은 Gaussian 5×5 커널 필터를 적용하고 최대값 중심 추출은 Focal Statistics 를 적용한다.

0	0	1	0	0
0	1	1	1	0
1	1	1	1	1
0	1	1	1	0
0	0	1	0	0

5×5 가우스 커널 필터

가우스 커널 필터 적용은 Analysis 메뉴 → Tools 클릭 → Focal Statistics 검색 실행하여 Focal Statistics 창에서 Input raster(dchm.tif, 캐노피모델 최종 보정본 선택), Output raster(gaussianfilter, 파일명 입력), Neighborhood(Weight 선택하고 Kernel file에서 Chapter13_data 폴더의 gaussian55.txt 선택), Statistics type(mean 선택)하고 Run 클릭하여 실행한다.

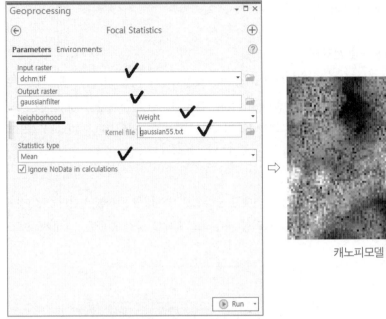

캐노피모델 노이즈

가우스 필터 계산

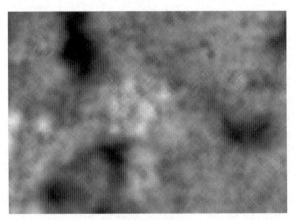

가우스 필터 적용 결과

가우스 필터 적용 결과는 캐노피모델 표면의 노이즈는 해결되었지만 식생 수관 형태의 캐노피 윤곽이 잘 드러나지 않는다.

다음으로 Analysis 메뉴 → Tools 클릭 → raster calculator 검색 실행하여 계산식 Con("gaussianfilter" >= 3, "gaussianfilter") 3 이상 지역은 자체값을 적용하고 3 미만은 Nodata로 처리하고 결과는 dchm3으로 저장한다.

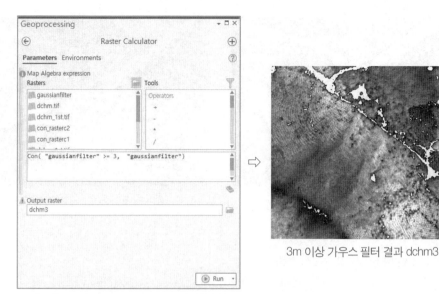

3m 이상 가우스 필터 결과 dchm3

Con("gaussianfilter" 〉= 3, "gaussianfilter")

　　캐노피 윤곽 강화 방법은 Analysis 메뉴 → Tools 클릭 → Focal Statistics 검색 실행하여 Focal Statistics 창에서 Input raster(dchm3, 계산 결과 선택), Output raster(Maximum, 파일명 입력), Neighborhood(Circle) 선택하고 Radius(3 지정), Units type(Cell), Statistics type(Maximum, 선택)하고 Run을 실행한다.

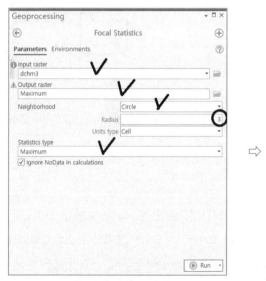

캐노피 윤곽 강조 처리

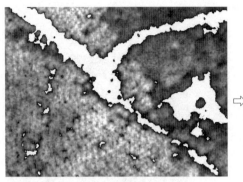
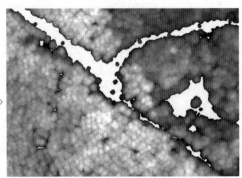

캐노피 윤곽 강조 전: dchm3   캐노피 윤곽 강조 후: Maximum

2) 식생 위치 및 캐노피 추출

① 래스터 나무위치 및 수고점 추출

raster calculator 검색 실행하여 계산식 Con("dchm3" =="Maximum","dchm3") 최고점에 수고값을 입력하여 Output raster를 MaxP로 저장한다. 수고점별로 저장되기 때문에 확대하면 높이값을 갖는 래스터 점을 확인할 수 있다.

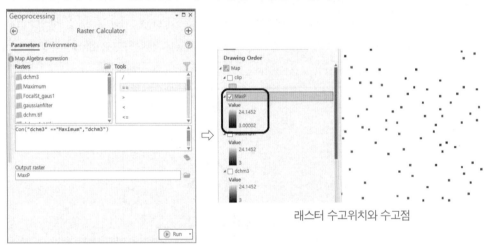

래스터 수고위치와 수고점

Con("dchm3" =="Maximum","dchm3")

래스터 수고점들은 벡터로 전환한다. Analysis 메뉴 → Tools 클릭 → raster to point 검색을 실행하여 Raster to Point 창에서 Input raster(MaxP, 선택), Field (value 선택), Output point features(tree_p, 저장파일명 입력) 하고 Run 클릭한다.

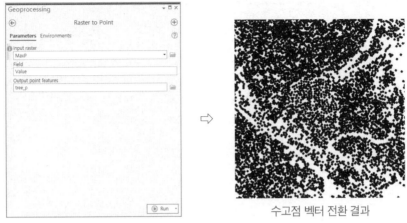

래스터 수고자료 벡터 전환　　수고점 벡터 전환 결과

② 마스킹용 벡터레이어 제작

마스킹용 벡터레이어는 3m 이상의 나무에 대해 캐노피와 나무위치를 추출하기 때문에 3m 미만은 Nodata 처리된다. 캐노피 추출과정에서 Nodata와 외곽 경계 레이어(Chapter13_data의 clip.shp) 마스킹 또는 자르기 용도로 사용한다.

raster calculator 검색 실행하여 계산식 Con("gaussianfilter" 〉= 3,1,0) 적용하여 3 이상은 1, 나머지는 0으로 처리하고 저장은 tmp 임시파일로 한다. 저장된 임시파 일은 래스터이기 때문에 벡터로 전환한다. Raster to Polygon 검색을 실행하여 벡 터로 전환한다. 전환 창에서 디폴트 체크로 되어 있는 Simplify Polygons 부분을 반드시 해제한다.

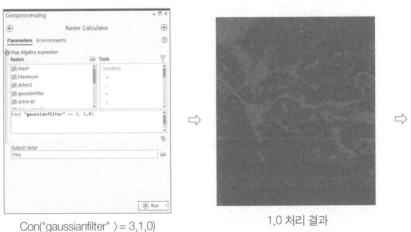

Con("gaussianfilter" 〉= 3,1,0)　　1,0 처리 결과

Raster to Polygon

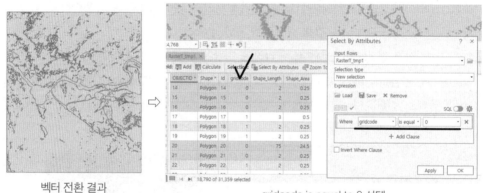

벡터 전환 결과

gridcode is equal to 0 선택

　　전환된 벡터의 속성을 열어 gridcode 필드에 1, 0이 저장된 것을 확인할 수 있고, Select by Attribute 창을 열어 gridcode is equal to 1로 선택 후 벡터 전환 레이어 오른쪽 마우스 Data → Export Features로 outer.shp로 저장하고 gridcode is equal to 0으로 선택 후 벡터 전환 레이어 오른쪽 마우스 Data → Export Features로 inner.shp로 저장한다.

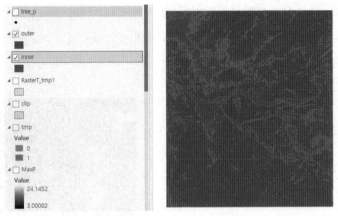

마스킹용 레이어 제작 결과

③ 수고점(tree_p)으로 티센다각형 생성

Analysis 메뉴 → Tools 클릭 → Create Thiessen Polygons 검색 실행하여 Input Features(tree_p, 선택), Output Feature Class(thiessen_1, 저장파일명 입력), Output Fields(Only Feature ID, 선택) 선택하고 Run 클릭하여 실행한다.

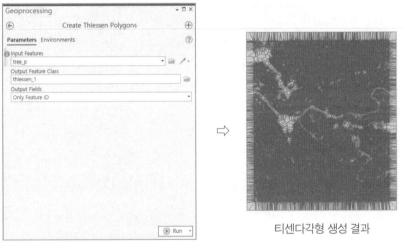

Create Thiessen Polygon

티센다각형 생성 결과

④ 수고점(tree_p)과 티센다각형 자르기

수고점과 티센다각형은 나무가 없는 지역까지 생성되었기 때문에 식생이 있는 지역만 잘라내야 한다. tree_p는 ②에서 제작한 식생지역 outer로 자르고, 티센다각형도 식생지역 outer로 자르면 된다.

자르기는 Clip 아이콘을 클릭하여 Input Features or Dataset(tree_p 선택), Clip Features(outer 선택), Output Features or Dataset(tree_p_clip 저장파일 입력) → Run 클릭하여 자른다.

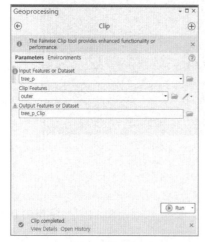

tree_p 자르기

나무위치만 자른 결과

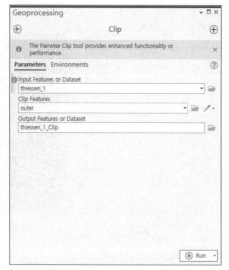

티센다각형 자르기

다음으로 Clip 아이콘을 클릭하여 Input Features or Dataset(thiessen_1 선택), Clip Features(outer 선택), Output Features or Dataset(thiessen_1_clip 저장파일 입력) → Run 클릭하여 자른다.

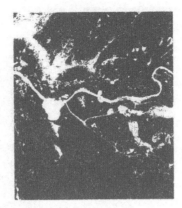

티센 자른 결과

⑤ 캐노피모델 경사도와 곡류계산

3m 이상 캐노피 윤곽 강화 Maximum 파일로 경사도를 계산하여 경사도값으로 곡률을 계산한다.

Analysis 메뉴 → Tools 클릭 → slope 검색 실행하여 Slope 창에서 Input raster (Maximum, 선택), Output raster(slope 저장파일명 입력) → Run 클릭한다.

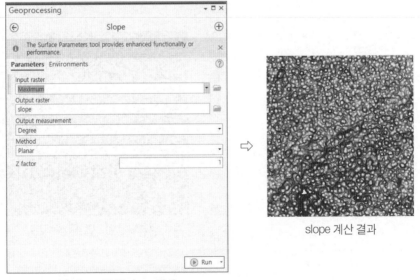

Maximum으로 slope 계산

slope 계산 결과

이어 curvaure 검색 실행하여 Curvaure 창에서 Input raster(slope 선택), Output raster(curvaure 저장파일명 입력) → Run 클릭한다.

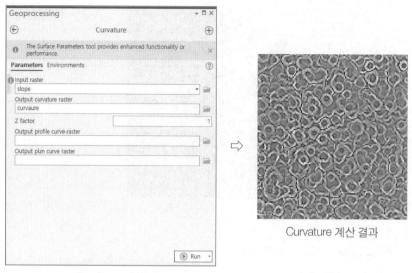

Curvature 계산   Curvature 계산 결과

raster calculator 검색 실행하여 계산식 Con("curvaure") = 0, 1) 0 이상의 값을 1로 대체하여 c_tmp로 저장한다.

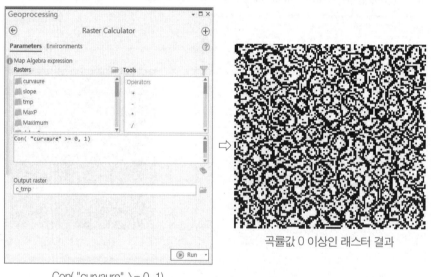

Con("curvaure") = 0, 1)   곡률값 0 이상인 래스터 결과

⑥ 곡률 벡터 전환 및 교차분석

곡률 래스터 0 이상 지역을 벡터로 전환하고 앞서 작성한 티센다각형과 교차분석을 한다. 벡터 전환은 raster to point 검색 실행하여 Input raster(c_tmp 선택),

Field(value 선택), Output Point Features(c_tmp_p, 저장벡터 파일 입력) 지정하고 Run을 실행한다.

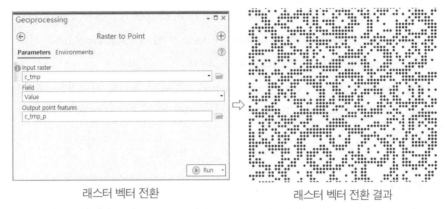

래스터 벡터 전환

래스터 벡터 전환 결과

교차분석 곡률벡터로 전환한 c_tmp_p과 앞단계에서 자르기한 thiessen_1_Clip 을 교차분석하는 것이다. 교차분석은 intersect 검색 실행하여 Input Features (thiessen_1_clip, c_tmp_p 선택), Output Features Class(intersect 저장파일명 입력), Attributes To Join(All attribute 선택), Output Type(Same as input) 지정하여 Run을 클릭한다.

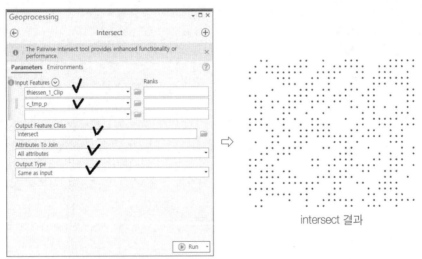

intersect 실행

intersect 결과

⑦ 캐노피 추출

교차분석 결과 점정보를 가지고 고유아이디를 기준으로 최소 외곽 경계를 연결하면 캐노피가 된다.

Analysis 메뉴 → Minimum Boundary Geometry 검색 → Minimum Boundary Geometry 실행창에서 Input Features(intersect 선택), Output Features Class(canopy1, 결과 저장파일명), Geometry Type(Convex Hull 선택), Group Option(list 선택), Group Fields(Input_FID) 지정하고 Run을 클릭하여 실행한다.

1차로 캐노피가 완성되면 Smooth Polygon 기능으로 폴리곤 완만화 → 비정상적으로 작거나 잘못된 캐노피 제거 → 나무위치와 중첩되지 않는 폴리곤을 제거함으로써 완성된다.

완만화

Analysis 메뉴 → Smooth Polygon 검색 실행하여 Input Features(canopy1 선택), Output Feature Class(canopy1_smoothPolygon 저장파일명 입력), Smooth Algorithm (PAEK 선택), Smooth Tolerance(2m 선택) 선택하고 Run 클릭하여 실행한다.

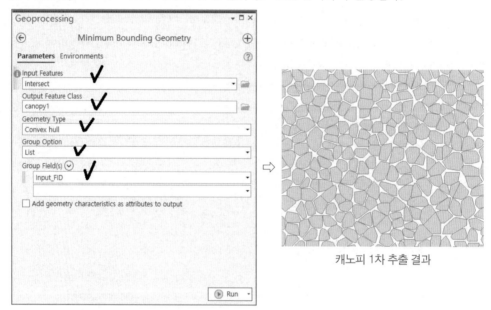

Minimum Boundary Geometry

캐노피 1차 추출 결과

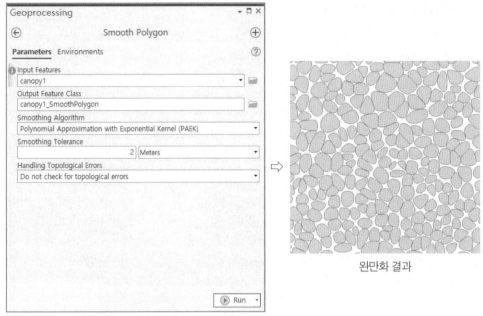

완만화 결과

폴리곤 Smoothing

최소면적 미달 캐노피 제거

canopy1_SmoothPolygon 결과 속성정보 선택에서 최소면적 기준 이하의 폴리곤을 제거한다.

최소면적은 반지름이 1m인 원의 면적을 캐노피로 가정하여 3제곱미터 미만은 선택하여 제거한다. Select By Attribute에서 Shape_Area is less than 3 이하를 선택하고 Delete 아이콘을 클릭하여 제거한다.

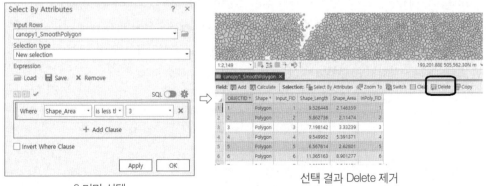

3 미만 선택

선택 결과 Delete 제거

나무위치에 미중첩 캐노피 제거

앞서 식생지역으로 잘라낸 나무위치 정보 tree_p_clip와 캐노피의 공간선택으로 중첩되지 않는 폴리곤을 제거한다.

Analysis 메뉴 → Select by location 검색 실행하여 Input Features(canopy1_SmoothPolygon 선택), Relationship(intersect 선택), Selecting Features(tree_p_clip) 선택하고 Run을 실행하여 중첩 폴리곤을 선택한다. 다음으로 속성정보를 열어 Switch 클릭 → Delete 클릭하면 중첩되지 않는 캐노피 폴리곤이 제거된다.

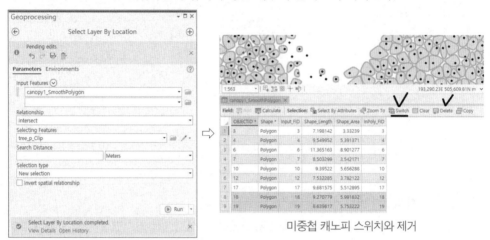

중첩 캐노피 선택　　　　　　　　　미중첩 캐노피 스위치와 제거

캐노피에 미중첩 수중위치 정보 제거

마지막으로 캐노피와 중첩 안 되는 나무위치 정보를 제거한다.

Analysis 메뉴 → Select by location 검색 실행하여 Input Features(tree_p_clip 선택), Relationship(intersect 선택), Selecting Features(canopy1_SmoothPolygon) 선택하고 Run을 실행하여 나무정보가 선택된다. 다음으로 속성정보를 열어 Switch 클릭 → Delete 클릭하면 중첩되지 않는 수정 위치정보가 제거된다.

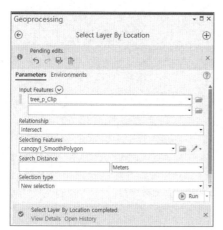

중첩 나무위치 선택

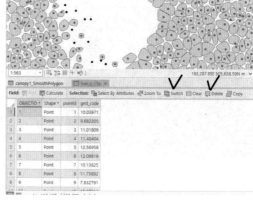

미중첩 나무위치 스위치와 제거

마지막으로 canopy1_SmoothPolygon, tree_p_clip의 오른쪽 마우스 클릭 Data
→ Export Features를 실행하여 각각 Canopy_last, tree_last로 저장한다.

Canopy_last 저장

tree_last 저장

나무위치 자료에는 나무의 높이 정보가 있고, 캐노피에는 둘레의 길이와 면적
이 포함되어 있어 영상정보의 수종정보와 결합하거나 DTM 및 DTM 응용 분석자
료와 결합하면 식생의 구분, 연대, 밀도, 식생층위구조, 바이오매스, 수령, 흉고 등
분석과 응용범위가 많아진다.

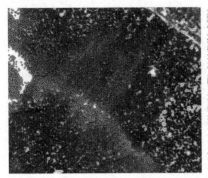

나무 수고 높이별 표현

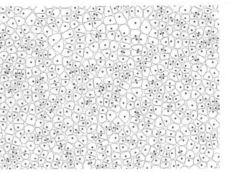

캐노피와 나무위치 중첩

    캐노피와 나무위치 중첩은 캐노피의 중앙에만 나무가 위치하는 것이 아니고 중앙과 가장자리에 위치할 수 있다. 그 이유는 수관군집의 집합체인 캐노피가 캐노피를 이루는 각 수관 중에 가장 높은 수고점을 선택하기 때문으로, 나무위치는 위치상 캐노피 내의 중앙뿐만 아니라 어디나 위치할 수 있다.

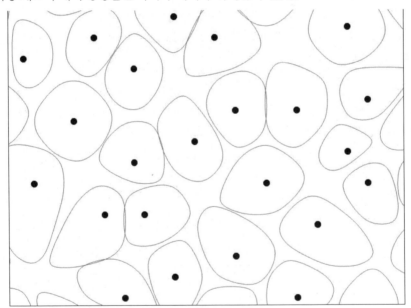

나무위치와 캐노피 중첩 확대

제14장
인공지능 영상분석

1. 원격탐사 영상

원격탐사(Remote Sensing)는 비접촉으로 지표 정보를 수집 또는 분석하는 기법이다. 센서와 분석 기법의 발달로 원격탐사 영상은 다중분광 영상, 초분광 영상, 항공사진, 드론이미지, 실물사진(인공지능 딥러닝 훈련용), 라이다 등 영상 소스가 다양해지고 있다. 여기서는 활용빈도가 높은 다중분광 영상, 초분광 영상, 항공사진, 드론이미지에 대해 간단히 설명한다. 다중분광 영상(Multispectral image)은 지표 반사파 가시광선~적외선 대역을 구간별 파장단위로 센싱하여 영상을 밴드별로 확보한다. 구간별 파장이기 때문에 중규모 단위 지표 정보 식별에 적합하지만 개별 대상 정보 식별에 한계를 갖는다. 그간 다중분광 영상은 인공위성으로 지구의 곳곳을 촬영한 위성영상이 Landsat, Spot, Sentinel, Worldview, Rapideye, Ikonos, MODIS 등 취득 목적과 해상도에 따라 다양하다. 항공이나 드론으로 촬영하는 초분광 영상은 가시광선~적외선 대역을 파장을 세분화하여 연속 촬영하는 방식으로 밴드가 수십에서 수백 개다. 초분광 영상의 연속파장 특성을 이용하면 지표의 세부적인 정보 추출이 가능하다. 농작물, 산림의 개별 수종, 습지와 초지의 정밀한 수종 및 군집 정보 추출로 직접 조사의 낮은 정확도를 보완할 수 있다. 국토지리정보원의 공개로 다운받아 사용할 수 있는 해상도 0.25cm 항공사진은 RGG 영상(국가에 따라 RGB에 적외선도 촬영하는 나라도 있음), 드론이미지는 GSD 5cm 또는 그 이하 해상도 영상으로 센서카메라 탑재에 따라 RGB, 근적외선, 열적외선을 촬영할 수 있다. 항공사진과 드론이미지는 최근 추세인 인공지능 딥러닝(Deep learning) 학습과 정보 추출이 가능하여 기존의 근적외선, 적외선 등 대역에 의존

하던 영상분석에 획기적인 변화를 가져올 것으로 예상된다.

다중분광 영상

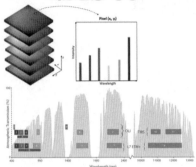

분광대역 선택적 촬영
토지이용 정보 추출에 장점이 있으나
군집화된 개별 정보 추출에 한계

초분광 영상

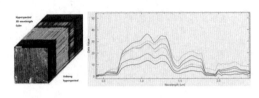

분광대역을 초분광센서로 연속 촬영

파장 Wavelengths 0.396 ~ 2.4096μm

토지이용 및 식물개체 정보 및 세부
지표정보 추출에 활용

다중분광 Landsat 영상(자료: NASA)

초분광 영상(자료: 직접 촬영)

항공사진 RGB(자료: 국토지리정보원)

드론이미지 RGB(자료: 직접 촬영)

2. 영상처리

다중분광 영상자료들은 디지털 파일이기 때문에 이미지 압축형식에 따라 Geotif, Hdf, Img 등 다양한 형식으로 되어 있으며 무료 사이트에서 다운받으면 밴드별로 분리되어 있는 경우가 많다. 또한 항공사진 사진이나 드론이미지의 경우도 원본을 사용하기보다는 전처리가 필요하다. 밴드가 분리된 위성영상은 기본적으로 좌표체계는 갖추고 있지만 한 개의 파일로 합성해야 하고, 항공사진 RBG는 영상강화, 그리고 드론이미지는 영상강화 정사보정의 과정을 거쳐야 효과적으로 사용할 수 있다.

1) 다중분광 영상합성

① 영상합성과 자르기

다중분광합성은 NASA에서 무료로 서비스하는 Landsat8호 위성영상을 사례로 합성한다. 다운받은 파일은 tar 압축파일 형식으로 LC08_L2SP_116035_20220504_20220511_02_T1.tar와 같이 파일명이 위성궤도(116-35), 원본 촬영일(2022.05.04.), 처리일(2022.05.11.)로 구성된다. 파일은 일반화된 압축 프로그램으로 열어 풀 수 있는데 밴드별 *.tif와 txt 노이즈 처리를 위한 위성제어 및 촬영정보 파일이 포함되어 있다. 위성영상 강화와 노이즈 제거를 위한 전문처리 과정은 전공자나 전문가에게 필요하기 때문에 여기서는 생략하기로 하고 밴드영상 합성을 해보기로 한다.

Landsat8 압축 해제

밴드 합성은 메인 메뉴 Analysis 클릭 → Tools 클릭 → band composite 검색 → band composite 클릭하여 실행 → Composite Bands 창에서 Input Raster 불

러오기 클릭(Chapter14_data₩landsat8_22_05_04 폴더) → 밴드 2~7 선택, Output Raster(결과 저장파일명 입력, 여기서 디폴트) → Ok 클릭 → Run 클릭하여 실행하면 합성된다.

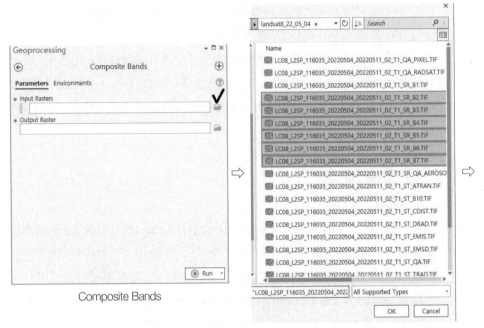

Composite Bands

밴드 선택

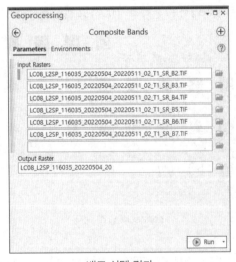

밴드 선택 결과

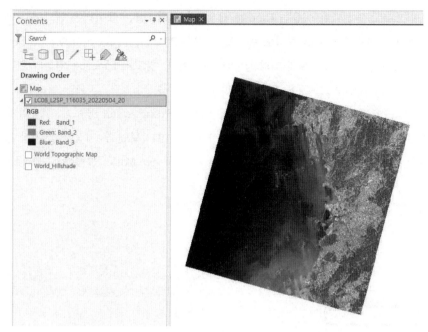

합성 결과

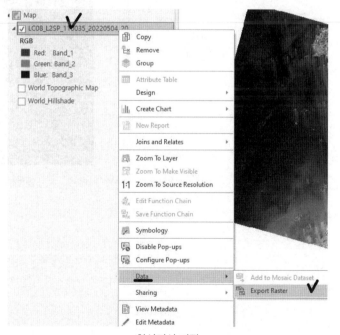

합성영상 저장

밴드를 2~7 선택한 이유는 Landsat 4, 5호와 달리 1번은 에어러졸 밴드이기 때문에 1을 제외하고 30m 해상도 밴드별 특징은 2(Blue), 3(Green), 4(Red), 5(Near Infrared;NIR), 6(SWIR1, 단파 적외선), 7(SWIR2)이다. 참고로 Landstat 영상의 한반도 좌표계는 UTM52를 적용하고 있다.

다음으로 합성영상 오른쪽 마우스 → Data → Export Raster 클릭 → 저장위치, 좌표계 UTM52, 해상도 X,Y 30m, Output Format(TIFF) 확인 후 저장한다. 저장 결과를 보면 Nodata 부분이 검은색인데 Symbology Mask 클릭하고 Display background value를 체크하면 안 보이게 된다.

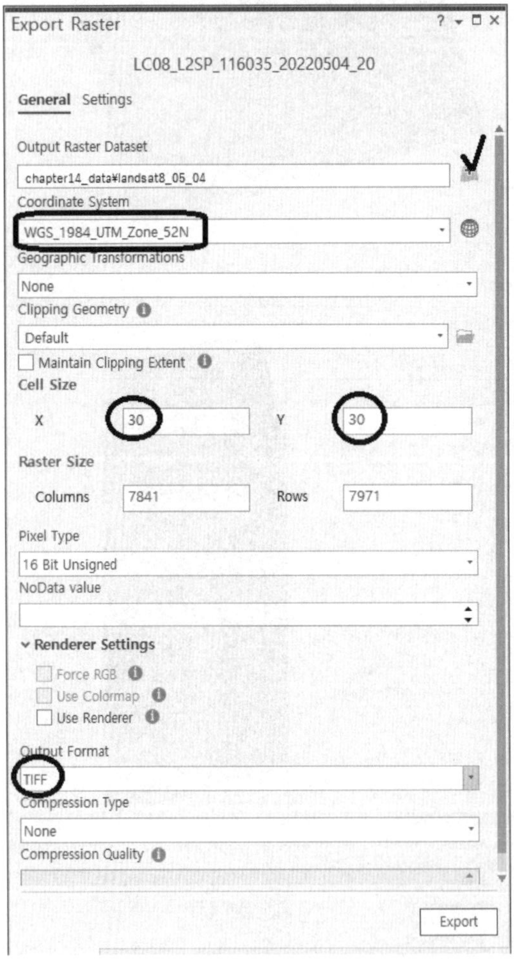

Export 저장

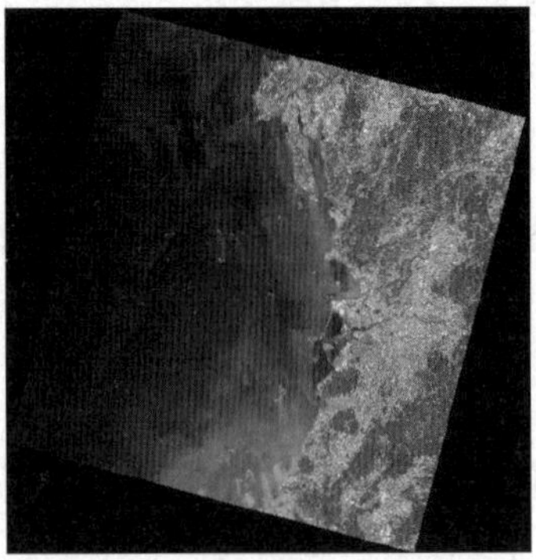

저장 결과

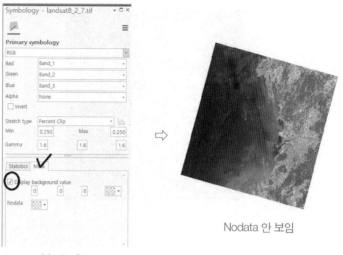

Mask 체크

Nodata 안 보임

마지막으로 영상 전체를 사용하지 않는 경우 필요 지역을 폴리곤 shp로 자르기를 한다. Chapter14_data₩landsat8_22_05_04의 clip_utm52를 불러와 저장은 Export 기능으로 한다.

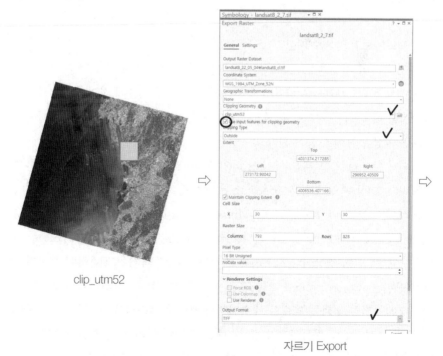

clip_utm52

자르기 Export

잘라낸 결과

자르기 할 영상(landsat8_2_7.tif) 오른쪽 마우스 → Data → Export Raster 클릭
→ Output Raster Data(Chapter14_data₩landsat8_22_05_04₩landsat8_cl), Clipping
Geometry(Clip_utm52, Shapefile 벡터 선택), 반드시 Use input features for clipping
geometry 체크, Clipping Type(Outside 선택), Output Format(TIFF)하여 Export
하여 자르기 한다.

② 적외선 보기 및 지수 계산

자르기 하여 저장한 landsat8_cl.tif을 이용하여 적외선 보기와 각종 지수 계산
을 하기로 한다. 적외선은 광합성 식물을 잘 반영하기 때문에 적외선 보기를 하면
녹색식물 및 농작물 지역이 붉게 보인다. 영상 밴드 RGB 조합 적외선 보기를 이
용하면 영상 판독에 도움이 된다.

적외선 보기나 지수 계산 시 대상 파일을 landsat8_cl.tif 클릭하여 선택해야 활
성화된다. 영상 밴드 조합은 Appearance 메뉴 하위 Band Combination 클릭하면
기본적으로 Natural color, Color Infrared, Custom 밴드 조합기능이 있다.
Natural color, Color Infrared를 선택하면 자동으로 보기가 결정되고 Custom은
자동으로 안 되는 영상이나 사용자가 지정하는 밴드 대역을 조합하여 보고자 할
때 사용한다. Color Infrared 조합 결과는 식생대가 붉게 나타난다. 사용자 지정
4, 6, 2로 조합한 결과는 담수와 해수지역의 차이가 나타남을 알 수 있다. 사용자
가 특정 목적정보를 판독하고자 할 때 밴드 조합에 따라 영상에 표현되고, 예를
들어 지질, 토양, 수분, 오염 등이 드러나므로, 이를 잘 활용하기 바란다.

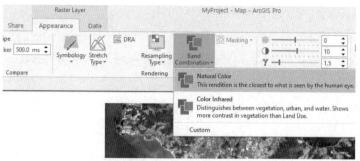

밴드 조합

Color Infrared 선택(4, 1, 2)

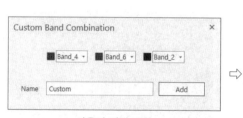

사용자 지정 조합

4, 6, 2 조합

위성영상에서 자주 사용하는 것이 지수 계산이다. 특히 식물에 대한 지수인 식생지수(NDVI)가 잘 알려진 지수로 계산식은 (근적외선 밴드 − 적색밴드) / (근적외선 밴드 + 적색밴드)이다. 결과는 −1~1 사이 실수값이고 이론적으로 0 이하는 수체 및 수분, 0 이상은 인공 및 식생영역이다.

Imagery 메뉴의 하위 아이콘 Indices에는 여러 지수 계산 아이콘이 있다. 여기서는 NDVI를 클릭하고 Near Infrared Band Index(Band4 선택), Red Band Index(Band3 선택)하고 Ok 클릭하여 실행한다.

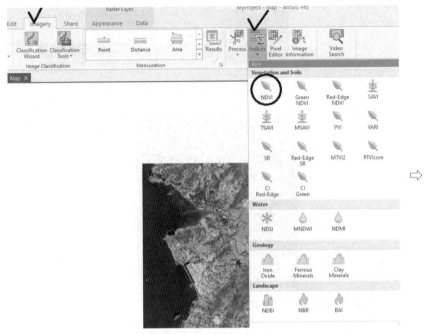

지수 계산 아이콘

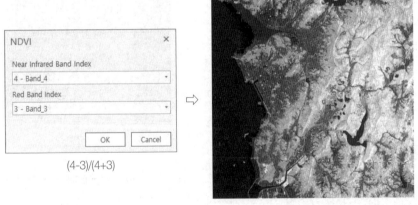

(4-3)/(4+3)

식생지수 계산 결과

2) RGB 이미지 대비 강화

RGB 이미지 tif는 항공사진이나 드론 촬영 영상이 많은 편이다. RGB 이미지 tif
는 이미지뷰어로 보이지만 다중밴드 저장이 가능한 geotif도 확장자는 *.tif라도 볼
수 없다. RGB 이미지는 그림과 같이 선명하지 못할 경우 ArcGIS Pro의 Raster
Functions의 이미지 강화 기능으로 선명도를 높여 저장할 것을 권장한다. 낮은 선
명도 영상은 지형지물 추출 시 추출 정확도가 떨어질 수 있다.

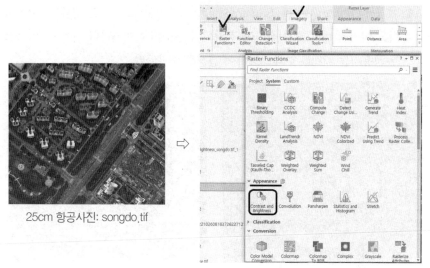

25cm 항공사진: songdo.tif

Contrast and Brightness

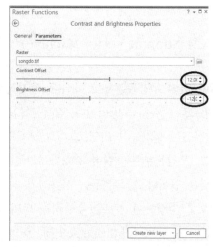

Contrast and Brightness Properties 실행창

ArcGIS Pro의 Raster Functions를 이용한 이미지 강조는 메인메뉴 Imagery 클릭 → 하위 아이콘 Raster Functions 클릭 → Appearance 클릭 → Contrast and Brightness 클릭 → Contrast and Brightness Properties 실행창 → Raster(songdo.tif 선택), Contrast Offset(12 입력), Brightness Offset(−12 입력) → Create new layer 클릭하여 실행하면 결과가 임시파일로 생성되고 Export Raster로 저장(songdo1.tif)한다.

※ 여기서 Contrast Offset, Brightness Offset 지정값(12, −12)은 정해진 것이 아니고 이미지 대비 효과에 따라 결정되기 때문에 이미지마다 다를 수 있으므로 사용자는 지정값을 테스트하여 결정하기 바란다.

원본 항공사진   항공사진 스트레칭

3. 머신러닝(SVM: Support Vector Machine)

영상분류는 감독분류와 무감독분류로 나뉜다. 무감독분류는 지정하는 분류항목의 개수만큼 자동으로 분류하는 방법이다. 감독분류는 실제 지표정보를 파악할 수 없는 지역이나 접근이 불가능한 지역, 그리고 모델링 중간과정에 영상정보가 필요할 때 적용한다. 무감독분류는 분류 결과가 실제와 다르게 추출되는 경우가 있어 활용빈도는 낮은 편이다. 감독분류는 사용자가 영상 판독에 따라 영상에서 파악되는 실제 정보를 지정하여 정보를 추출하는 방법이다. 감독분류에 사용자 지정 파일은 폴리곤과 점을 저장한 Shapefile인데, 폴리곤을 많이 사용한다. 여기서는 감독분류 방법에 대해 설명하기로 한다.

1) 스키마 작성 및 트레이닝 샘플링

앞에서 저장한 Chapter14_data₩landsat8_22_05_04 폴더의 landsat8_cl.tif를 불러온다.

메뉴 Imagery 클릭 → 하위 Classification Tools 아이콘 → Training Samples Manager 클릭

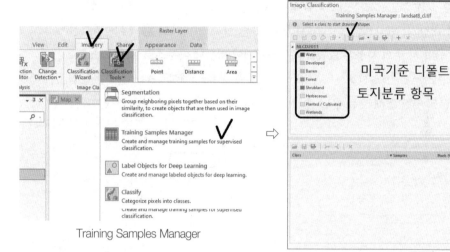

Training Samples Manager

Training Samples Manager 창

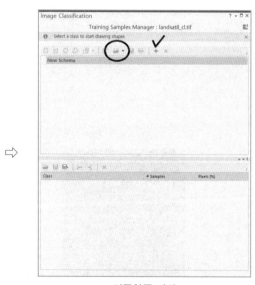

신규항목 지정

Training Samples Manager에 자동으로 미국의 분류항목이 표시되는데 Create New Schema를 클릭하면 삭제된다.  아이콘은 기존에 존재하는 Schema 파일을 불러올 때 사용하는 기능이고, +는 신규작성 아이콘이다. 분류항목을 입력하고 감독분류 트레이닝 샘플을 만들기로 한다.

❶ +를 클릭, Add New Class 창 → ❷ Name(forest, 분류항목 이름 입력), Vale(1, 값지정), Color(색지정) Ok 클릭 → ❸ ⬜ ◹ ⬭ ⬮ 아이콘 선택 → 영상에서 대상 입력(여기서는 산림) → 이어 다른 항목 입력하고 ❶~❸을 반복한다. **추가 입력 시 주의 사항은 Forest 자동선택되어 있는데 마우스로 New Schema 클릭**하고 New Schema 선택 → + 클릭 → 입력 절차로 해야 한다. 분류항목 입력 시 한글로 입력할 때 오류가 날 수 있기 때문에 영어로 입력할 것을 권장한다.

신규작성 창

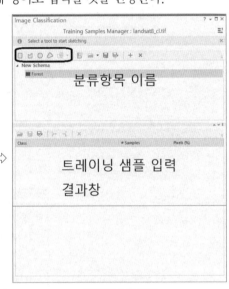

트레이닝 샘플창

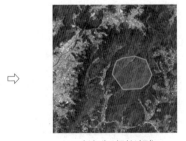

영상에 입력(산림)

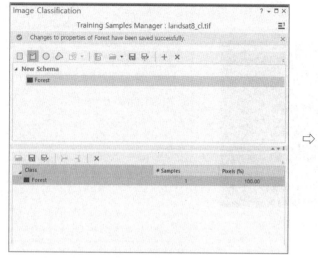

트레이닝 샘플 입력 결과

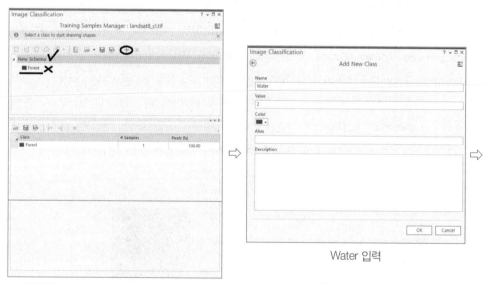

신규항목 추가 New Schema 선택, + 클릭

Water 입력

　　추가 입력 시 이미지에서 샘플링할 때는 반드시 추가항목 클릭 선택(여기서 water)하고 □ ⊔ ○ △ 를 클릭하여 입력해야 한다. 반복하여 Agriculture, Settlement를 추가하여 4개 분류항목을 입력한다. 마지막으로 Training Samples Manager 창에서 schema(*.ecs 형식으로 저장)와 샘플링을 저장(shape file)한다. schema 와 샘플링 파일은 동일 파일명으로 저장할 것을 권장한다.

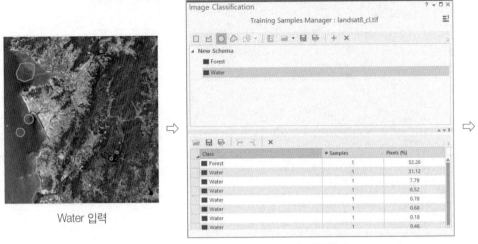

Water 입력

추가된 결과

2) SVM(Support Vector Machine) 분류

영상분류는 메뉴 Imagery 클릭 → 하위 Classification Wizard 아이콘 클릭
→ Image Classification Wizard 창에서 Classification Method(Supervised 선택),
Classification Type(Object based 선택), Classification Schema(Browse to exiting
schema(1), Generate from training samples(2) 중 앞서 두 가지(schema, shapefile)를 만
들었으면 1, 2 선택 가능, 여기서는 1을 선택) → Next 클릭 → Segmentation(디폴트로
진행, 하지만 전문적으로 세부항목으로 분류하고자 할 때는 수치 조절 필요) → Next →

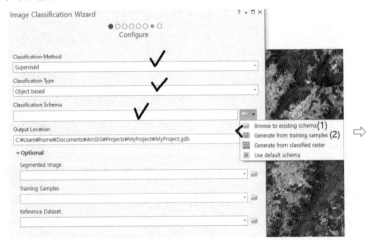

Image Classification Wizard

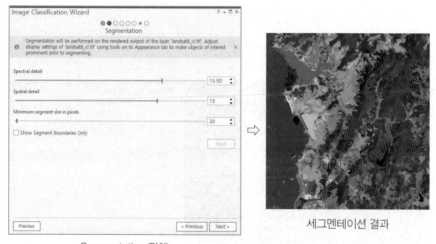

1번 선택

Segmentation 진행

세그멘테이션 결과

샘플링 항목 입력 세그멘테이션 파일이 만들어지면 Segment Picker ⌨ · 가 활성화되는데 자동입력 시 분류항목 ❶ 먼저 선택 Forest, ❷ ⌨ · ❸ 해당 세그멘테이션 이미지에서 대상 이미지 선택순으로 진행한다. 다음으로 Next → Classifier (SVM 선택), Maximum Number of Sample per Class(200 입력), Segment Attribute (디폴트) → Next → 범례조정창에서 범례를 검토하여 수정 항목이 있으면 선택하고 → Next → Classifier에서 범례를 합칠 수 있다. 여기서는 수정 없이 디폴트로 진행하면 분류가 최종 완료된다.

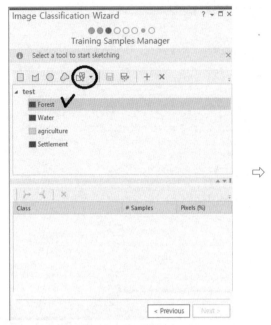

Segment Picker

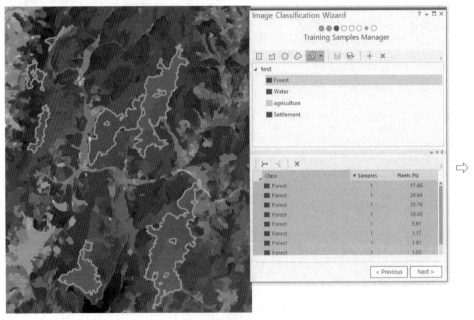

입력 결과

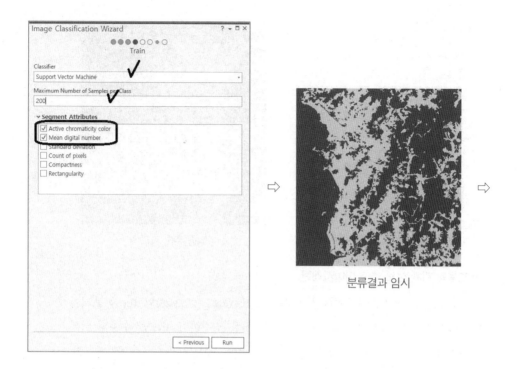

분류결과 임시

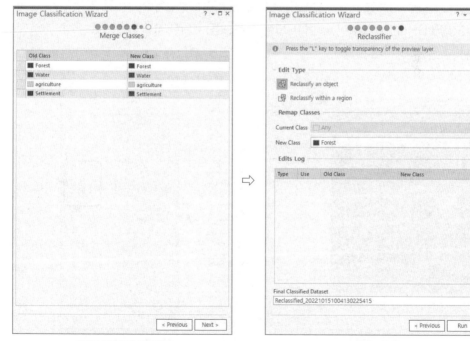

범례 확인 및 선택창   범례조정창

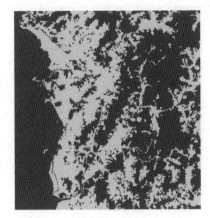

조정방법: Current Class 지정1, New Class (지정2), 1이 2에 결합 또는 New Class(지정 3) 하면 지정1의 범례가 3으로 바뀜

최종 추출 결과

3) 초분광 개체 정보 추출 이미지패턴

Chapter14_data₩hyper 폴더에서 finix_org.dat(RBG 78/52/28)와 tree를 불러와 라벨(Label)과 글자크기 및 색상(Label Properties)을 조정한다. tree는 수종별 위치 참고용이다.

Finix_org.dat 자료는 AisaFENIX 1k 초분광 센서로 항공촬영한 초분광 영상으로 파장범위는 0.396~2.4096μm이고 노이즈 밴드를 제거한 400개 밴드로 구성된다.

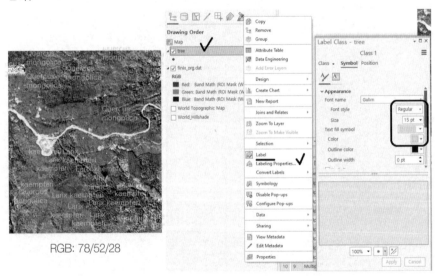

RGB: 78/52/28

라벨 보기와 크기 색상 조정

Classification Wizard 실행

메뉴 Imagery 클릭 → 하위 Classification Tools 아이콘 → Training Samples Manager 클릭

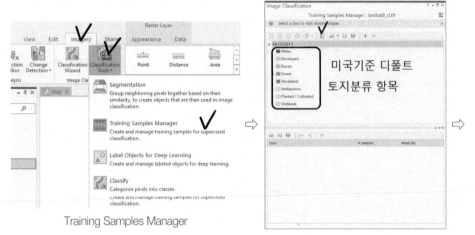

Training Samples Manager

Training Samples Manager 창

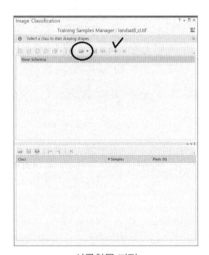

신규항목 지정

Create New Schema를 클릭하면 삭제된다.

❶ ＋를 클릭 Add New Class 창 → ❷ Name(Alnus sibirica, 분류항목 이름 입력), Vale(1, 값지정), Color(색지정) Ok 클릭 → ❸ ▢ ⬭ ◯ ⬠ 아이콘 선택 → ❶~❸을 반복한다. **마우스로 New Schema 클릭**하고 New schema 선택 → ＋ 클릭 → 입력 절차로 해야 한다. 분류항목 입력 시 한글로 입력할 경우 오류가 날 수 있기 때문에 영어로 입력하기를 권장한다. 입력은 다음과 같이 영상과 수종정보를 봐가며 물오리나무(Alnus sibirica, 1), 일본잎갈나무(Larix kaempferi, 2), 신갈나무(Quercus mongolica, 3), 신갈나무(Quercus mongolica, 4), 소나무(Pine, 5), 일본잎갈나무_신갈혼합(Larix_Querus_mix, 6), 작은연못(pond, 7), 도로 및 인공구조(Road_art, 8) 입력한다. 참고로 신갈나무는 연습으로 2(3, 4)번 입력한다.

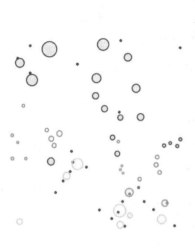 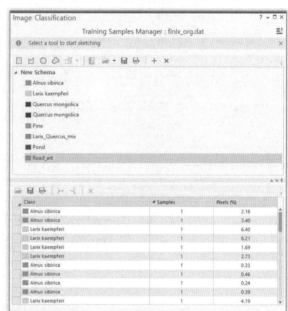

입력 결과

입력을 완료하면 Schema 파일(tr_sample.ecs), 훈련파일(tr_sample.shp)로 저장한다.

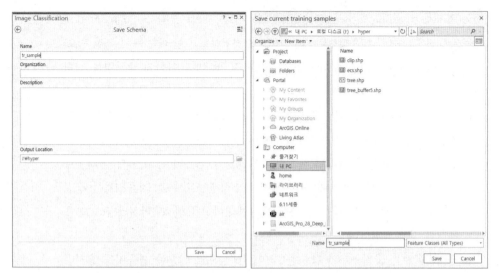

Schema 파일 저장   Training sample 저장

Classification Wizard

메뉴 Imagery 클릭 → 하위 Classification Wizard 아이콘 클릭 → Image
Classification Wizard 창에서 Classification Method(Supervised 선택), Classification

Type(Browse to existing Schema, tr_sample.ecs 선택), Next 클릭 → Segmentation (디폴트로 진행, 하지만 전문적으로 세부항목으로 분류하고자 할 때는 수치 조절 필요) → Next → Training Samples Manager로 이미지 세그멘테이션에 샘플링을 입력한다.

※ 이미지 세그멘테이션 작업은 영상으로부터 초분광에서 식물 개체정보를 추출할 때 Spatial Detail은 작게, Minimum segment size in pixels는 크게 조정하면 유상 대상별 이미지 세그멘테이션들이 구분된다. 여기서는 디폴트로 했지만 사용자는 실제 활용 시 산림지역 식생정보 추출, 지표정보를 정밀하게 추출할 때 기본값을 조정하여 세그멘테이션을 한 후 머신러닝(SVM)을 분리할 것을 권장한다.

또한 여기에서는 군집구조가 단순한 지역을 대상으로 단순한 샘플링을 했지만 초분광 영상을 이용한 식물종 개체 추출에서 정확도를 높이기 위해 종별 현장 위치정보를 따라 샘플 트레이닝 자료를 작성해야 하며 종별 상관에 따라 샘플 폴리곤을 그려야 함을 알린다.

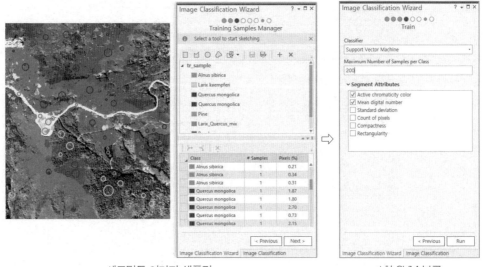

세그먼트 이미지 샘플링   1차 SVM 분류

샘플링을 마치면 Next 클릭 → 1차 SVM 분류 → Classifier(SVM 선택), Maximum Number of Samples per Class(200 입력), Segment Attributes(디폴트) → Run 실행

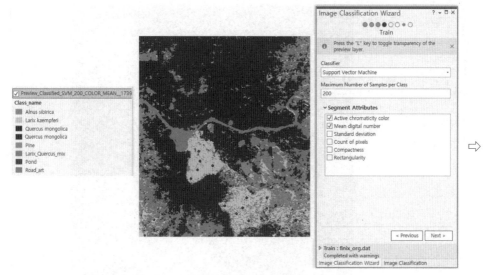

1차 예비 SVM 분류 결과

예비 분류 결과 나온 후 이상 없다 판단되면 → Next 클릭 → 선택 없이 디폴트
→ Run 실행

→ 이어 범례조정 여부는 디폴트로 진행하고 완료하면 된다.

| 디폴트 | 범례 검토 | 범례조정 |

마지막으로 분류된 결과는 Export 하여 Classified_result.tif 형식으로 저장한다.

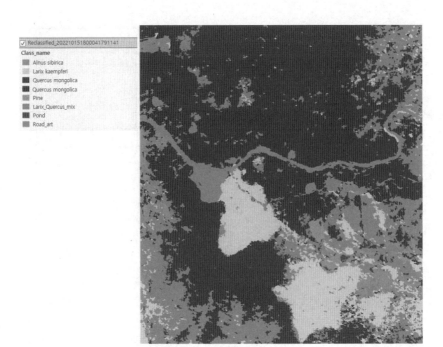

최종 종단위 이미지 패턴 분류 결과

Export 저장

4. 딥러닝(Deep Learning)

ArcGIS Pro는 영상을 이용하여 딥러닝 학습을 시켜 모델을 만든 후 정보를 추출하는 것이 가능하다. ArcGIS Pro에서 딥러닝을 하려면 디폴트로 설치된 프로그램은 안 되고 Deep Learning Libraries Installers for ArcGIS를 인스톨하거나 ArcGIS Pro에 내재된 파이선을 실행하여 conda로 딥러닝 라이브러리들을 설치하여 세팅해야 한다. 이 책을 보는 사용자들에게는 전문가가 아니면 conda 딥러닝 라이브러리 설치는 권장하고 싶지 않다.

1) 라이브러리 설치 및 환경설정

ArcGIS Pro용 딥러닝 라이브러리 설치를 위해 먼저 사용자의 ArcGIS Pro 버전을 확인한다(필자는 2.8). 두 번째는 구글에서 Deep Learning Libraries Installers for ArcGIS를 검색하여 https://github.com/Esri/deep-learning-frameworks 사이트에 접속한다.

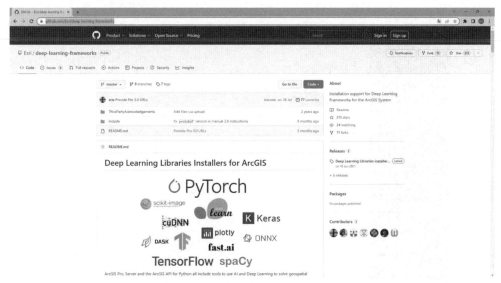

https://github.com/Esri/deep-learning-frameworks

❶ 사이트를 아래로 스크롤하면 ArcGIS Pro 3.0 버전 기준 다운로드 정보와 이전버전(Downloads for Previous Releases)을 클릭하여 사용자 버전에 맞는 라이브러리를 다운받아 설치하면 된다. 다음으로 설치가 완료되면 ArcGIS Pro의 ❷ Project

하위메뉴 Python 선택 → Python Package Manager의 Management Environment 클릭 Arcgispro-py3 설정 활성화 확인 → ❸ 인스톨 라이브러리 중 fastai 유무 확인(여러 개의 딥러닝 라이브러리들이 있으나 하나만 확인하면 다른 것도 함께 설치되었다고 판단할 수 있음)하면 환경설정이 완료된 것이다.

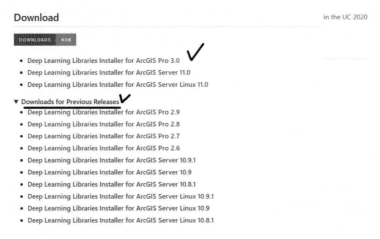

라이브러리 다운로드

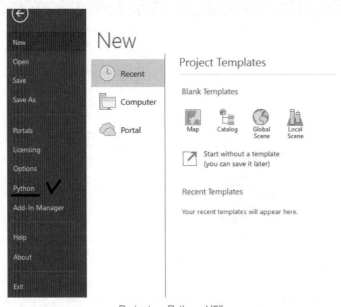

Project → Python 선택

Python Package Manager

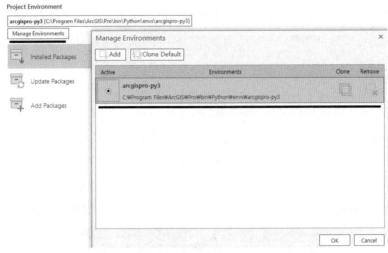

Arcgispro-py3

Python Package Manager

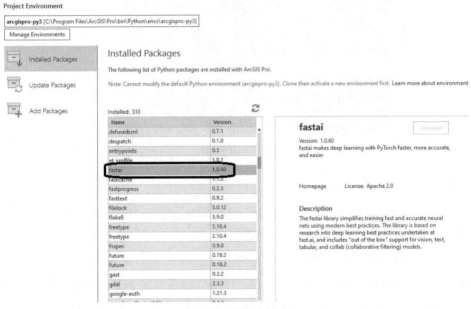

패키지 fastai 설치 확인

2) RGB 이미지 딥러닝 학습

학습에 필요한 RGB 이미지는 Unsigned 8bi이어야 하고 밴드는 파장에 관계없이 3개 밴드로 구성되어야 한다. 그렇지 않으면 에러가 발생한다. 학습으로 완성된 모델은 해당 지역뿐만 아니라 같은 조건의 기기로 촬영된 RGB 영상에 적용할 수 있다.

① 도시 가로수와 공원의 식재수 추출 학습

Chapter14_data\deep_learning\tree 폴더에서 songdo1.tif를 불러온다. 불러온 자료는 송도 항공사진이며 Raster Functions의 Contrast and Brightness로 강조스트레칭한 것이다. 개체 추출 시 비슷하여 추출 정확도가 낮을 것으로 판단되는, 이를테면 도시의 나무, 단일 수종의 집단 서식지는 스트레칭이 필요하다.

도시지역 가로수와 공원

❶ 감독분류 훈련자료 제작

메뉴 Imagery 클릭 → 하위 Classification Tools 아이콘 → Training Samples Manager 클릭, ▦ Create New Schema 클릭 → ╋를 클릭 Add New Class 창 → Name(tree, 분류항목 이름 입력), Vale(1, 값지정), Color(색지정) Ok 클릭 → ○ 아이콘 선택 → 사진을 확대하여 나무의 수관형태를 따라 입력 → Training Samples Manager에서 Scheme(상, sondo_tree.ecs), Training Sample(하, sondo_tree.shp)을 저장한다(필자는 372개를 입력했지만 실제 분석에서는 1000개 이상을 권장함).

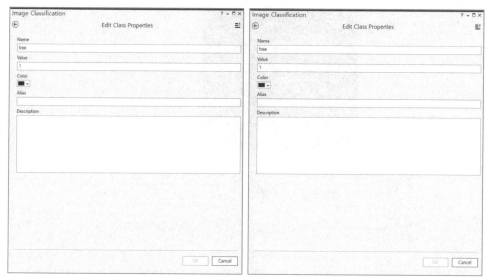

Add New Class   tree schema 입력

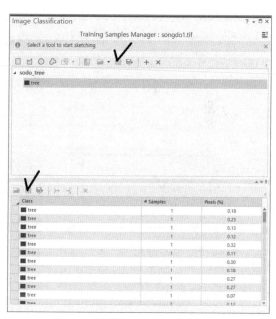

입력 결과

Scheme(상), Training Sample(하) 저장

학습트레이닝용으로 쓰일 sondo_tree.shp을 불러와 속성을 열어보면 Classname,
Classvalue, Red, Green, Blue 필드가 있는데 해당 필드가 반드시 있어야 학습이
가능하다.

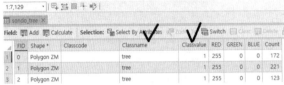

sondo_tree.shp 불러온 결과

❷ 훈련자료의 엑스포트

메인메뉴 Analysis → Tools → Toolboxes → Image Analysis Tools →
Deep Learning → Export Training Data for Deep Learning을 클릭하여 진행
하는데 그림에서 보듯이 훈련자료가 완성되면 (1), (2), (3)의 순서로 진행된다.

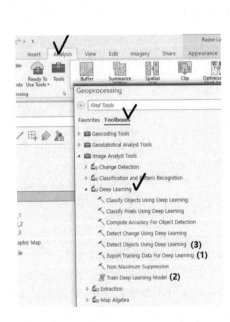

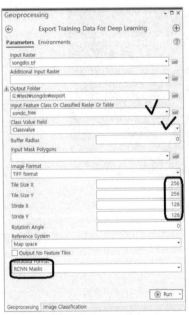

Export 실행

Export Training Data for Deep Learning을 클릭하고 실행하여 Input Raster (songdo1.tif 선택), Output Folder(Export 입력), Input Features Class or Classified Raster or Table(sondo.tree 선택), Class Value Field(Classvalue 선택), Tile Size X,Y(256), Stride XY(128), Metadata Format(RCNN Masks 선택).

※ Tile Size X,Y는 이미지 파일을 256픽셀로 자르는 것인데 항공사진의 해상도가 25cm이므로 $256 \times 25 = 6400$cm → 타일이미지의 실제 길이는 64m이다. 또한 Stride XY 128은 잘린 이미지를 256의 1/2로 중첩하므로 50%가 중첩된다. Metadata Format의 **RCNN Masks는 살아 있는 나무, 고사된 나무, 자동차, 주택이나 아파트 등 추출 용도로 훈련시킬 때 선택**한다. 주의할 점은 Training Sample 만들 때 샘플이 Tile Size보다 크면 에러가 발생한다는 것이다. 따라서 Fishnet 그리드망을 만들고 샘플을 그리면 문제가 발생하지 않는다.

※ 딥러닝 개체정보 추출의 정확도를 올리기 위한 방법 중 하나로 항공이나 드론이미지 외 디지털 카메라로 찍은 개체 사진을 훈련에 투입하면 정확도가 기대 이상으로 높아진다.

타일 픽셀과 공간해상도 거리계산

Tile 지정 Pixel	GSD 공간해상도(m)	지상거리(m)	50% 중첩
64	0.25	16	30
128	0.25	32	64
256	0.25	64	128
400	0.25	100	200
512	0.25	128	256

학습모델 제작

❸ 학습모델 제작

학습은 Train Deep Learning Model을 클릭하여 실행 Input Training Data
(export 선택), Output Model(rcnnd_model 저장모델 입력), Model Type(MaskRCNN)
(object detection 선택) Batch Size(4), Chip size(224), Backbone Model(ResNet-50)
Validation %(10) 하고 Run을 실행한다.

❹ 가로수 공원 나무 추출

Detect Objects Using Deep Learning을 클릭하고 실행하여 Input Raster(songdo1.tif
선택), Output Detected Objects(디폴트), Model Definition(rcnnd_model 폴더의
rcnnd_model.dlpk 선택), padding(56), batch size(4), threshold(0.01), return_bboxes
(False 선택), tile size(224), 반드시 Non Maximum Suppression 체크하고 Run을
실행한다. 실행 결과 1791개의 가로수와 공원수가 추출되었지만 전체가 완전히
추출된 것은 아니다. 25cm 해상도 이미지에서 나무의 수관이 명확하지 않은 경우
가 많다. **해외 연구에 따르면 해상도 10cm 이하에서는 수형과 수관이 잘 나오기
때문에 98% 이상의 추출률을 보이는 것으로 알려져 있다.**

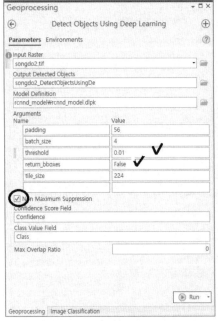

나무 추출

추출된 결과

② 식생 집단 서식지 개체 추출 학습

단일한 수종들이 집단적으로 서식하는 지역에 대해 나무정보를 추출할 수 있다. 대상지는 한라산의 구상나무 집단 서식지로 살아 있는 구상나무와 고사한 구상나무에 대해 추출 학습을 할 것이다.

한라산 구상나무 서식지 25cm 항공사진 원본은 선명도가 낮아 Chapter14_data₩deep_learning₩abies 폴더의 항공사진 이미지를 메인메뉴 Imagery 클릭 → 하위 아이콘 Raster Functions 클릭 → Appearance 클릭, Contrast and Brightness 클릭 → Contrast and Brightness Properties 실행창 → Raster(songdo.tif 선택), Contrast Offset(12 입력), Brightness(-12 입력) → Create new layer 클릭하여 이미지를 강화하고 저장하여 적용한다.

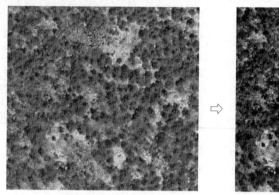 

| 이미지 스트레칭 전 | 이미지 강화 후 |

생존 개체 학습

Chapter14_data₩deep_learning₩abies 폴더에서 Area1.tif를 불러온다.

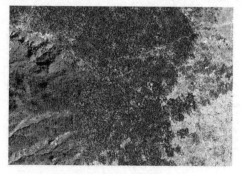

구상나무 집단 서식지 Area1.tif

❶ 감독분류 훈련자료 제작

메뉴 Imagery 클릭 → 하위 Classification Tools 아이콘 → Training Samples Manager 클릭, 📑 Create New Schema 클릭 → ✚를 클릭 Add New Class 창 → Name(abies, 분류항목 이름 입력), Vale(1, 값지정), Color(색지정) Ok 클릭 → ⭕ 아이콘 선택 → 사진을 확대하여 나무의 수관형태를 따라 입력 → Training Samples Manager에서 Scheme(상, abies_live.ecs), Training Sample(하, abies_live.shp)을 저장한다(필자는 326개를 입력했지만 실제 분석에서는 1000개 이상을 권장함).

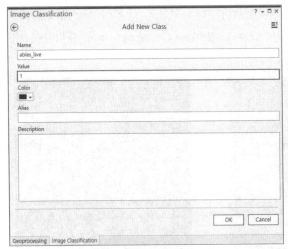

Abies_live schema 입력

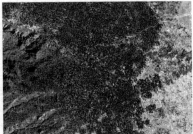

입력 결과

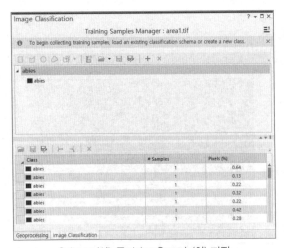

Scheme(상), Training Sample(하) 저장

학습트레이닝용으로 쓰일 abies_live.shp을 불러와 속성을 열어보면 Classname, Classvalue, Red, Green, Blue 필드가 있는데 해당 필드가 반드시 있어야 학습이 가능하다.

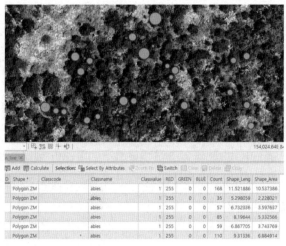

abis_live.shp 불러온 결과

❷ 훈련자료의 엑스포트

메인메뉴 Analysis → Tools → Toolboxes → Image Analysis Tools → Deep Learning → Export Training Data for Deep Learning을 검색하고

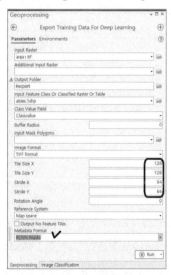

Export 실행

Export Training Data for Deep Learning 클릭하고 실행하여 Input Raster(Area1.tif 선택), Output Folder(Export 입력), Input Features Class or Classified Raster or Table(abies_live 선택), Class Value Field(Classvalue 선택), Tile Size X,Y(128), Stride XY(64), Metadata Format(RCNN Masks 선택).

※ Tile Size X,Y는 이미지 파일을 128픽셀로 자르는 것인데 항공사진의 해상도가 25cm이므로 128 × 25 = 3200cm → 타일이미지 실제 길이는 32m이다. 또한 Stride XY 64는 잘린 이미지를 128의 1/2로 중첩하므로 50%가 중첩된다. Metadata Format의 **RCNN Masks는 살아 있는 나무, 고사된 나무, 자동차, 주택이나 아파트 등 추출용도로 훈련시킬 때 선택**한다. 주의할 점은 Training Sample 만들 때 샘플이 Tile Size보다 크면 에러가 발생한다는 것이다. 따라서 Fishnet으로 그리드망을 먼저 만들어 검토한 후 샘플을 그리면 문제가 발생하지 않는다.

타일 픽셀과 공간해상도 거리계산

Tile 지정 Pixel	GSD 공간해상도(m)	지상거리(m)	50% 중첩
64	0.25	16	30
128	0.25	32	64
256	0.25	64	128
400	0.25	100	200
512	0.25	128	256

학습모델 제작

❸ 학습모델 제작

학습은 Train Deep Learning Model을 클릭하여 실행 Input Training Data(Export 선택), Output Model(rcnnd_model 저장모델 입력), Model Type(MaskRCNN)(object detection 선택) Batch Size(4), Chip size(128), Backbone Model(ResNet-50) Validation %(10) 하고 Run을 실행한다.

❹ 살아 있는 구상나무 추출

Detect Objects Using Deep Learning을 클릭하고 실행하여 Input Raster(Area1.tif 선택), Output Detected Objects(디폴트), Model Definition(rcnnd_model 폴더의 rcnnd_model.dlpk 선택), padding(32), batch_size(4), threshold(0.001), return_bboxes (False 선택), tile_size(128), 반드시 Non Maximum Supression 체크하고 Run을 실행한다.

실행 결과 5676개의 살아 있는 구상나무가 추출되어 나무의 수형과 수관이 뚜렷이 구분되는 10cm 이하의 이미지로 학습하면 정확도는 높아질 것으로 예상된다.

추출된 결과

구상나무 추출

고사개체 학습

Chapter14_data₩deep_learning₩abies 폴더에서 Area1.tif를 불러온다.

❶ 감독분류 훈련자료 제작

메뉴 Imagery 클릭 → 하위 Classification Tools 아이콘 → Training Samples Manager 클릭, 📖 Create New Schema 클릭 → ➕를 클릭 Add New Class 창 → Name(abies_dead, 분류항목 이름 입력), Value(1, 값지정), Color(색지정) Ok 클릭 → ◯ 아이콘 선택 → 사진을 확대하여 고사목형태를 따라 입력 → Training Samples

Manager에서 Scheme(상, abies_dead.ecs), Training Sample(하, abies_dead.shp)을
저장한다(필자는 332개를 입력했지만 실제 분석에서는 많을수록 학습효과가 높아진다).

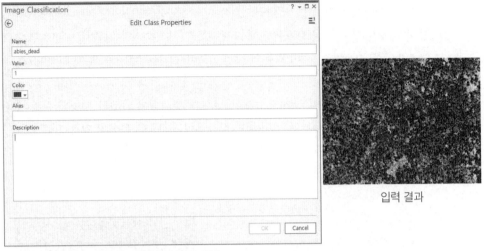

입력 결과

Abies_dead schema 입력

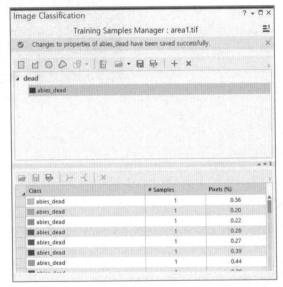

Scheme(상), Training Sample(하) 저장

학습트레이닝용으로 쓰일 abies_dead.shp을 불러와 속성을 열어보면 Classname,
Classvalue, Red, Green, Blue 필드가 있는데 해당 필드가 반드시 있어야 학습이
가능하다.

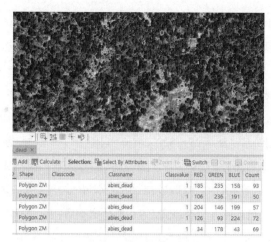

Shape	Classcode	Classname	Classvalue	RED	GREEN	BLUE	Count
Polygon ZM		abies_dead	1	185	235	158	93
Polygon ZM		abies_dead	1	106	236	191	50
Polygon ZM		abies_dead	1	204	146	199	57
Polygon ZM		abies_dead	1	126	93	224	72
Polygon ZM		abies_dead	1	34	178	43	69

abis_dead.shp 불러온 결과

❷ 훈련자료의 엑스포트

메인메뉴 Analysis → Tools → Toolboxes → Image Analysis Tools →
Deep Learning → Export Training Data for Deep Learning을 검색하고

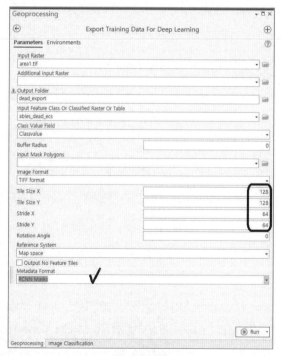

Export 실행

Export Training Data for Deep Learning 클릭하고 실행하여 Input Raster(Area1.tif 선택), Output Folder(Export 입력), Input Features Class or Classified Raster or Table(abies_live 선택), Class Value Field(Classvalue 선택), Tile Size X,Y(128), Stride XY(64), Metadata Format(RCNN Masks 선택).

※ Tile Size X,Y는 이미지 파일을 128픽셀로 자르는 것인데 항공사진의 해상도가 25cm이므로 128 × 25 = 3200cm → 타일이미지 실제 길이는 32m이다. 또한 Stride XY 64는 잘린 이미지를 128의 1/2로 중첩하므로 50%가 중첩된다. Metadata Format의 **RCNN Masks는 살아 있는 나무, 고사된 나무, 자동차, 주택이나 아파트 등 추출용도로 훈련시킬 때 선택**한다. 주의할 점은 Training Sample 만들 때 샘플이 Tile Size보다 크면 에러가 발생한다는 것이다. 따라서 Fishnet으로 그리드망을 먼저 만들어 검토한 후 샘플을 그리면 문제가 발생하지 않는다.

타일 픽셀과 공간해상도 거리계산

Tile 지정 Pixel	GSD 공간해상도(m)	지상거리(m)	50% 중첩
64	0.25	16	30
128	0.25	32	64
256	0.25	64	128
400	0.25	100	200
512	0.25	128	256

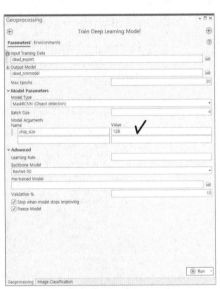

학습모델 제작

❸ 학습모델 제작

학습은 Train Deep Learning Model을 클릭하여 실행 Input Training Data(Export 선택), Output Model(rcnnd_model 저장모델 입력), Model Type(MaskRCNN)(object detection 선택) Batch Size(4), Chip size(128), Backbone Model(ResNet-50) Validation %(10)하고 Run을 실행한다.

❹ 고사된 구상나무 추출

Detect Objects Using Deep Learning을 클릭하고 실행하여 Input Raster(Area1.tif 선택), Output Detected Objects(디폴트), Model Definition(dead_rcnmodel 폴더의 dead_rcnmodel.dlpk 선택), padding(32), batch size(4), threshold(0.001), return_bboxes (False 선택), tile size(128), 반드시 Non Maximum Suppression 체크하고 Run을 실행한다.

실행 결과 3708개의 고사된 구상나무가 추출되어 나무의 수형과 수관이 뚜렷이 구분되는 10cm 이하의 이미지로 학습하면 정확도는 높아질 것으로 예상된다.

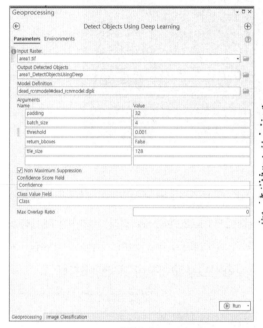

고사목 추출 / 추출 결과

구상나무 분포(생존/고사)

③ 건물 추출 학습

항공사진이나 드론 영상으로 도시지역의 건물을 도면화하는 작업은 시간과 노력을 많이 필요로 한다. 딥러닝 학습으로 RGB 영상에서 건물을 추출하면 보다 쉽게 도면화 작업을 할 수 있다.

건물 추출 학습을 위해 먼저 Chapter14_data₩deep_learning₩Build 폴더의 항공사진 이미지 suwon.tif를 불러온다.

suwon.tif

훈련샘플을 제작하기 전에 훈련샘플이 타일보다 크면 안 되기 때문에 딥러닝 이미지 타일 크기를 확인하기 위해 Tools에서 Create Fishnet 검색 실행하여 Template Extent의 default를 suwon.tif로 선택하고 Cell Size를 128(0.25*128 → 32m)로 지정한다. 타일 크기는 이미지의 크기와 해상도를 고려하여 결정해야 한다.

32m 격자선 제작

❶ 감독분류 훈련자료 제작

메뉴 Imagery 클릭 → 하위 Classification Tools 아이콘 → Training Samples Manager 클릭, Create New Schema 클릭 → ＋를 클릭, Add New Class 창 → Name(build, 분류항목 이름 입력), Vale(1, 값지정), Color(색지정) Ok 클릭 → 아이콘 선택 → 사진을 확대하여 건물의 형태를 따라 입력 → Training Samples Manager에서 Scheme(상, build_footprint.ecs), Training Sample(하, build_footprint.shp)을 저장한다(필자는 65개를 입력했지만 실제 분석에서는 200개 이상을 권장함).

입력 결과

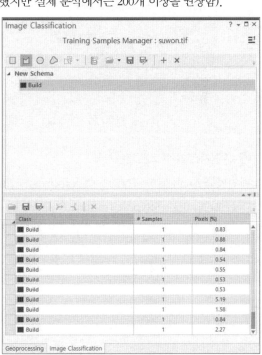

Scheme(상), Training Sample(하) 저장

학습트레이닝용으로 쓰일 build_footprint.shp을 불러와 속성을 열어보면 Classname, Classvalue, Red, Green, Blue 필드가 있는데 해당 필드가 반드시 있어야 학습이 가능하다.

FID	Shape	Classcode	Classname	Classvalue	RED	GREEN	BLUE	Count
0	Polygon ZM		Build	1	255	0	0	3305
1	Polygon ZM		Build	1	255	0	0	14523
2	Polygon ZM		Build	1	255	0	0	19444
3	Polygon ZM		Build	1	255	0	0	11934

build_footprint.shp 불러온 결과

❷ 훈련자료의 엑스포트

메인메뉴 Analysis → Tools → Toolboxes → Image Analysis Tools →
Deep Learning → Export Training Data for Deep Learning을 검색하고

Export 실행

Export Training Data for Deep Learning 클릭하고 실행하여 Input Raster(suwon.tif 선택), Output Folder(building_export 입력), Input Features Class or Classified Raster or Table(build_footprint 선택), Class Value Field(Classvalue 선택), Tile Size X,Y(128), Stride XY(64), Metadata Format(RCNN Masks 선택).

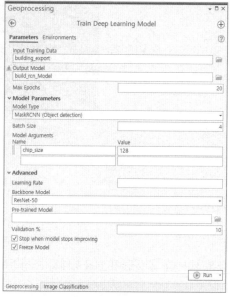

학습모델 제작

❸ 학습모델 제작

학습은 Train Deep Learning Model을 클릭하여 실행 Input Training Data (building_export 선택), Output Model(build_rcn_Model 저장모델 입력), Model Type (MaskRCNN)(Object detection 선택) Batch Size(4), chip_size(128), Backbone Model (ResNet-50) Validation %(10) 하고 Run을 실행한다.

❹ 건물 추출

Detect Objects Using Deep Learning을 클릭하고 실행하여 Input Raster(suwon. tif 선택), Output Detected Objects(디폴트), Model Definition(build_rcn_model 폴더의 build_rcn_model.dlpk 선택), padding(32), batch_size(4), threshold(0.001), return_bboxes (False 선택), tile size(128), 반드시 Non Maximum Suppression 체크하고 Run을 실행한다. 실행 결과 455개의 건물 지붕이 추출되었다.

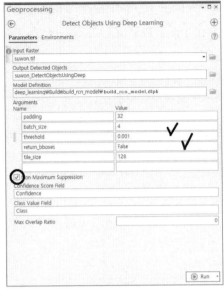

추출된 결과

건물 추출

❺ 불규칙 건물형태 조정

1차로 추출된 건물은 모서리 및 불규칙 건물형태를 조정하는 건물 Regularizing
이 필요하다.

Tools 박스에서 Regularize building footprint를 검색 실행, Regularize Building
Footprint 창에서 Input Features(건물 추출 시 임시로 생성된 파일 선택), Output Features
Class(결과 디폴트로 저장), Method(Right Angles 선택), Tolerance(1 입력) 하고 Run
을 실행한다.

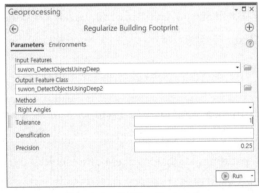

Regularize Building Footprint

건물 Regularizing 결과

④ 토지이용 추출 학습

토지이용도 제작은 전통적으로 영상에서 육안 판독으로 드로잉하여 제작하거나 디지털 분석기법이 발달하면서 적외선 대역이 포함된 다중분광 위성영상이나 초분광 영상을 이용하여 자동 추출기법을 적용하여 제작해 왔고, 현재도 같은 방법을 적용 중에 있다. 따라서 항공촬영이나 드론으로 촬영된 영상에서 RGB 가시광선 이미지는 판독 또는 참조용으로 사용되었으나, 딥러닝 기술의 발달은 이미지 픽셀 색상, 픽셀이 구성하는 지표정보 패턴, 참조정보를 이용하여 가시광선 영상도 학습으로 정보를 추출할 수 있는 변화를 가져왔다.

항공사진이나 드론을 이용한 토지이용이나 식생정보 정보 추출 시 고해상도 영상이지만 이미지 세그멘테이션으로 영상 분할 패턴을 만들고 세그멘테이션 이미지로 감독분류 스키마를 제작하여 학습을 진행할 것을 추천한다. 세그멘테이션 이미지의 임계치값을 조정함으로써 육안 판독 가능한 수준의 대상들에 대한 분리 수준을 사전에 파악할 수 있다.

❶ 이미지 세그멘테이션

먼저 세그멘테이션할 대상인 Chapter14_data₩deep_learning₩landclass 폴더에서 songdo_land.tif를 불러온다.

songdo_land.tif 원본

Segmentation

메인메뉴 Imagery 클릭 → 하위 Classification Tools → Segmentation 실행창에서 Spectral Detail(15.50), Spatial Detail(4), Minimum segment size in pixels(10) 지정하고 Run을 실행한다.

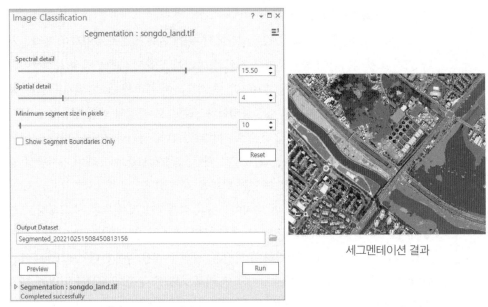

세그멘테이션 결과

세그멘테이션 실행창

이미지 세그멘테이션에 대해 부연설명을 하면 세그멘테이션 실행창의 옵션값에 따라 고해상도의 복잡한 이미지 정보의 그룹분리 패턴이 달라진다.

Segmentation Type Condition	Value	Source Image	Segmentation Image
Spectral Detail	15.5		
Spatial Detail	4		
Minimum segment size in pixels	10		
Spectral Detail	15.5		
Spatial Detail	15		
Minimum segment size in pixels	20		

세그멘테이션은 원본 이미지를 가지고 분광(spectral) 및 공간(spatial)해상도 그리고 픽셀의 크기에 따라 유형이 같은 지표 사상의 특성을 자동으로 묶는 작업이다. 고해상도 이미지를 이용한 토지이용 추출은 고해상도에 따른 토지이용 정보 추출에 필요치 않은 정보를 담고 있어 이미지 세그멘테이션을 통해 전체적인 패턴을 조정한 후 감독분류를 추천한다. 육안 판독으로는 다른 지표 사상이지만 분광, 픽셀 등의 유사성으로 분석 시 같은 대상으로 인식되는데 Spatial Detail의 수치가 작을수록 대상 분리가 가능하다. Minimum segment size in pixels는 값이 클수록 세그멘테이션 수가 늘고 작을수록 세그멘테이션 수는 작아진다. 즉, 감독분류 전에 이미지 세그멘테이션 작업은 영상으로부터 정보를 상세하게 추출할 때, 이를테면 초분광에서 식물 개체정보를 추출할 때 Spatial Detail은 작게, Minimum segment size in pixels는 크게 조정하면 정밀하게 정보를 추출할 수 있을 것이다.

❷ 감독분류 훈련자료 제작

훈련샘플을 제작하기 전에 훈련샘플이 타일보다 크면 에러가 발생할 수 있어 딥러닝 이미지 타일 크기 확인을 위해 Tools에서 Create Fishnet 검색 실행하여 Template Extent의 default를 suwon.tif로 선택하고 Cell Size를 256(0.25*256 → 64m)로 지정한다. 타일 크기는 이미지의 크기와 해상도를 고려하여 결정해야 한다.

메뉴 Imagery 클릭 → 하위 Classification Tools 아이콘 → Training Samples Manager 클릭, 📋 Create New Schema 클릭 → (1) ╋를 클릭, Add New Class 창 → (2) Name(Stream, 분류항목 이름 입력), Vale(1, 값지정), Color(색지정) Ok 클릭 → (3) 🗟 ▾ 아이콘 선택 → 세그멘테이션 이미지 대상을 클릭하면 자동으로 이미지 영역을 선택(🗟 ▾ 기능 활성화는 세그멘테이션 이미지가 준비되었을 때 활성화됨)하고 Stream이 선택을 완료했으면 이어 (1)~(3)을 반복하여 다음 대상 Lake, Conifer, Deciduous, grass, openland, Arti_grass, toad, building, grass1을 입력한다.

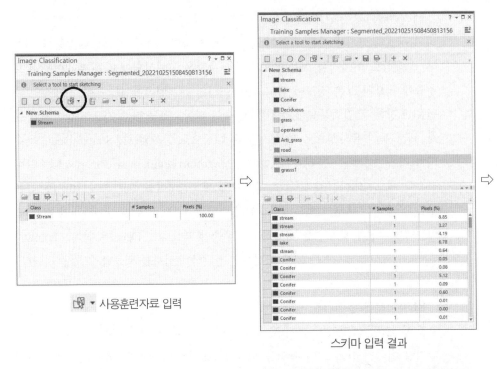

사용훈련자료 입력

스키마 입력 결과

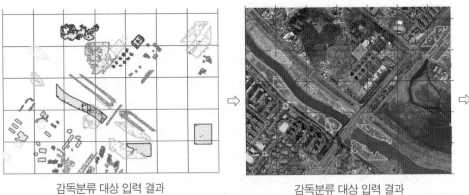

감독분류 대상 입력 결과   감독분류 대상 입력 결과

감독분류 SHP 불러온 결과

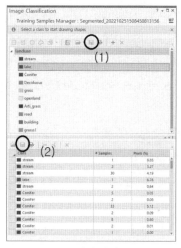

스키마 저장

Training Samples Manager에서 (1) Scheme(상, landuse.ecs), (2) Training Sample (하, landuse.shp)을 저장한다.

❸ 훈련자료의 엑스포트

메인메뉴 Analysis → Tools → Toolboxes → Image Analysis Tools → Deep Learning → Export Training Data for Deep Learning을 검색하고

Export 실행

Export Training Data for Deep Learning 클릭하고 실행하여 Input Raster
(songdo_land 선택), Output Folder(classified_export256 입력), Input Features Class
or Classified Raster or Table(landuse 선택), Class Value Field(Classvalue 선택),
Tile Size X,Y(256), Stride XY(128), Metadata Format(Classified Tiles 선택).

❹ 학습모델 제작

학습은 Train Deep Learning Model을 클릭하여 실행 Input Training Data
(classified_export256 선택), Output Model(u_net256_model 저장모델 입력), Model
Type[U-Net(Pixel classification) 선택], class_balancing(False), mixup(False), focal_loss
(False), Chip_size(224), Backbone Model(ResNet-34) Validation %(10) 하고 Run
을 실행한다.

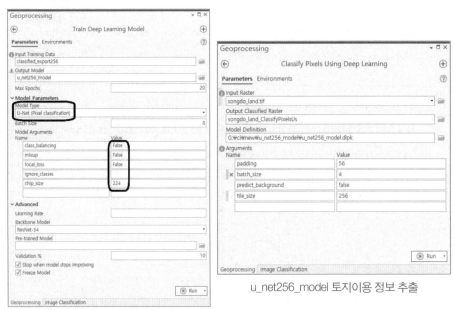

학습모델 제작

u_net256_model 토지이용 정보 추출

❺ 토지이용 정보 추출

Classify Pixels Using Deep Learning을 클릭하고 실행하여 Input Raster
(songdo_land), Output Detected Objects(디폴트), Model Definition(u_net256_model
폴더의 u_net256_model.dlpk 선택), padding(56), batch_size(4), predict_background
(false), tile_size(256) 지정하고 Run을 실행한다.

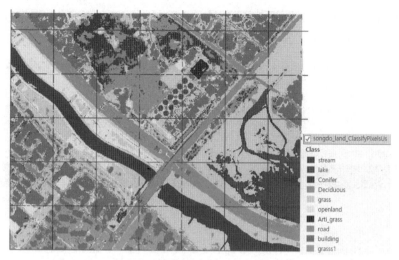

항공 RGB로부터 추출된 토지이용도

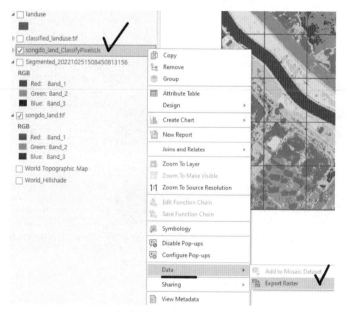

토지이용도 엑스포트 저장

❻ 토지이용도 저장

마지막으로 임시로 생성된 토지이용 정보에 오른쪽 마우스를 눌러 Data → Export
Raster 실행하여 TIFF 형식으로 저장한다.

마지막으로 인공지능 딥러닝 dlpk 무료 다운로드 정보를 소개한다. 공유파일은 ESRI 홈페이지에서 무료로 다운받아 사용할 수 있다.

https://livingatlas.arcgis.com/en/browse/?q=deep%20learning#d=2&q=deep%20learning

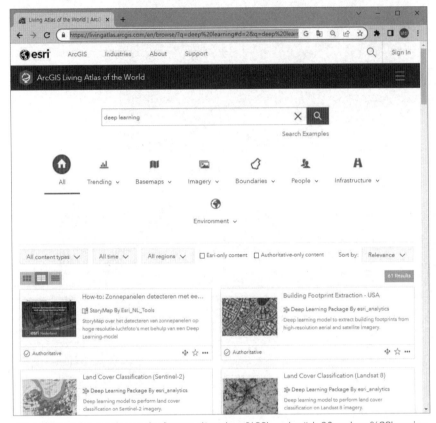

https://livingatlas.arcgis.com/en/browse/?q=deep%20learning#d=2&q=deep%20learning

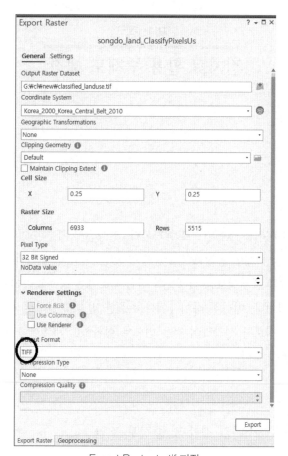

Export Raster to tif 저장

다운받은 파일의 압축을 풀면 dlpk이 포함되어 있고, 개체일 경우 Detect Objects Using Deep Learning이나 분류일 경우 Classify Pixels Using Deep Learning을 실행하여 이미지를 지정하고 dlpk 모델을 선택하여 실행하면 이미지에서 정보들을 추출할 수 있다. 다만 다른 나라 기준으로 학습되어 학습 보완이 필요하거나 그대로 적용할 경우 분류 기준과 항목에 대한 주의가 필요하다.

제15장

점자료 활용 주제도 제작

주제도는 대부분 폴리곤 면으로 제작된다. 영상센서 기술과 인공지능의 발달로 영상정보에서 식물 개별 종정보를 추출할 수 있는 시점에 와 있다. 그런데 영상에서 추출되는 식물 개체정보는 픽셀들의 집합체로 개별 종정보라기보다는 식물 군집에 대한 패턴이다. 따라서 라이다에서 추출한 점자료 형태의 개별 위치정보에 식생 식별 패턴정보를 결합하여 점을 면으로 변환하는 과정을 거쳐야 정확한 식생도를 제작할 수 있다.

1. 점자료에 래스터값 결합 및 종정보 조인

Chapter15_data 폴더에서 제13장의 라이다로부터 추출한 tree_all.shp와 제14장의 초분광 영상에서 추출한 classified_result.tif를 불러온다. ❶ Analysis → Tools → Extract Values to Points 검색 실행창에서 Input point features(tree_all 선택), Input raster(classified_result.tif 선택), Output point features(디폴트)로 하여 Run을 실행한다.

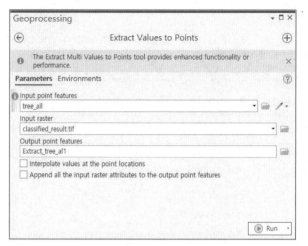

Extract Values to Points 실행창

tree_all 속성   이미지 결합 속성

    tree_all의 속성을 보면 종명은 없고 개별 아이디(pointid)와 나무높이 수고필드 (grid_code)가 라이다 추출 시 자동으로 입력되어 있다. Extract Values to Points로 영상에서 결합된 Extract_tree_al1 속성정보는 pointid, grid_code 외에 〈RASTER VALU〉가 추가된 것을 알 수 있다. RASTERVALU 값은 초분광정보 추출 시 감독분류로 지정한 수종분류 고윳값이다. 따라서 종정보는 수종별 고윳값을 기본으로 결합하면 모든 점자료에 종정보를 갖게 된다.

    ❷ Chapter15_data 폴더에서 제14장 "감독분류" 때 생성한 tr_sample을 연다. 속성을 보면 종명과 영상분류 기준 고윳값(Classvalue) 필드가 있기 때문에 tr_sample 의 Classvalue와 Extract_tree_al1의 속성 RASTERVALU를 기준으로 조인하면 종명이 결합된다.

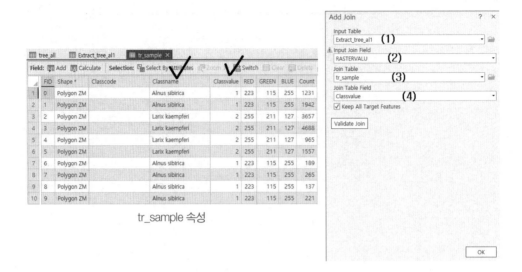

tr_sample 속성

Extract_tree_al1 레이어 오른쪽 마우스 → Joins and Relates → Add Join 실행
하여 Input Table (1) Extract_tree_al1 속성 선택, Input Join Field(RASTERVALU
선택)(2)를 기준으로 Join Table(tr_sample 선택)(3)의 Join Table Field(Classvalue
선택)(4) 하고 Ok를 눌러 조인한다.

	OBJECTID *	Shape *	pointid	grid_code	RASTERVALU	FID	Classcode	Classname	Classvalue	RED	GREEN	BLUE	Count
1	1	Point	102590	11.5339	5	31		Pine	5	115	178	255	106
2	2	Point	102591	11.9208	2	2		Larix kaempferi	2	255	211	127	3657
3	3	Point	102592	10.1896	5	31		Pine	5	115	178	255	106
4	4	Point	102593	11.7367	2	2		Larix kaempferi	2	255	211	127	3657
5	5	Point	102594	10.216	2	2		Larix kaempferi	2	255	211	127	3657
6	6	Point	102595	10.1995	2	2		Larix kaempferi	2	255	211	127	3657
7	7	Point	102596	8.27873	2	2		Larix kaempferi	2	255	211	127	3657
8	8	Point	102597	8.19692	2	2		Larix kaempferi	2	255	211	127	3657
9	9	Point	102598	7.57709	2	2		Larix kaempferi	2	255	211	127	3657
10	10	Point	102599	9.09567	2	2		Larix kaempferi	2	255	211	127	3657
11	11	Point	102600	6.98223	2	2		Larix kaempferi	2	255	211	127	3657

임시파일 Extract_tree_al1에 조인된 종명

조인된 속성정보는 임시이기 때문에 Extract_tree_al1 오른쪽 마우스 → Data
→ Export Features 하여 join_name_tree라고 저장한다.

❸ 식생 개체정보에는 식생명이 아닌 다른 이름, 여기서는 "Pond" 또는 Null값
이 있을 수 있어 선택하여 삭제해야 한다.

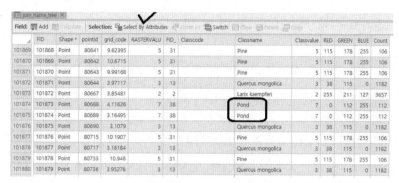

속성정보 대상이 아닌 이름의 예

Select By Attribute를 클릭하고 실행하여 Classname is equal to Pond를 선택하고 Delete 키를 누르면 삭제된다.

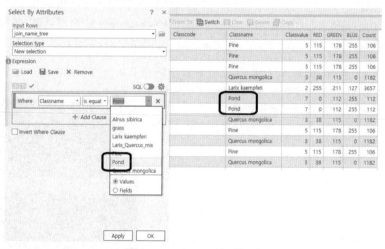

Classname is equal to Pond

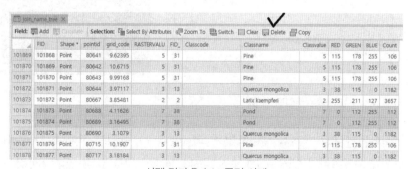

선택 결과 Delete 클릭 삭제

2. 점자료 식생군락 클러스터링 및 면지도 제작

개별 점에 개체종 정보가 조인되었으면 저장한 join_name_tree의 속성 수고 (grid_code)와 Classvalue(종기준 코드값)를 이용하여 공간통제 다변량 인공지능 클러스터링(Spatially Constrained Multivariate clustering)을 실시한다. 공간통제 다변량 인공지능 클러스터링은 환경변수 값을 이용하여 식생군락을 군집화하는 것이다. 여기서는 수고와 종구분코드만 했지만, 실재하는 식물군락 단위 추출을 위해 해발고도, 사면경사, 사면향, 수계로부터의 거리, 기상요인 등의 변수를 투입할 것을 권장한다.

❶ Analysis → Spatially Constrained Multivariate Clustering 검색 실행 → Spatially Constrained Multivariate Clustering 창에서 Input Features(join_name_tree), Output Features(디폴트), Analysis(grid_code, 수고), Classvalue(종별 코드) 선택하고 Cluster Size Constrains(Number of features 선택), Minimum per Cluster(20개 최소군락수 입력), Number of Cluster(200개 최대군락수 입력)한 후 Run을 실행한다.

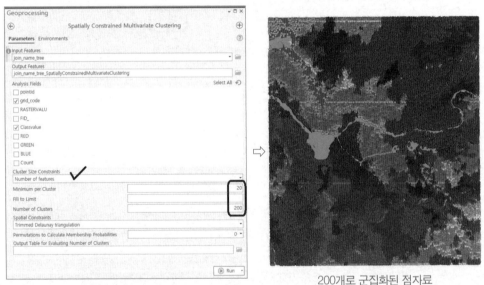

인공지능 군집화 실행창　　　　　　　　200개로 군집화된 점자료

군집화된 점자료 속성을 열어보면 수고(grid_code), 종정보 고윳값(Classvalue), 식생군락 고유아이디 Cluster ID 속성필드가 생성된 것을 알 수 있다. 군집화된 자료의 오른쪽 마우스 Data → Export Features에서 cluster200.shp로 저장한다.

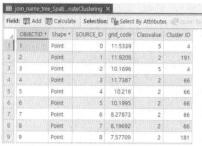

군집화된 점자료 속성

Create Thiessen Polygon 실행창

❷ 식생군집 단위로 구분된 점자료는 티센다각형을 적용하여 1차 면을 제작한다. Analysis → Tools → Create thiessen Polygon 검색 실행하여 Input Features(cluster200 군집화된 점레이어명 선택), Output Features(디폴트), Output Fields(All Fields 선택) 지정하고 Run을 클릭한다.

티센폴리곤은 경계지 밖까지 확대되어 생성되어 있는데 마스킹 레이어로 자르면 된다. 또한 속성을 열어보면 당초 식생군락별 아이디인 Cluster ID를 유지한다. 따라서 Cluster ID를 기준으로 디졸브하면 군집 내 단일 폴리곤으로 바뀐다.

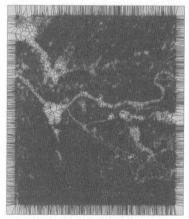

티센폴리곤 속성

Thiessen Polygon 결과

❸ Analysis → Tools → Dissolve를 검색 실행하여 Input Features(cluster200_CreateThiessenPol 선택), Output Features Class(디폴트), Dissolve(CLUSTER_ID 선택)하고, Create multipart features 체크 해제 후 Run을 클릭한다.

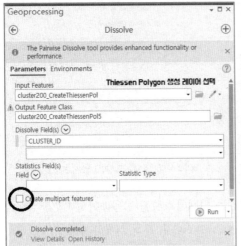

디졸브된 군락단위 폴리곤

Dissolve 실행창

❹ 다음으로 식생지역이 아닌 대상지는 잘라낸다. Chapter15_data 폴더에서 outer_mask.shp를 불러온다. Analysis → Tools → clip 검색 실행하여

outer_mask

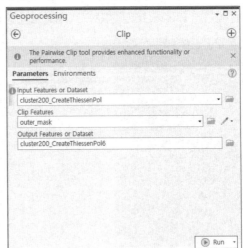

Clip 실행창

Input Features or Dataset(cluster200_CreateThiessenPol1 디졸브한 군락레이어 선택)

Clip Features(outer_mask 선택), Output Features or Dataset(디폴트) Run 실행하여 식생도 폴리곤을 완성한다.

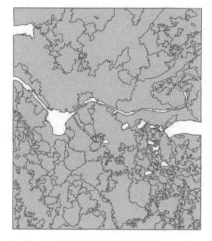
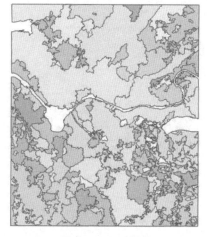

자르기 한 식생폴리곤   군락 고유 ID로 표현

❺ 다음으로 식생지역만 자르기 한 레이어의 폴리곤을 개별 폴리곤으로 분리시켜야 한다. 개별 폴리곤으로 분리는 Analysis → Multipart To Singlepart 검색 실행하여 Input Features(cluster200_CreateThiessenPol2 잘라낸 군락레이어), Output Features Class(디폴트) 지정하고 Run을 실행하여 분리한다.

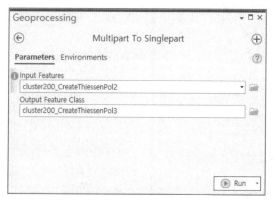

Multipart to Singlepart 실행

❻ Singlepart로 분리된 cluster200_CreateThiessenPol3의 속성정보를 열어 필드 CLUSTER_ID를 클릭 → Calculate 클릭 실행 → CLUSTER_ID에 새로운 아이디를 부여한다.

Code Block에 다음 구문을 입력하고

```
rec=0
def autoIncrement():
 global rec
 pStart = 1
 pInterval = 1
 if (rec == 0):
  rec = pStart
 else:
  rec += pInterval
 return rec
```

CLUSTER_ID = 에 다음 구문을 입력하고 Apply Ok 클릭하여

autoIncrement()

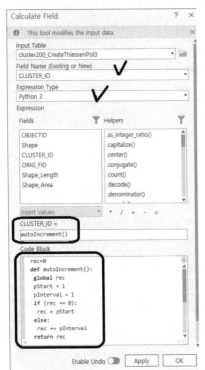

고유아이디 부여

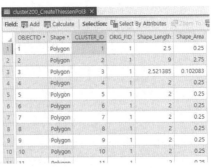

Cluster_ID 새 아이디

❼ 개별 아이디가 부여된 식생군락 cluster200_CreateThiessenPol3 레이어의 군락 폴리곤 고유아이디를 종명이 포함된 join_name_tree에 공간조인한다. Analysis → Spatial join 검색 실행하여 Target Features(Join_name_tree 종명 포함된 점레이어), Join Features(cluster200_CreateThiessenPol3 Cluster_ID 부여 레이어 선택), Output Features Class(디폴트) Join Operation(Join one to one 선택), Match Option(intersect) Run을 실행한다. 조인된 레이어의 속성을 열면 식생종명에 군락 고유아이디(CLUSTER_ID)가 조인된 것을 알 수 있다.

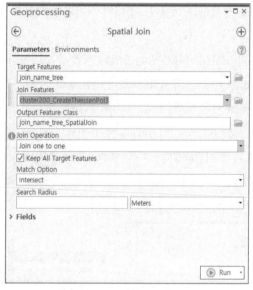

공간조인

ode	RASTERVALU	FID_	Classcode	Classname	Classvalue	RED	GREEN	BLUE	Count	CLUSTER_ID	ORIG_FID
739	2	2		Larix kaempferi	2	255	211	127	3657	2	1
831	2	2		Larix kaempferi	2	255	211	127	3657	26	1
989	2	2		Larix kaempferi	2	255	211	127	3657	26	1
949	2	2		Larix kaempferi	2	255	211	127	3657	26	1
754	2	2		Larix kaempferi	2	255	211	127	3657	26	1
364	2	2		Larix kaempferi	2	255	211	127	3657	26	1
026	2	2		Larix kaempferi	2	255	211	127	3657	26	1
082	2	2		Larix kaempferi	2	255	211	127	3657	26	1
648	2	2		Larix kaempferi	2	255	211	127	3657	26	1

3. 주제도 속성통계 선정

지금까지 과정은 점의 클러스터링을 거쳐 폴리곤 제작 그리고 폴리곤 군락단위 고유아이디를 개별 종정보에 조인하는 과정이었다.

마지막으로 식생군락을 지정하여 주제도를 완성하는 단계이다. 그 절차는 개별 종정보에 포함된 군락 고유아이디를 기준으로 가장 많은 수를 차지하는 종을 선별하고 해당 종을 대표군락으로 지정하는 과정을 해보기로 한다. 독자의 이해를 돕기 위해 대표종을 선택하는 예를 든 것이며 실제로는 학문적 검토를 거쳐 식생 우점종 군락이 결정됨을 알린다.

❶ 먼저 폴리곤의 고유아이디가 공간조인된 개별 종정보에 대해 군락(폴리곤 고유아이디)별 가장 많은 비중을 차지하는 종에 대한 통계정보를 추출한다. Analysis → Summary Statistics 검색 실행, Input Table(공간조인 레이어 선택), Output Table (디폴트), Statistics Field(s) Field(Classname 종명 선택), Statistic Type(Maximum 단위별 가장 많은 빈도의 종 선택하게 함), Case field(CLUSTER_ID 단위기준은 폴리곤 고유아이디별) 실행한다. 테이블 자료는 Contents 하단의 Standalone Tables join_name_ tree_SpatialJoin1_과 같이 생성된다.

군락별 대표 종 통계

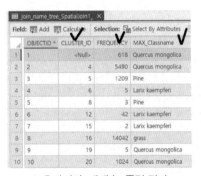

고유아이디, 개체수, 종명 결과

결과를 보면 폴리곤별 고유아이디, 개체수, 종명 통계가 계산되었다. 그런데 CLUSTER_ID가 Null값이 발견되는데 이는 식생과 비식생 마스킹 경계 라인을 따라 발생한 것으로 Delete를 클릭하여 삭제한다.

	OBJECTID *	CLUSTER_ID	FREQUENCY	MAX_Classname
1	1	<Null>	618	Quercus mongolica
2	2	4	5490	Quercus mongolica
3	3	5	1209	Pine
4	4	6	5	Larix kaempferi
5	5	8	3	Pine

Null값 삭제

❷ 마지막으로 폴리곤 군락단위별 종정보 통계를 cluster200_CreateThiessenPol3 에 조인하고 저장하면 된다.

테이블 자료 join_name_tree_SpatialJoin1_을 cluster200_CreateThiessenPol3 에 CLUSTER_ID를 기준으로 조인한다.

cluster200_CreateThiessenPol3 레이어 오른쪽 마우스 → Joins and Relates → Add Join → Input Table(Cluster200_CreateThiessenPol3 선택), Input Join Field (CLUSTER_ID 선택), Join Table(join_name_tree_SpatialJoin1_ 선택), Join Table Field (CLUSTER_ID 선택).

지정하고 Ok를 클릭하여 실행한다.

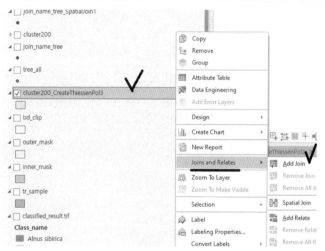

테이블 조인

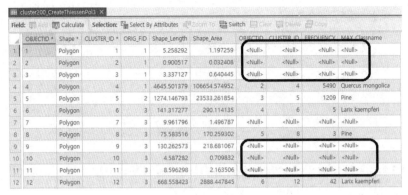

테이블 조인 결과

❸ 폴리곤에 조인된 테이블 속성을 보면 Null값이 확인되는데 이는 기존 폴리곤에 미세하게 남아 있거나 에지 부분에서 발생한 것으로 선택하고 삭제하면 된다. Select By Attribute에서 Null 선택은 MAX_Classname(필드명) is null 지정하고 Apply → Delete로 삭제한다.

Max_Classname is null 선택

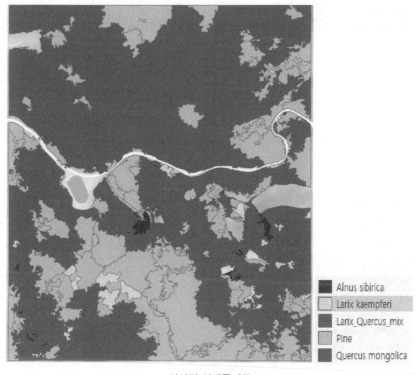

완성된 식생주제도

마지막으로 cluster200_CreateThiessenPol3 레이어 오른쪽 마우스 → Data →
Export Features로 실행하여 vegetation.shp 저장하면 식생도가 완성된다.

공개자료 사이트 소개

1. Landsat 다운로드
주소: https://earthexplorer.usgs.gov/

2. Sentinel 2 다운로드
주소: https://scihub.copernicus.eu/

3. aster gdem 다운로드
주소: https://gdemdl.aster.jspaceSystems.or.jp/

4. Modis 다운로드
주소: https://ladsweb.modaps.eosdis.nasa.gov/search/

5. Bioclim data 다운로드
주소: https://www.worldclim.org

6. 국가통계포털 다운로드
주소: https://kosis.kr

7. 통계지리정보서비스
주소: sgis.kostat.go.kr
지역별 인구통계 및 집계구 격자

8. 국가공간정보 포털 다운로드
주소: http://www.nsdi.go.kr/
전수집계구 경계, 행정구역 경계, 임상, 도로, 하천, 수치지도, 지질

9. 국토지리정보원 국토정보플랫폼
주소: http://map.ngii.go.kr
수치지도, 항공사진, dem(90*90) 등

10. 기상자료 다운로드
주소: data.kma.go.kr

11. 국가별 shapefile 다운로드
주소: https://www.diva-gis.org/gdata
행정구역(하부단위 포함), 도로, 철도, 고도, 수계, 호수 등

지은이

김남신

소속: 국립생태원 복원생태팀 팀장

관심 분야: 알고리즘, 모델링, 초분광 영상, 라이다 분석, 한국의 BioClim과 Ecotop, 북한 및 동아시아
　　　　　생태와 환경, Ecosystem Rehabilitation and Resilience 등

저서: 『GIS 실습(개정판)』(2005), 『북한의 환경변화와 자연재해』(공저, 2006), 『지리정보활용』(2010),
　　　『오픈소스 QGIS 활용 가이드북』(공저, 2018), 『오픈소스 활용 QGIS 자연과학 데이터 분석』
　　　(2021)

한울아카데미 2441

시대의 새로운 지평을 향한
ArcGIS Pro 기초와 공간분석 실무

ⓒ 김남신, 2023

지은이 김남신
펴낸이 김종수
펴낸곳 한울엠플러스(주)
편집책임 이동규

초판 1쇄 인쇄 2023년 4월 27일
초판 1쇄 발행 2023년 5월 11일

주소 10881 경기도 파주시 광인사길 153 한울시소빌딩 3층
전화 031-955-0655
팩스 031-955-0656
홈페이지 www.hanulmplus.kr
등록번호 제406-2015-000143호

Printed in Korea
ISBN 978-89-460-7441-5 93980